U0138580

「獻給與我共享工作熱情的關娜耶勒（Gwénaëlle），
以及我們的兒子阿傑爾（Arzhel）。」

首先，我由衷地感謝每一位供應商：市場菜農、畜牧業者、漁夫、採菇農和許多提供健康食材的商家。巧婦難為無米炊，你們是這本書的基石。

接著，我十分感激寶莉．內拉（Paule Neyrat）為本書投入大量心力，協助我挑選食譜，並以她的專業能力調整食譜難度，讓大家很快就能上手。她的廚藝精湛，又是營養學專家，著實令我受惠良多。

同時我要感謝克里斯多弗．聖阿涅（Christophe Saintagne），他從早忙到晚，傾力協助作者、攝影師、設計師和編輯團隊，讓本書得以順利完成。

我也要謝謝以下這些工作人員：
費朗克斯．尼可（Françoise Nicol）為本書拍攝朝氣蓬勃、色彩繽紛的相片；維珍妮．米其林（Virginie Michelin）展現美不勝收的擺盤藝術；克莉絲汀．盧西（Christine Roussey）所繪的插圖，賜予本書充滿想像的獨特魅力；

當然，不能忘了感謝整個編輯團隊：
總編輯艾曼紐．吉魯－納傑（Emmanuel Jirou-Najou）和編輯霍坦斯．賈柏隆斯奇（Hortense Jablonski）。我誠心感激他們在製作本書的過程中付出的心力和提供的協助，對我意義非凡。

也感謝每一位撥冗協助攝影的朋友：
穆斯提耶屋舍：尚－富蘭梭瓦（Jean-François），桑德琳（Sandrine）與茱莉葉特（Juliette），派崔克（Patrick）與伊莎貝拉（Isabelle），塞巴斯帝（Sébastien）與克莉絲汀（Christine）；位於巴黎的阿朗．杜卡斯廚藝學院 (école de cuisine Alain Ducasse)：貝翠絲（Béatrice）、傑拉爾汀（Géraldine）、關娜耶勒（Gwénaëlle）、吉爾（Gilles）和昆汀（Quentin）。

最後，還要感謝：
拉提蒂雅．艾瑪雷（Laetitia Elmaleh）、羅門．柯爾比爾（Romain Corbière）與阿朗．杜卡斯廚藝學院的全體團隊，大方提供場地讓我們拍攝料理成品。莎拉．柴蘭（Sarah Chailan）、威爾費德．霍達特（Wilfrid Hocquet）、奧瑞連．史杜普（Aurélien Stoop）、吉爾．法瑞歐利（Gilles Fraioli）與穆斯提耶屋舍的全體團隊，在我們於餐廳裡外進行攝影工作時的熱情款待。尤其感謝餐廳園藝家吉伯特．波漢米（Gilbert Bonhomme）為餐廳提供琳瑯滿目的鮮嫩蔬菜。此外，阿朗．杜卡斯集團位於全球各地的廚師們，還有艾曼紐．佩瑞爾（Emmanuelle Perrier），愛麗絲．瓦瑟爾（Alice Vasseur），拉提蒂雅．托爾（Laetitia Teil）和奧利佛．果納特（Olivier Guénot），都是激發這些食譜的靈感泉源。最後，謝謝穆斯塔法．梅薩歐帝（Mustapha Messaoudi），我們每間餐廳和阿朗．杜卡斯廚藝學院使用的臼都是他的作品，以及奧普市集（marché d'Aups）的蔬菜栽培業者尚－路易斯．尼可拉（Jean-Louis Nicolaï）。

法國廚神的自然風家庭料理

190道經典湯、沙拉、海鮮、肉類、主食和點心

攝影／費朗克斯．尼可（Françoise Nicol）
擺盤／維珍妮．米其林（Virginie Michelin）
插圖／克莉絲汀．盧西（Christine Roussey）
美術／皮爾．塔瓊（Pierre Tachon）

閱讀本書之前

■關於食材

本書食譜是以法國，以及歐洲國家的料理為主，所以多使用當地的食材；特殊食材可以到大型進口食品超市、進口食材網路商城或百貨公司超市購買，如果在台灣買不到，建議改用類似的當季新鮮食材，口味雖略有差異，但天然食材烹調，永遠都美味。

■關於基本調味料

書中的基本調味料包括鹽、黑胡椒、鹽之花、橄欖油和甜椒粉等，可視烹調量、個人口味斟酌使用。其中黑胡椒以現磨的為佳，但若沒有也可以使用市售品；粗粒黑胡椒是黑胡椒圓粒以刀背壓碎後使用。

■關於完成量

由於食量因人而異，以及烹調中可能會造成食材損失，所以份量都是大略估計，以現場製作情形為主。

■關於烹調、備料時間

烹調時間包含燉煮、烤、蒸、煎等，備料時間則是這些之外的時間，視現場製作狀況而調整。

■關於度量衡

本書中的食材是以公克、公升、毫升、公分為主要單位，但為幫助其他地區（例如北美等）讀者製作，會同步加上盎司、夸特、杯、匙、吋等單位的量，在不影響成果取整數或大略數量；烤箱華氏溫度則取相近整數。

■關於 memo

此為參考日文、英文版（英國、北美）書籍，以及朱雀文化食譜作者的建議而加入，原法文版書籍無此單元。

■其他注意事項

- 鹽：除了特別註明鹽之花（fleur de sel，大顆粒的頂級海鹽）之外，使用一般常見的細鹽即可。
- 雞蛋：大約 1 顆以 50 公克計算。
- 鹽水煮蔬菜：建議鹽量為水重量的 0.5%，例如水 1,000 公克（1 公升）的話，鹽量為 5 公克（1 小匙），水2,000公克（2公升）的話鹽則為10公克（2小匙）。
- 1 大匙：1 大匙（記量匙）等於 15 毫升。
- 1 小匙：1 小匙（記量匙）等於 5 毫升。
- 香草：書中多使用新鮮香草，但若真買不到，想使用乾燥產品的話，份量為新鮮的 ½ ～⅓量。
- 烤箱預熱：是指烘烤前，先加熱使烤箱達到烘烤的溫度，再放入食材烤。依烤箱品牌預熱時間不定。
- 上火燒烤功能：有些烤箱有「broil」這個功能，一般在使食材表面上色，如果家中烤箱沒有此功能的話，可僅開上火，或者將食材蓋上錫箔紙，烤盤往上放，但須隨時注意狀況，以免烤焦。

寶莉・內拉（PN）／我覺得幸好你喜歡吃得「簡單、健康又美味」，否則哪能駕馭如此忙碌不堪，常常飛至世界各地的生活。
阿朗・杜卡斯（AD）／我是在蘭迪斯長大的農家子弟，三餐食物都來自農場和菜園。那兒宛如人間仙境，訓練了我的味覺，也養成了我的飲食習慣。
PN／所以你的食譜裡常常用到埃斯普雷特（piment d'Espelette）產的辣椒粉，但你一開始擔任廚師時，曾在名廚米歇爾・蓋哈（Michel Guérard）那兒工作，他可是清爽料理的第一把交椅呢！
AD／兩年後，我在羅傑・佛吉（Roger Vergé）的慕景磨坊（Mouqins）工作時愛上了普羅旺斯料理，從此開始使用地中海食材。
PN／大家在六、七〇年代時發現，地中海式飲食能有效降低罹患心血管疾病和許多癌症的機率，而你早在那之前就開始接觸這種料理了。
AD／是啊，妳就別說教了！活用大量生的或加熱的蔬菜、水果，穀類的話最好是全穀，使用少量的肉或魚，全用橄欖油烹調。這些都是我的料理之道，也是貫徹這本食譜的烹調精神。
PN／還會加一點酒入菜！別忘了水果乾也是本書的常見食材，甚至還有水果乾醬呢！我已經確認過水果醬的做法不難，其他食譜也都很容易上手。

HUILE D' OLIVE
PN／還會變胖！本書食譜都只加 1、2 大匙橄欖油，有些更少，甚至只加了 1 滴。儘管這本書沒談到減重，但是我仍然非常重視這一點。
AD／沒有好的食材就做不出好菜。一定要用心對待每一種食材，了解它們的風味，假如亂做一通，比如加一堆油來料理，即使是橄欖油，也是糟蹋食材。
AD／所以我說，烹調料理就像在戀愛，要與手中的食材談情說愛才行。
PN／而且要樂在其中，不要感到挫折。所以我簡化了這本食譜的做法，而且確認每道料理都能提供均衡的營養。

Sommaire

8 常備食材 Toujours en stock
24 調味醬 Condiments
52 五穀雜糧 Céréales
118 湯品 Soupes
150 蔬菜 Légumes
226 海鮮 Mer
274 肉類 Terre
324 甜點 Desserts

2 閱讀本書之前 353 索引

常備食材 Toujours en stock

10 雞清高湯 Bouillon de volaille

11 法式酥脆塔皮 Pâte brisée

12 油封蒜 Ail confit

15 鹽漬檸檬 Citrons confits au sel

16 油漬蕃茄 Tomates confites

21 烤蕃茄片 Concassée de tomates

22 杜卡斯特製蕃茄醬 Mon ketchup

阿朗・杜卡斯（AD）__
這些食品幾乎都能在大型超級市場和網路商店買到，但因為我的用量很大，所以家裡都會儲備。

寶莉・內拉（PN）__
自己做的食物一定比較健康美味，不僅需要時就有得用，還能自豪地加一句：「這是我自己做的喔！」

Toujours en stock

常備食材

AD／你可以跟肉販索取雞架骨，或購買雞的內臟製作高湯。烹調法式白醬燉小牛肉與春令時蔬（參照 p.315），以及法式燉牛肉蔬菜鍋（參照 p.305）時如有剩餘高湯，記得以同樣的方法保存，留著備用。

PN／很多食譜都要加雞清高湯烹調。市面上雖然販售有很多種類的高湯塊或高湯粉，但是使用這份食譜做的高湯，不僅能控制鹽分、健康清淡，而且沒有添加物，滋味更是鮮美。

Memo...

杜卡斯風味的雞清高湯顏色透明澄澈，而且滋味清爽，烹調時，絕對不會搶走其他食材的原味。做法 3. 中需以小火煮，注意不可讓高湯沸騰，此外，更要時時撈除湯汁表面的浮末，才是雞清高湯成功的關鍵。而且這道高湯可以用在本書中的所有料理，可以說是萬用高湯，建議大家一次多做一點，放在冰箱冷凍。

Bouillon de volaille

雞清高湯

材料（成品約 1½ 公升｜ 1½ 夸特）

雞架骨 1 公斤｜ 2 ¼ 磅
洋蔥 1 顆
小根韭蔥 1 根
胡蘿蔔 1 根
西洋芹 ½ 根
月桂葉 1 片
百里香 1 枝
巴西里的莖 3 根
白胡椒圓粒 10 顆
粗鹽 1 小匙
• 鹽、現磨黑胡椒

做法

處理食材

1. 雞架骨剁大塊，放進鍋子裡，加大量的水淹過雞架骨，煮滾，過程中需細心地撈除在湯汁表面的浮沫。
2. 洋蔥剝除外皮後切 4 等份，韭蔥剝掉外層的葉子，胡蘿蔔和西洋芹削除外皮，全部洗淨後切成大塊。將做法 1. 的雞清高湯倒入鍋中，加入處理好的蔬菜料、月桂葉、百里香、巴西里的莖、白胡椒圓粒和粗鹽。
3. 再次煮滾，接著轉小火，以小火煨煮 2 小時，要不時撈除浮沫。

完成

4. 用漏杓撈出雞架骨和蔬菜料，用圓錐形細孔濾網（chinois）或鋪上濾布的篩子過濾出高湯，等高湯冷卻，放入冰箱冷藏數小時，然後刮除最上層凝結的油脂，將高湯用小容器分裝。放入冰箱冷凍可保存數個月，需要時再放入微波爐或電鍋解凍使用。

Pâte brisée
法式酥脆塔皮

AD／如果是製作鹹塔皮，可加入白酒；用在點心的話，使用水就可以了。

PN／無論是以食物調理機代勞或自己動手做，這道法式酥脆塔皮做起來並不費時，不僅低脂，而且比市售的更好吃。

材料（成品約 745 公克｜ 1⅗ 磅）

冰凍的無鹽奶油 35 公克｜ 2 ½ 大匙
低筋麵粉 400 公克｜ 3 杯
馬鈴薯太白粉 100 公克｜ ¾ 杯
鹽 5 公克｜ 1 小匙
細砂糖 5 公克｜ 1 小匙
全蛋 2 顆｜去殼淨重 100 公克
水或白酒 100 毫升｜⅖ 杯

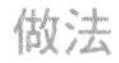

做法

準備工作

秤好無鹽奶油、低筋麵粉、馬鈴薯太白粉、鹽、細砂糖和水或白酒的份量，備用。

用食物調理機製作

1. 將無鹽奶油切成小丁塊。
2. 將低筋麵粉、馬鈴薯太白粉、鹽、細砂糖和奶油放入食物調理機中，用中速攪打約 10 秒，打成極細碎的粉砂狀。
3. 一點一點地加入拌勻的蛋液、水或白酒，一邊用食物調理機間歇運作，繼續混合攪拌，使液體融入麵團中，當形成麵團立刻關掉機器，取出捏塑成圓形。
4. 將麵團稍微壓扁成圓餅狀，用保鮮膜包起來，放在陰涼處鬆弛或冰箱中冷藏備用。

Memo...

製作時要特別注意雞蛋和水的份量。因為每顆雞蛋大小、所含水分不同，所以建議大家以測量克數來製作。此外，如果家中有食物調理機的話，更能省下不少製作時間。

Ail confit
油封蒜

AD／蒜頭用完後，可以取剩下的蒜油烹調肉類或蔬菜。低溫烹調法能確保營養不流失。

PN／吃這種油封蒜不會造成口臭，所以可以常用於製作蔬菜料理、沙拉或醬汁，讓營養豐富的大蒜多多入菜。

材料（成品約 1 罐）

大蒜（粉紅蒜球或新鮮蒜球為佳）3 顆
百里香 2 枝
迷迭香 2 枝
黑胡椒圓粒 15 顆
粗鹽 10 公克｜ 1½ 小匙
橄欖油適量

做法

處理食材

1. 將粉紅蒜球或新鮮蒜球剝成一瓣瓣，挑出太小的蒜頭（留著做沙拉或其他料理）。大蒜膜不用剝除，直接放入醬汁鍋。加入百里香、迷迭香、黑胡椒圓粒和粗鹽，然後加入橄欖油至剛好淹過蒜頭的高度。
2. 開小火加熱，讓油溫控制在持續冒著細小的氣泡，絕對不可煮沸。煮的過程中，要隨時觀察調整溫度，如果溫度過高的話，必須離火降溫。這樣煮 45 分鐘～ 1 小時。將鍋子離火，放涼。

完成

3. 將完全放涼的蒜頭和百里香、迷迭香、黑胡椒圓粒裝到罐子裡，把煮過蒜頭的蒜油倒入罐子裡覆蓋，蓋緊蓋子保存。使用時，以小湯匙舀出蒜頭，再蓋緊蓋子。放入冰箱冷藏可保存 3 個月。

Memo...

confit 是為了提高肉、魚、蔬菜和水果等的保存，並且保持美味的調理方法，例如用低溫的油慢煮、以砂糖或醋醃漬等。

Citrons confits au sel

鹽漬檸檬

材料（成品約 2 ～ 4 公升｜ 2 ～ 4 夸特的保存罐 1 罐）

水 2 公升｜ 2 夸特

細砂糖 1 公斤＋ 225 公克｜ 4½ 杯＋ 1 杯

鹽 225 公克｜ ¾ 杯

無蠟且無農藥檸檬 12 顆

做法

製作糖水

1. 將水、1 公斤（4½ 杯）的細砂糖倒入大醬汁鍋中加熱，煮滾後把火關掉，放涼。

處理食材、鹽漬

2. 將鹽和 225 公克（1 杯）的細砂糖混合。
3. 將檸檬洗淨，從其中一端直切成 4 等份，不要切斷，讓檸檬另一端仍然相連。輕輕地剝開檸檬瓣，在每片果肉上撒上大量做法 2. 後，再把檸檬闔起來。
4. 將撒上鹽和細砂糖的檸檬塞入已經殺菌的罐子裡，注意要直放、塞滿，並讓切口朝上（鹽才不會掉下去）。
5. 把剩下的做法 2. 倒入罐子中的檸檬上，再倒入糖水淹過檸檬。在檸檬上方放塊重物，把檸檬壓住，避免檸檬浮上來，然後蓋緊蓋子。放在陰涼處，至少等 2 個月才算大功告成。此外，鹽漬檸檬可以保存數個月。

AD／在超市也買得到鹽漬檸檬，但是價格和品質往往不成正比，當然也沒自己做的美味。

PN／在烹調慢火燉煮料理或以塔吉鍋（tajines) 等烹飪時，可用鹽漬檸檬皮來提味，讓食物嘗起來更鮮美。此外，果肉可以代替沙拉醬，減少卡路里的攝取量。

Memo...

即使加入了大量砂糖也不會太甜，成品是鹹味中帶點甘甜。

AD／使用這些油漬蕃茄前，要先把油完全瀝乾。浸泡蕃茄乾的油香氣十足，可以用來炒菜或當調味醬。

PN／油漬蕃茄乾富含抗氧化劑，隨性用在沙拉、義大利麵、米飯或蔬菜裡，都能開脾健胃，刺激食慾。

Memo...

想輕鬆去除蕃茄的外皮嗎？可以將蕃茄放入滾水中，或者是在蕃茄的底部用刀子劃開一個十字再放入滾水，以小火汆燙，當蕃茄的表面出現大塊的裂痕後立刻撈出，然後放入冷水裡浸泡或沖冷水，等蕃茄大約降溫而不燙手，即可撕除蕃茄的外皮。

Tomates confites
油漬蕃茄

材料（成品約 500 公克｜ 1 磅）

全熟連枝蕃茄或聖女小蕃茄 1 公斤｜ 2¼ 磅

大蒜 3 瓣

百里香 5 枝

- 鹽、橄欖油

做法

處理食材

1. 將全熟連枝蕃茄或聖女小蕃茄放入滾水中汆燙，撈出泡冷水後撕除外皮，切成 4 等份，去籽，然後放入盆子中。大蒜剝掉膜。
2. 烤箱預熱至 100℃（215 ℉）。
3. 將 4 大匙橄欖油淋入蕃茄中，撒一點鹽，用手輕輕地拌勻，讓全部蕃茄均勻裹上橄欖油和鹽。
4. 取 1 瓣大蒜，切成兩半，將切面塗在烤盤上，摘下 4 枝百里香的葉子後撒入烤盤，再鋪上切好的蕃茄，蕃茄之間要取適當的距離，接著把盆子裡剩下的調味料（橄欖油、鹽）澆在蕃茄上。

烘烤、完成

5. 把烤盤放入烤箱裡，門要留點縫隙，可以用湯匙卡住，讓烤箱能稍微通風，烘烤 2 ～ 3 小時。烘烤過程中要不時察看，將上乾下濕的蕃茄翻面，並逐漸取出烤好的蕃茄。
6. 等蕃茄涼了以後，裝入一個密封保鮮盒或罐子裡，倒入適量橄欖油淹沒，加入 2 瓣切成薄片的大蒜和 1 枝百里香來增添香氣。放在陰涼處可保存 1 ～ 2 個星期。

在奧普村市集（marché　d'Aups）挑選食材。上圖是杜卡斯手裡拿著的是帶葉胡蘿蔔，是台灣一般胡蘿蔔的½ ～ ⅔長，類似迷你胡蘿蔔，在菜市場也可以買到。右下圖是選購黑松露前正在聞味道確認。

Pêche
Pêche
extra

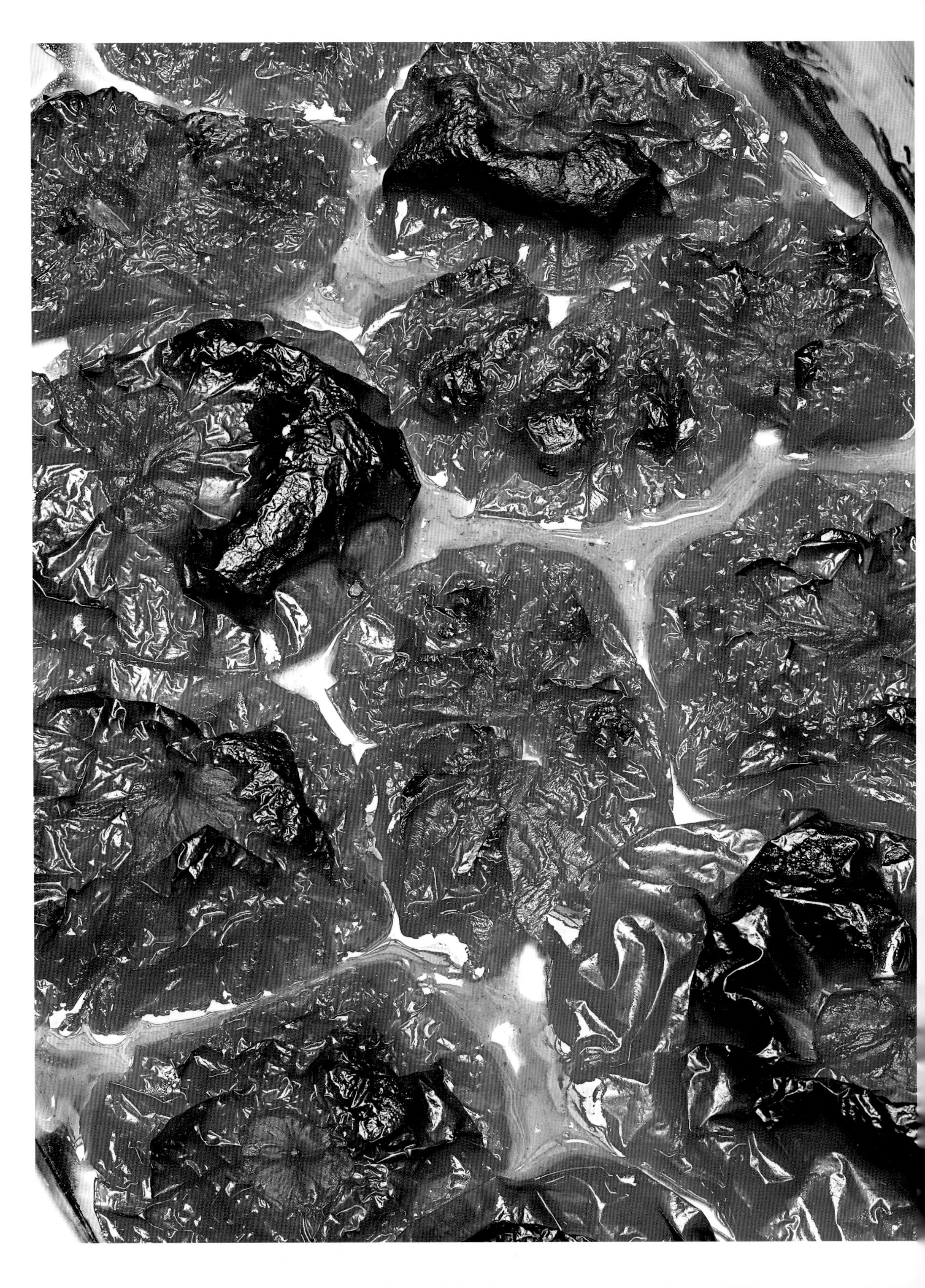

Concassée de tomates

烤蕃茄片

AD／烤蕃茄片非常實用，可以用於本書的食譜，所有義大利麵、燉飯和蔬菜料理也都派得上用場。趁夏天蕃茄盛產時多做一些，然後冷凍起來或裝在殺菌過的玻璃罐裡保存。

PN／蕃茄不僅美味，而且當令優質的熟透蕃茄富含抗氧化劑，十分營養，其中包括類胡蘿蔔素、維生素 C、維生素 E、多酚和茄紅素。蕃茄烹煮後會釋放出更多茄紅素，讓我們在烹調時所費的心力更有意義。

材料（成品約 500 公克｜ 1 磅）

熟透的大蕃茄 8 顆

鹽 1 撮

砂糖 2 小撮

• 橄欖油

做法

預熱、處理食材

1. 開烤箱預熱至攝氏 160℃（325 ℉）。
2. 蕃茄洗淨，切掉蒂頭，再橫切對半，然後把蕃茄汁擠入碗裡，備用。
3. 在烤盤上撒鹽、砂糖，將蕃茄果皮朝上整齊地排列，彼此緊靠但不重疊。上面鋪一張烘焙紙，拿兩支湯匙壓著，以免烘焙紙滑動，然後放入烤箱裡烘烤 1 小時。
4. 從烤箱取出烤盤，拿掉烘焙紙，撕除蕃茄外皮。把之前保留的蕃茄汁過濾一次，淋在蕃茄上。把烤盤再放回烤箱（不用蓋烘焙紙），烘烤 1 小時左右，當烘烤至烤盤邊緣呈焦糖化（棕色）時，再烤 5 分鐘。每次把烤盤取出後，要先用湯匙刮兩、三次湯汁，再放回烤箱繼續烘烤。

完成

5. 蕃茄盛入密封保鮮盒裡，放在陰涼處，或者放入冰箱冷藏、冷凍起來，可保存約 1 個星期。如果立刻使用的話，可以加入 2 大匙橄欖油來增添食物的香氣與光澤，風味更佳。

Memo...

如果家中的烤盤不是平坦面的，可以改用耐熱平盤。此外，蕃茄所含的茄紅素即使加熱也不會流失，反而易於被人體吸收。茄紅素溶於油、不溶於水的特性，經加熱、加油後烹調，更易提高身體的吸收。

Mon ketchup
杜卡斯特製蕃茄醬

AD／嗜辣的話，也可以留 1 根辣椒跟食材一起打成糊。

PN／你知道自製蕃茄醬遠比市面上賣的還健康嗎？對難以抗拒蕃茄醬滋味的孩子來說也比較健康。冬天時可以用罐裝的蕃茄塊來製作。

材料（成品約 320 公克｜ 10 盎司）

熟透的大蕃茄 3 顆
薑 3 公分長｜ 1 吋長
檸檬香茅的莖或根 ½ 枝份量
砂糖 40 公克｜ 3 大匙
五香粉 1 小匙
雪莉酒醋 2 大匙
蜂蜜 2 小匙
紅辣椒或紅鳥眼椒（piments oiseaux）2 根

做法

處理食材

1. 蕃茄放入滾水中汆燙，撈出泡冷水後撕除外皮，去籽，小心瀝掉蕃茄汁後切小塊。薑削除外皮後切薄片。檸檬香茅的莖或根切小片。
2. 將砂糖加入醬汁鍋中，加熱至變成淡褐色的焦糖，再加入蕃茄攪拌均勻，以中火持續煮 2 ～ 3 分鐘。
3. 接著加入薑、檸檬香茅的莖或根、五香粉、雪莉酒醋、蜂蜜和紅辣椒，以小火邊攪拌邊煮 15 分鐘。取出紅辣椒，將食材放入食物調理機中攪打成糊狀。

完成

4. 用圓錐形細孔濾網過濾蕃茄糊，放入塑膠瓶或已經徹底洗淨的舊蕃茄醬瓶中。放在冰箱冷藏可保存約 1 個星期。

Memo...
鳥眼椒又叫非洲鳥眼辣椒、霹靂辣椒，如果買不到的話，可以用一般紅辣椒。

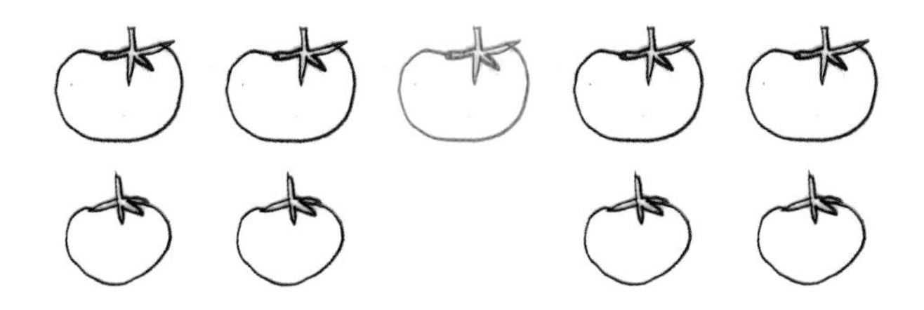

與蔬菜栽培業者尚－路易斯（Jean-Louis）
在奧普市集（marché d'Aups），正在挑選蕃茄。

BRETAGNE
miel

調味醬 Condiments

26 貝類海藻醬 Condiment de coquillages aux algues

28 酪梨莎莎醬 Guacamole

29 蘆筍辣醬 Condiment asperges-Tabasco

30 葡萄柚薄荷醬 Condiment pamplemousse-menthe

34 大蒜乳酪醬 Condiment crémeux à l'ail

35 鷹嘴豆泥沾醬 Houmous

36 青醬 Light pistou

38 茄子醬 Babaganouche

39 鯷魚醬 Anchoïade

40 酸豆橄欖醬 Tapenade

44 南瓜籽醬 Condiment pépins de courge

47 水果乾醬 Condiment fruits secs

48 法式酸菜雞蛋醬 Condiment gribiche

49 小黃瓜蘋果醬 Condiment concombre-pomme

50 黃瓜優格醬 Tzatziki

寶莉・內拉（PN）＿
這些調味醬可以當成醬汁或用在燙青菜、燒肉、烤魚的佐料，不僅「清爽不油膩」，而且營養豐富。

阿朗・杜卡斯（AD）＿
也可以搭配烤小麵包片食用，成為朋友來訪時的佐酒小點；或者塗抹在大片一點的吐司上，變成一道簡單的晚餐。這些食譜簡單易做，還可延伸出更多種變化。

Condiments

調味醬

貝類海藻醬

AD／做這道調味醬時不用加鹽，因為海藻和貝類都含鹽分了。

PN／這道調味醬提供大量的碘和礦物鹽，而且海螺、鮮蠔和海藻富含各式各樣的微量營養素。

材料（6 人份）

中型夏洛特（charlotte）馬鈴薯 1 個

紅蔥 1 顆

紅酒醋 4 大匙｜¼ 杯

煮熟的海螺 300 公克｜ 10 盎司

帶殼鮮蠔 4 個

海藻乾（以水浸泡變軟）4 大匙｜¼ 杯

蛋黃 1 顆

混合的黑、白芝麻 2 小匙

- 橄欖油、鹽、現磨黑胡椒

做法

處理食材

1. 把馬鈴薯洗刷乾淨，不要削除外皮，然後放入鹽水中（水 200：鹽 1）煮熟。
2. 紅蔥去皮切碎，放入醬汁鍋，加入紅酒醋，用小火煮至水分收乾。
3. 海螺去殼，鮮蠔放在碗上面撬開並接住湯汁，海藻用水沖淡鹽分，然後把螺肉、蠔肉切薄片，海藻切碎。
4. 馬鈴薯去皮後放入臼裡，加入蛋黃。

完成

5. 把馬鈴薯壓碎，慢慢加入 3 大匙橄欖油和鮮蠔汁，攪拌成馬鈴薯泥後，再加入蠔肉、螺肉、海藻和做法 2. 仔細拌勻。撒上現磨黑胡椒和芝麻混合均勻，放在冰箱冷藏保存。

Memo...

夏洛特是法國品種的馬鈴薯，烹煮不易碎爛，烹調後帶點黏性的口感。做法 1. 中鹽水的比例是水 200：鹽 1，例如倒入水 1,000 公克（1 公升）的話，鹽要加入 5 公克（1 小匙），其他水量以此比例類推即可。

Guacamole
酪梨莎莎醬

AD／酪梨要挑熟透的，這樣用叉子插入果核後，轉一轉就能取出果核。

PN／這道調味醬的橄欖油和酪梨都提供豐富的油酸，是一種可以降低膽固醇，有益心臟的脂肪酸，再加上蕃茄與洋蔥的抗氧化劑和檸檬的維生素 C，讓人每一口都吃得到滿滿的健康，而且準備起來只要幾分鐘，很方便。

材料（4 人份）

小顆蕃茄 1 顆

珍珠洋蔥 3 顆

酪梨 2 個

埃斯普雷特辣椒粉（piment d'Espelette）或甜椒粉（paprika）1 小匙

萊姆汁 1 顆份量

• 橄欖油、鹽、現磨黑胡椒

做法

處理食材

1. 蕃茄放入滾水中汆燙去皮、去籽，將果肉切成 0.5 ～ 0.7 公分的細丁。洋蔥剝除外皮後，切和蕃茄相同大小的細丁。
2. 酪梨縱切成兩半，取出果核。用小湯匙把果肉挖乾淨，再用叉子把果肉壓成泥，加入蕃茄、洋蔥、埃斯普雷特辣椒粉或甜椒粉和萊姆汁混合。

完成

3. 接著加入橄欖油用力攪拌，再加入鹽和現磨黑胡椒調味，放在冰箱冷藏保存。

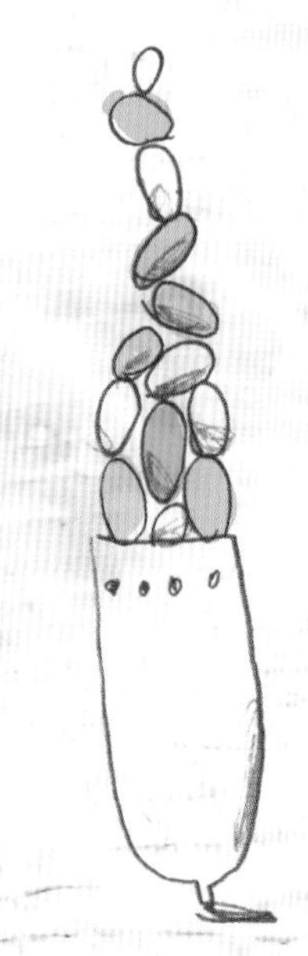

Memo...

除了萊姆，也可改用檸檬製作，一樣美味。埃斯普雷特辣椒粉（piment d'Espelette）是法國巴斯克（Basque）地區辣椒城 —— 埃斯普雷特（Espelette）的名產，辣度溫和，有獨特的香氣，是法國餐桌上常見的調味料。如果買不到的話，可改用甜椒粉（paprika）和卡宴辣椒粉（cayenne pepper）。

Condiment Asperges-Tabasco
蘆筍辣醬

AD／我個人喜歡把這道調味醬做很辣。如果不喜歡吃那麼辣，可以先加幾滴辣椒醬，再根據口味調整。

PN／如果你買的蘆筍很細，就不用削掉老皮，只要切除白色末端即可，這樣做能保留更多的纖維質和維生素。

材料（6 人份）

小根細綠蘆筍 15 根

雞清高湯（參照 p.10）或水 200 毫升｜¾ 杯

龍蒿葉 3 片

雪梨酒醋 1 大匙

塔巴斯科辣椒醬（TABASCO®）1 小匙

• 橄欖油、鹽、現磨黑胡椒

做法

處理食材

1. 蘆筍削掉老皮後洗淨，然後將筍尖切下 4 公分（1½ 吋）長一段，其餘像根部都切薄片。
2. 平底鍋燒熱，倒入 1 大匙橄欖油，等油熱了放入蘆筍片，撒一點鹽，用中火炒約 3 分鐘，不要炒到變色，然後倒入雞清高湯或水，再煮 5 分鐘。
3. 接著在做法 2. 中加入 3 大匙橄欖油，整個倒入食物調理機中，攪打成質地均勻的蘆筍泥，倒入碗裡。
4. 將蘆筍尖切成更細的薄片，龍蒿葉切末，一起加入蘆筍泥中。

完成

5. 繼續加入雪梨酒醋、塔巴斯科辣椒醬、鹽和現磨黑胡椒來調味。食用前，先放在陰涼處，要吃再拿出來。

Memo...

這是一款豐盛的低熱量醬料，可以搭配沙拉、溫熱蔬菜、白肉魚或鮭魚享用。茵陳蒿（estragon）是法國常見的香草，除了用在法式野味料理上，也常泡入白酒或白醋中，用在調配沙拉醬汁上。

Condiment pamplemousse-menthe
葡萄柚薄荷醬

AD／葡萄柚和柚子都是芸香科柑橘屬的水果。製作這道調味醬時，我喜歡用粉紅葡萄柚。果肉愈紅，嘗起來愈甜。

PN／這是一道非常健康的調味醬，因為葡萄柚富含維生素 C。果肉愈粉紅，胡蘿蔔素的含量就愈高，並和維生素 C 一樣可以增加抗氧效果。

材料（4～6 人份）

粉紅葡萄柚 5 個

砂糖 3 撮

薄荷葉 10 片

- 橄欖油、鹽、粗粒黑胡椒

做法

預熱、處理食材

1. 烤箱預熱至 90℃（200 ℉）。
2. 粉紅葡萄柚剝除外皮，撕掉內膜，把果肉在碗上一瓣瓣剝開並接住汁液，再用手將水果剩下的汁液全擠出來，放在冰箱冷藏。
3. 在烤盤上撒砂糖和 1 撮鹽，再鋪上葡萄柚瓣，放入烤箱裡烘烤 45 分鐘。
4. 薄荷葉切細碎。

完成

5. 從烤箱取出烤盤，淋上葡萄柚汁、薄荷葉、粗粒黑胡椒和 1 大匙橄欖油。用叉子背面刮下烤盤上焦糖化的地方，並且把這些刮下來的焦糖碎和果肉等攪拌均勻。最後依個人喜好加入些許鹽調味，然後放在冰箱冷藏保存。

Memo...

粗粒黑胡椒是指將整顆黑胡椒散放在平盤中，以鍋底或者菜刀背，從整顆黑胡椒上方用力壓，就能輕鬆將其壓碎使用。以菜刀背操作的話更需非常謹慎。

於普羅旺斯的瓦勒（Le Val）參觀穆斯塔法（Mustapha）的工作室。

Condiment crémeux à l áil

大蒜乳酪醬

AD／如果大蒜已過盛產期，打碎前要先去掉裡面的芽，並放入煮沸的鹽水裡煮 30 秒後再使用。

PN／大蒜的營養價值很高，即使只吃一點也對身體很好。每天食用大蒜（1 瓣以上）可以降低膽固醇和血壓，還能抗菌、抗過敏和抗氧化。

材料（4 人份）

盛產時期的新鮮大蒜 5 瓣
蛋白 3 顆份量
檸檬汁 1 顆份量
新鮮白乳酪（fromage blanc）或無糖原味優格 2 大匙
• 橄欖油、鹽

做法

處理食材

1. 大蒜去膜後切碎，放入食物調理機中。
2. 將蛋白、檸檬汁和新鮮白乳酪倒入大蒜碎中，然後慢慢地加入 2 ～ 3 大匙橄欖油，以慢速攪拌至呈質地光滑的乳霜狀，再撒入些許鹽。

完成

3. 將完成的做法 2. 盛入碗中，在表面上淋一層薄薄的橄欖油，避免氧化。覆上保鮮膜，放在冰箱冷藏。趁冰冰涼涼時享用最美味。

Memo...
食材中的大蒜是指在盛產時期的大蒜而言（台灣為 2 ～ 4 月）。如果使用的是一般的大蒜，必須事先處理再製作，才能保持溫和的風味。

Houmous

鷹嘴豆泥沾醬

AD／如果想做更精緻的版本，可以將鷹嘴豆瀝乾後先冰鎮（放入裝冰水的大碗裡），如此一來更容易剝除外皮。趕時間的話可以使用罐裝鷹嘴豆。

PN／鷹嘴豆能促進血液循環，不僅富含澱粉、蛋白質和礦物鹽，還有豐富的抗氧化劑、類胡蘿蔔素和維生素 E。

材料（4 ～ 8 人份）

鷹嘴豆 200 公克｜ 1 杯
洋蔥 1 顆
胡蘿蔔 1 根
月桂葉 1 片
大蒜 1 瓣
檸檬汁 1/2 顆份量
小茴香粉 1 小平匙
北非綜合香料（ras el-hanout）1 小平匙
甜椒粉 2 撮
中東白芝麻醬（tahini）1 小匙
• 鹽、現磨黑胡椒等調味料

做法

前一天

1. 將鷹嘴豆浸泡水一個晚上（12 小時）。

製作當天

2. 洋蔥剝除外皮，胡蘿蔔削除外皮，一起放入醬汁鍋，加入月桂葉。瀝乾鷹嘴豆，也加入鍋中，加入大量的水（材料的 2 ～ 3 倍）加熱。煮滾後再煮約 1 小時 30 分鐘，快煮好時才加入鹽。
3. 大蒜去膜，切成 2、3 片。
4. 用漏杓瀝乾鷹嘴豆，放入食物調理機中，加入大蒜片和 1 ～ 2 杓煮豆子的水，攪打至質地滑順的泥狀。接著加入檸檬汁、小茴香粉、北非綜合香料、甜椒粉和中東白芝麻醬再攪打一下，讓調味料充分融合。
5. 試試味道後再斟酌加入鹽、現磨黑胡椒等調味料。放在冰箱冷藏保存。

Memo...

這道沾醬最初是阿拉伯、土耳其的傳統料理，不過現在從美國開始，更風行於全世界，相當受歡迎。食材中一定要加入芝麻醬！此外，如果買不到類似咖哩的北非綜合香料，可以將小茴香子粉、芫荽粉和茴香粉混合後代用。

Light pistou

青醬

AD／如果家裡備有油封大蒜（參照 p.12），可用在這道醬汁中，以 6 瓣油封大蒜和 1 瓣新鮮大蒜來製作。青醬的英文 pesto 是源自義大利文的 pestare，有「磨碎」的含意，因為傳統的做法是用臼搗碎，一直到食物處理機問世後才被取代。

PN／羅勒富含抗氧化類胡蘿蔔素和礦物鹽，而大蒜也有治病的功效。大蒜有殺菌、抗過敏和抗氧化的功效，可以提升免疫力，所以盡情使用這道醬料吧！

材料（4 人份）

大蒜 4 瓣

羅勒 30 枝

帕瑪森乳酪（parmesan）20 公克｜ ¾ 盎司

松子 30 公克｜ ¼ 杯

水 90 毫升｜ 6 大匙

橄欖油 90 毫升｜ 6 大匙

- 鹽、現磨黑胡椒

做法

處理食材

1. 大蒜去膜，縱切成兩半，如果中間有細芽的話要剝乾淨。將其中 3 瓣大蒜放入滾水裡煮 2 分鐘，用篩網撈起瀝乾，再用自來水沖洗。羅勒摘下葉子。新鮮帕瑪森乳酪刨絲。
2. 如果有研磨缽的話，把煮熟的蒜、生蒜、帕瑪森乳酪、松子和羅勒放入研磨缽中，搗碎成濃稠狀，再慢慢一點一點地加入水和橄欖油，邊加邊搗碎；沒有研磨缽的話，就把全部材料放入食物調理機中攪打成泥狀。

完成

3. 加入鹽、現磨黑胡椒調味。因為這道醬料要冰冰地吃，所以放在冰箱冷藏。

Memo...

一般青醬是全以橄欖油為底，加上羅勒製作，醬汁濃稠，而這裡除了橄欖油，還加入了水，所以成品質地沒那麼稠，口味也較清爽，但同樣可以廣泛地搭配料理。

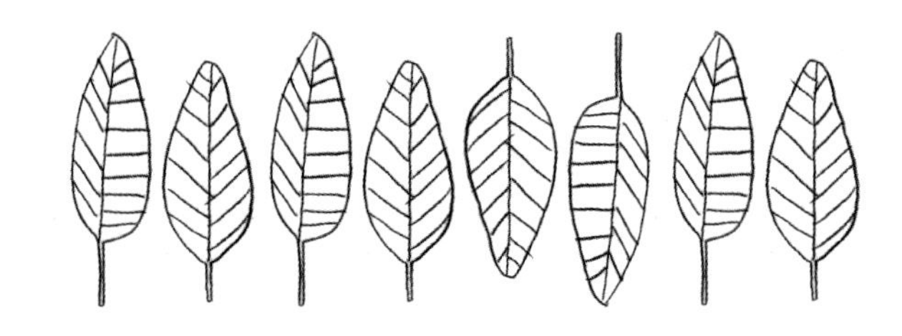

Babaganouche
茄子醬

AD／這道茄子醬的英文是 baba ganoush（或 baba ghanoush），也是中東地區一種茄子醬的名稱。在這道料理中，我依據自己的口味添加了大量香料和新鮮羊奶乳酪，讓味道更香甜。

PN／新鮮香草富含礦物鹽和各種維生素，剛好補強茄子缺乏的營養素。

材料（4 人份）

中型茄子 2 個
馬郁蘭 2 枝
薄荷 2 枝
芫荽 2 枝
平葉巴西里 2 枝
大蒜 1 瓣
新鮮羊奶乳酪或新鮮白乳酪（fromage blanc）1 大匙
• 橄欖油、鹽、現磨黑胡椒

做法

預熱、處理食材

1. 烤箱預熱至 220℃（425 ℉）。
2. 茄子洗淨後擦乾，拿叉子隨意刺幾個洞，然後放在烤盤上，放入烤箱烘烤 1 小時，烤至香酥熟透。
3. 取出烤盤，等茄子放涼不燙手後，縱切成兩半，用小湯匙挖出果肉，放入食物調理機或研磨缽裡。同時準備一點焦脆的茄子皮，約果肉重量的 10%（例如果肉 100 公克、焦脆皮 10 公克），加入果肉裡。
4. 用臼搗碎，或用食物調理機稍微攪打一下，讓果肉呈顆粒狀而不是泥狀，倒入沙拉碗裡。
5. 將馬郁蘭、薄荷、芫荽和平葉巴西里的葉子摘下，洗淨切碎。大蒜去膜後以刀背壓扁。用湯匙把這些都拌入茄子泥裡。

完成

6. 接著加入羊奶乳酪、2 大匙橄欖油，並用鹽和現磨黑胡椒調味，拌勻，然後放在冰箱冷藏，通常是以冰涼狀態食用。

Memo...

這道茄子泥並非完全泥狀，而是泥中帶有顆粒，如同食用魚子醬般的口感，非常特別。茄子泥還可填入挖空果肉的蕃茄、櫛瓜或茄子中再烹調，或者搭配烤酥的麵包、肉或魚一起享用。馬郁蘭（marjoram）又叫牛膝草，因風味和奧勒岡類似，在許多西式料理上可以通用。

Anchoïade
鯷魚醬

材料（4 人份）

小顆球莖茴香 ¼ 顆｜ 40 公克
大蒜（粉紅蒜球為佳）2 瓣
鹽漬鯷魚 16 條
去籽黑橄欖 1½ 大匙
橄欖泥約 3 大匙
紅酒醋約 1 小匙
• 橄欖油、現磨黑胡椒

做法

處理食材

1. 球莖茴香洗淨，剝除外皮，先用刨片器刨成薄片，再用刀子切細碎。大蒜去膜，用壓蒜器壓碎。鹽漬鯷魚放在水龍頭下清洗，用紙巾拍乾水分，稍微切一下。去籽黑橄欖壓碎。
2. 取一個碗，將球莖茴香、大蒜、鹽漬鯷魚、黑橄欖和橄欖泥倒入大碗中拌勻，加入 4 大匙橄欖油，然後一邊加入紅酒醋，一邊用小攪拌器混合。

完成

3. 先嘗嘗鯷魚醬的味道，再以現磨黑胡椒調味。這是一道重口味的調味醬，所以不加鹽也無妨。將鯷魚醬放在冰箱冷藏，冷食口味更佳。

AD／我偏好漁貨豐富的科利尤爾（Collioure）的鯷魚，這兒在醃漬時仍遵循古法，所以品質最好。科利尤爾曾榮獲「美食之鄉」獎的殊榮，該地所產的鯷魚也隸屬於「受保護地理性標示」（PGI, Protected Geographical Indication）的保護體系，保證漁獲皆捕於地中海。

PN／鯷魚提供的 Omega-3 不飽和脂肪酸和橄欖油與橄欖的油酸，都是有益動脈的營養素。

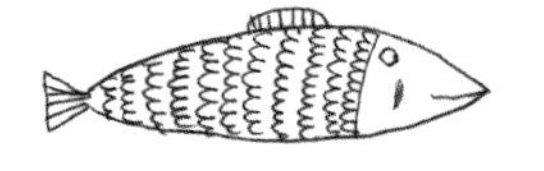
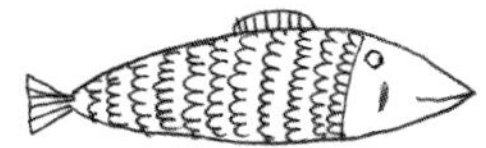
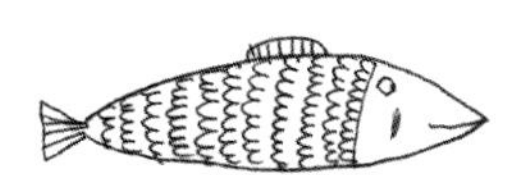

Memo...

這款鯷魚醬在法國餐桌上很常見，因為帶有鹹味，特別適合搭配新鮮沙拉、溫熱蔬菜、雞蛋、魚類等鹽分較少的料理食用。

Tapenade
酸豆橄欖醬

AD／我大力推崇尼斯出產的黑橄欖，雖然又小又難去籽，但風味無與倫比。傳統的酸豆橄欖醬是用研磨缽搗的，家裡有的話，不妨花點時間依循古法製作！

PN／橄欖油是知名地中海料理的食材命脈，富含油酸，能降低膽固醇和清腸清膽，橄欖當然也具相同的功效。

材料（成品約 200 公克｜ 7 盎司）

尼斯（Nice）出產的黑橄欖 150 公克｜ 5 盎司

大蒜 ½ 瓣

鹽漬鯷魚 1 條

羅勒葉 5 片

酸豆 1 大匙

橄欖油 100 毫升｜ 7 大匙

做法

處理食材

1. 用小刀沿著黑橄欖的邊緣畫一圈，將黑橄欖分成兩半，籽去掉。
2. 大蒜瓣去膜，如果中間有細芽的話也要剝乾淨。鹽漬鯷魚放在水龍頭下清洗，把魚刺挑掉。羅勒葉稍微切粗碎。

完成

3. 將黑橄欖、大蒜瓣、鹽漬鯷魚、羅勒葉和酸豆倒入食物調理機中，一邊慢慢添加橄欖油一邊攪拌，攪打至仍看得見些許顆粒的糊狀。將酸豆橄欖醬放在冰箱冷藏。

Memo...

位於法國西南部的尼斯盛產食材和美食，其中黑橄欖更是知名，像尼斯沙拉（salad niçoise）便少不了這一味。這款酸豆橄欖醬可以搭配烤麵包，或者加入些許橄欖油稀釋成淋醬，搭配生沙拉食用。

杜卡斯在自己的餐廳和廚藝學院中愛用的研磨缽，都是穆斯塔法（Mustapha）製作的。

Condiment pépins de courge

南瓜籽醬

AD／南瓜籽一遇到醬料就變軟，失去香脆口感，所以要上菜前再撒上。

PN／南瓜籽富含不飽和脂肪酸和抗氧化劑，常用於植物療法，能有效促進泌尿系統和前列腺的健康（南瓜籽油也有相同功效）。

材料（成品約 300 公克｜ 10 盎司）

小顆紅南瓜（potimarron）或小顆栗子南瓜 1 顆

大蒜 2 瓣

法式芥末醬（moutarde）1 小匙

現磨帕瑪森乳酪 3 大匙

乾的南瓜籽 6 大匙

平葉巴西里 3 枝

• 橄欖油、鹽、現磨黑胡椒

做法

處理食材

1. 南瓜削除外皮後切小塊。蒜瓣去膜。將南瓜和大蒜放入蒸鍋、蒸籠或北非小米蒸鍋，也可以放在篩網裡用醬汁鍋的熱水煮熟，將南瓜蒸到熟透。
2. 用叉子壓碎南瓜，一邊壓一邊依序拌入法式芥末醬、1 小匙橄欖油和帕瑪森乳酪充分拌勻，然後放在大碗裡。
3. 炒鍋或平底鍋加熱，刷上薄薄一層橄欖油，等油熱了放入南瓜籽稍微炒香，以鹽和現磨黑胡椒調味。將南瓜籽倒在一張廚房紙巾上吸油，然後放入研磨缽或食物調理機中攪打至粗碎。

完成

4. 將巴西里的葉子洗淨，擦乾水分後切細碎，備用。上菜前，再把南瓜籽和巴西里撒在蒜香四溢的做法 2. 上。

Memo...

法國紅南瓜的皮是紅色的，水分較多。如果是使用像栗子南瓜這種水分較少的種類製作的話，可視情況加入些許水。此外，平葉巴西里（persil plat）又叫義大利巴西里，是葉片沒有皺褶的品種。

Condiment fruits secs

水果乾醬

AD／如果是事先製作這道醬料的話，可以冰在冰箱裡保存，食用前用微波爐加熱 10 秒鐘。

PN／這道醬料富含礦物鹽，而且高纖無脂。

材料（4 人份）

杏桃果乾 8 顆
棗子 8 顆
無花果乾 4 顆
無蠟且無農藥柳橙 2 顆
蜂蜜 1 大匙
小茴香籽 1 小匙
番紅花絲 6 根
巴薩米可醋（白）75 毫升｜5 大匙

做法

處理食材

1. 將杏子果乾、棗子和無花果乾全部切成小丁。
2. 取 1 顆柳橙，用刨絲器刨下皮絲，然後將皮絲放入滾水中燙 2 分鐘，以細孔篩網撈起，立刻放到水龍頭下沖冷水。將皮絲切愈細愈好，放於一旁。
3. 將做法 2. 中刨掉皮的柳橙拿來榨汁，倒入小醬汁鍋中煮滾，加入杏子果乾、棗子和無花果乾拌勻。關火，靜置約 5 分鐘，讓水果乾充分吸飽柳橙的香氣。
4. 將蜂蜜倒入小平底鍋中，加熱至呈焦糖色，關火。
5. 將另 1 顆柳橙榨汁，淋在蜂蜜上，拌勻後煮滾，然後再加入做法 3.，以小火熬煮 5 ～ 6 分鐘。同時輕輕壓碎孜然，先裝在碟子裡備用。

完成

6. 在水果乾醬起鍋前加入小茴香籽、番紅花絲、巴薩米可醋和柳橙皮絲拌勻，立刻盛入碗裡，覆上保鮮膜，放於一旁。等水果乾醬涼了之後，也可以在室溫下直接享用。

Memo...

可搭配法式鄉村麵包或鵝肝醬。此外，如果沒有白色巴薩米克醋，也可以用一般巴薩米克醋取代，只不過成品顏色比較黑。

Condiment gribiche
法式酸菜雞蛋醬

AD／添加鹽、黑胡椒調味前，要先嘗嘗味道，成品才不會太鹹。

PN／香草富含各種維生素和礦物鹽，優格則提供豐富的鈣質和蛋白質。這道醬料和烤肉與燙蔬菜特別搭。

材料（4人份）

雞蛋2顆
平葉巴西里8～10枝
茵陳蒿3～4枝
山蘿蔔8～10枝
酸豆1大匙
小條的酸黃瓜5條
無糖原味優格（零脂肪更佳）250公克｜1杯
法式芥末醬（moutarde）½大匙
紅酒醋3大匙
• 橄欖油、鹽、現磨黑胡椒

做法

處理食材

1. 雞蛋放入滾水中煮約10分鐘，完成水煮蛋，撈出放入冷水中浸泡，冷卻後剝掉外殼。
2. 將平葉巴西里、茵陳蒿和山蘿蔔洗淨拍乾，然後摘下葉子切碎末。酸豆切碎。酸黃瓜切成很薄的薄片。優格用細孔篩網過篩，倒入大碗裡。
3. 加入法式芥末醬、紅酒醋、平葉巴西里、茵陳蒿、山蘿蔔、酸豆、酸黃瓜和4大匙橄欖油，充分混合拌勻。

完成

4. 把磨乳酪器架在做法3.的大碗上，將水煮蛋磨入醬料裡，輕輕拌勻。以鹽、黑胡椒調味，放在冰箱冷藏。

Memo...

這道法國冷醬料完全沒有加入美乃滋，而是加入酸豆、酸黃瓜和優格等食材，不用怕高熱量，而且口味清爽，夏天更能促進食慾。此外，酸豆並不是豆，而是刺山柑開花前的花苞，然後以醋、鹽水醃漬，因為看起來很像豆子，所以有人稱作酸豆，一般市售多為瓶裝或罐裝。

Condiment concombre-pomme

小黃瓜蘋果醬

材料（4 人份）

小黃瓜 300 公克｜ 10 盎司

小顆青蘋果 2 顆

蕃茄 2 顆

芫荽 5 枝

細香蔥 10 根

檸檬汁 2 顆份量

印度嗆味綜合香料（garam masala）1 小匙

埃斯普雷特辣椒粉（piment d'Espelette）或甜椒粉（paprika）1 大匙

無糖原味優格 100 公克｜ ½ 杯

• 鹽

做法

處理食材

1. 小黃瓜削除外皮，切成 0.5 公分的小丁，裝在篩網裡，然後撒入大量的鹽，靜置 15 ～ 20 分鐘。
2. 青蘋果削除外皮後去核，切成 0.5 公分的小丁。蕃茄放入滾水中汆燙，撈出泡冷水後撕除外皮，去籽，切成 0.5 公分的小丁。 芫荽、細香蔥洗淨，擦乾水分，摘下葉子，然後切末。
3. 檸檬汁倒入容器中，加入印度嗆味綜合香料、埃斯普雷特辣椒粉或甜椒粉混合均勻。

完成

4. 將做法 1.、2.、3. 和無糖原味優格倒入沙拉碗中，輕輕拌勻，然後試試鹹度，再斟酌加入鹽。食用前需冷藏。

AD／印度嗆味綜合香料源自印度北部，成分包括芫荽、孜然、薑、肉桂、黑胡椒、肉豆蔻、奧勒岡、小豆蔻、紅辣椒、丁香和月桂葉，很辣。北印度語的 garam 意指「辣」。家裡沒有這種香料的話，可以用 2 撮咖哩粉取代。

PN／黃瓜切片撒鹽後再吃比較好消化，但如果你沒有消化不良的困擾，可以省略這個步驟。

Memo...

這是一道完全不含油的健康美味醬料！也可以用小顆帶有酸味的紅蘋果製作；買不到印度嗆味綜合香料時，可以用 2 撮咖哩粉取代。食材中的辣椒粉可參照 p.28 memo 的說明。

匈牙利和西班牙產的甜椒粉（paprika）是歐洲飲食中最常用到的調味料之一，它是將紅甜椒去皮後乾燥，磨成粉再加入辣椒粉，微辣且帶有香味，也有將皮煙燻後再製作的。因使用的甜椒顏色，產品有紅色、橘色等，口味則有甜的、微辛辣的、煙燻的。不管煮湯、燉煮等都派得上用場，用途很廣，本書有許多道菜用到埃斯普雷特辣椒粉（piment d'Espelette），若買不到，而且在菜中的使用量少的話，可以匈牙利、西班牙的甜椒粉代用。

Tzatziki
黃瓜優格醬

AD／切小黃瓜細丁時，先把已經切對半的小黃瓜平放在砧板上，用刀子縱切成細條，然後再橫切即可。

PN／小黃瓜加鹽後比較好消化。小黃瓜、薄荷和巴西里都富含維生素與礦物鹽，優格則能提供鈣質，而且都易於吸收。

材料（4 人份）

小黃瓜約 300 公克｜ 10 盎司

薄荷 4 枝

平葉巴西里 2 ～ 3 枝

檸檬汁 ½ 顆份量

希臘式優格（無糖原味優格或新鮮白乳酪 fromage blanc 亦可）
125 公克｜ ½ 杯

埃斯普雷特辣椒粉（piment d'Espelette）或甜椒粉（paprika）1 撮

- 鹽、現磨黑胡椒、鹽之花（頂級海鹽）

做法

處理食材

1. 小黃瓜洗淨，不用削除外皮，對半切後用小湯匙將裡面的籽挖掉，切成細丁，裝在篩網裡，然後撒入大量的鹽，靜置 15 分鐘。以冷水洗淨後，用乾淨毛巾擦乾。
2. 將薄荷、平葉巴西里洗淨拍乾，然後摘下葉子切碎末。

完成

3. 將小黃瓜、希臘式優格、薄荷、平葉巴西里、埃斯普雷特辣椒粉或甜椒粉、檸檬汁倒入沙拉碗中，然後試試鹹度，再斟酌加入鹽，充分拌勻。食用前最少需先冷藏 1 小時。品嘗時，可撒上適量的鹽之花和埃斯普雷特辣椒粉或甜椒粉，風味更佳。

Memo...

鹽之花，或譯作鹽之華（fleur de sel），這種頂級的海鹽產自布列塔尼給宏得（Guerande）地區，由人工以傳統技術製鹽，量少而珍貴。它的鹹味較溫和，富含礦物質，和一般鹽不同，鹽之花不適合加熱，通常是直接撒在料理上。此外，食材中的辣椒粉可參照 p.28memo 的說明。

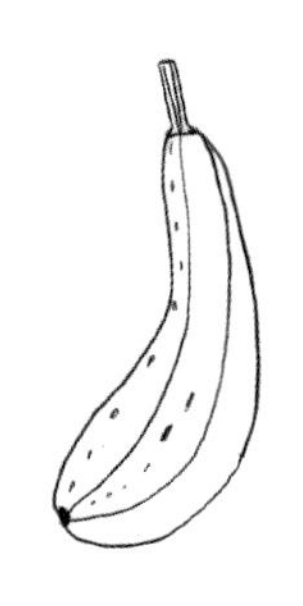
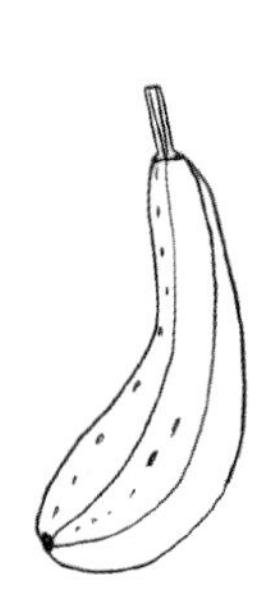
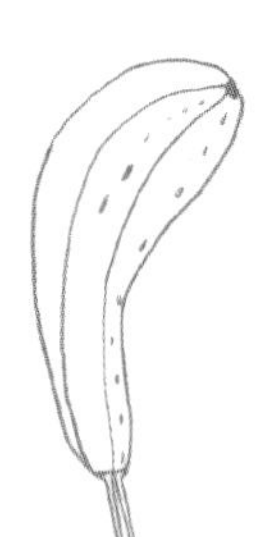
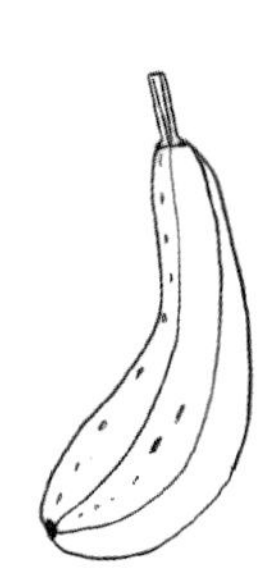

五穀雜糧 Céréales

55 春日三明治
Tartines printanières

56 香草單片三明治
Tartines d'herbes

58 紫朝鮮薊綠蘆筍單片三明治佐酸豆橄欖醬
Tartines de tapenade aux artichauts violets et asperges vertes

59 生火腿蕃茄單片三明治佐酸豆和橄欖油
Tartines de Jabugo et tomates aux câpres et olives

60 羊凝乳無花果蜂蜜單片三明治
Tartines de caillé de brebis, figue et miel

62 火腿瑞可塔乳酪單片三明治
Tartines au jambon et à la ricotta

63 蠶豆單片三明治
Tartines de févettes

64 蔬菜三明治
Sandwichs végétariens

67 尼斯三明治
Pan-bagnat

68 罌粟籽鹹塔佐蕃茄鮪魚
Tartes de tomates et thon aux graines de pavot

70 蔬菜餡餅
Tourte aux légumes

71 杜卡斯特製尼斯洋蔥塔
Pissaladières à ma façon

72 櫛瓜聖莫爾乳酪披薩
Pizza aux courgettes et au saint-maure

75 牛肝蕈披薩
Pizza aux cèpes

76 煙燻香腸韭蔥蕎麥薄餅
Crêpes à la farine de sarrasin, andouille et poireaux

79 尼斯風味蔬菜索卡薄餅
Soccas et légumes d'une niçoise

80 酥脆法式鷹嘴豆條佐新鮮羊奶乳酪南瓜籽醬
Panisses croustillantes, condiment de fromage frais aux pépins de courge

84 紅酒燉牛肉花椰菜全麥麵盅
Pâtes complètes en cocottes, brocolis et daube

85 青醬寬麵
Pappardelle au pistou

87 香草醬白酒蛤蜊全麥義大利麵
Spaghetti complets aux palourdes, marinière herbacée

88 紅酒醋洋蔥肉凍麻花捲義大利麵
Casarecce au fromage de tête et aux oignons au vinaigre

90 黑松露火腿乳酪通心粉
Coquillettes jambon-gruyère, truffe noire

92 豌豆仁小耳朵麵
Orecchiette aux petit pois

95 冷滷糖心蛋飯
Riz à la vapeur, oeufs mollets marinés

96 南瓜燉飯
Riso au potiron

97 原味燉飯
Risotto nature

99 檸檬鮮魷西班牙米飯
Riso cuit au plat, calamars et citron

100 春令時蔬炊飯
Riz et légumes de printemps à l'étouffée

104 香草青醬鮮蔬烤藜麥飯
Cocotte de quinori, légumes croquants et pistou d'herbes

107 彩椒燉小麥
Petit épautre et poivrons cuisinés en cocotte

108 迷你蔬菜鑲小米
Petits légumes farcis au millet

110 辣味蠔肉佐藜麥
Quinoa et huître à la diable

111 蘆筍羊肚菌燉非洲全小米
Fonio étuvé aux asperges et morilles

113 彩椒小黃瓜碎小麥佐新鮮阿里薩醬
Boulgour, hiarssa fraîche, poivrons et concombre

114 婆羅門參葡萄乾燉小薏仁
Orge perlé, salsifis et raisins de Corinthe cuisinés ensemble

116 煙燻鴨胸牛肝蕈佐小米
Semoule de millet, cèpes et canard fumé

阿朗・杜卡斯（AD）__

為什麼市面上有這麼多食譜教我們製作法式單片三明治（tartines）、鹹塔（tartes）、披薩、薄餅、義大利麵、米飯以及像是非洲小米、藜麥等穀類食物呢？就是因為好吃啊！

寶莉・內拉（PN）__

五穀雜糧除了美味，加上我們平日身體所需的熱量一半來自其所含的澱粉，絕對是提供均衡飲食、保持身體健康的要素。在所有食物中，任何一種穀類，尤其是糙米，其所提供的熱量佔最多，同時也富含各種重要的營養素。

Céréales

五穀雜糧

Tartines printanières

春日三明治

AD／你可能覺得做三明治很花時間，其實應該不超過 15 ～ 20 分鐘。煮豌豆仁和蘆筍的同時，可以準備其他蔬菜。

PN／這種單片三明治正是示範吃得營養均衡的好例子！麵包和蔬菜提供澱粉、纖維質和維生素，乳酪提供蛋白質和鈣質。用保鮮膜包起來帶著走，就是最棒的營養午餐。

材料（4 人份）

全麥或法式鄉村麵包 4 片
迷你蘆筍或細蘆筍 16 根
豌豆仁 1 大把
櫻桃蘿蔔 8 個
球莖茴香 ¼ 顆
小蕃茄 20 顆
芝麻葉 1 小把
聖摩埃特乳酪（Saint-Moret®）150 公克｜ 5 盎司
帕瑪森乳酪 40 公克｜ 1½ 盎司
• 鹽、現磨黑胡椒

做法

處理食材

1. 將鹽、水（比例是水 200：鹽 1）倒入醬汁鍋中煮滾，再準備一盆加冰塊的冰水。
2. 將細蘆筍尖（嫩端）切成 5 ～ 6（2 ～ 2½ 吋）公分一段，洗淨，然後連同豌豆仁一起放入滾水裡煮約 4 分鐘。撈出瀝乾後馬上泡冰水，以保持翠綠的顏色。靜置 2 分鐘後用漏杓撈起，平攤在乾毛巾上。
3. 櫻桃蘿蔔削除外皮後洗淨，用蔬果削片器削成約 0.3 公分厚的薄圓片。球莖茴香剝掉一層外皮後洗淨，削成大小一致的薄片。小蕃茄洗淨，擦乾後切對半。芝麻葉去掉較硬的梗，洗淨後擦乾。

烤麵包、組合

4. 全麥或法式鄉村麵包放入烤箱，只要烤一面，烤酥後塗抹聖摩埃特乳酪。先將小蕃茄在每片麵包中間排一排，再鋪上球莖茴香、櫻桃蘿蔔和豌豆仁。將蘆筍縱切，撒在麵包上。用刨絲器現刨帕瑪森乳酪，也撒在麵包上，最後放些許芝麻葉。
5. 撒上足夠的現磨黑胡椒。先放入冰箱冷藏（但不要冰太久），食用時再取出。

Memo...

球莖茴香又叫結球茴香、甘茴香、義大利茴香、佛羅倫斯茴香。此外，買不到法國聖摩埃特乳酪的話，可以用奶油乳酪（cream cheese）取代。做法 1. 中鹽水的比例，可參照 p.26 的 memo。

Tartines d'herbes
香草單片三明治

AD／這道食譜不必加醋，以免蓋過香草的清香。如果想帶點酸味，可以在上菜前淋幾滴檸檬汁。此外，這道菜也很適合搭配有香草風味的新鮮橄欖油。

PN／全麥麵包能提供纖維質和澱粉，香草有多種維生素和礦物鹽，乳酪提供鈣質，乳酪和麵包則有動物性與植物性蛋白質，營養滿分！

全麥或法式鄉村麵包 4 片

芝麻葉 60 ～ 80 公克｜ 2 ～ 2 ⅔ 盎司

羅勒 2 枝

山蘿蔔 10 枝

茵陳蒿 1 枝

佩克里諾乳酪（pecorino）60 公克｜ 2 盎司

大蒜 1 瓣

- 橄欖油、鹽之花（頂級海鹽）、埃斯普雷特辣椒粉（piment d'Espelette）或甜椒粉（paprika）、現磨黑胡椒

1. 芝麻葉去掉莖，洗淨後拍乾。羅勒留下小片葉子，大片葉子摘下來，切細碎。山蘿蔔、茵陳蒿都洗淨，摘下葉子，稍微切一下。佩克里諾乳酪刨片。
2. 將全部的香草和乳酪裝入大碗裡，拌勻，淋入 1 ～ 2 大匙橄欖油增添風味。
3. 大蒜去膜，切對半，浸泡在橄欖油裡，然後用大蒜切口那面塗在全麥或法式鄉村麵包上。

4. 不沾平底鍋加熱，放入麵包煎至兩面都微酥，呈金黃色，取出。
5. 將做法 2. 鋪在微酥的麵包片上，再撒點鹽之花、埃斯普雷特辣椒粉或甜椒粉、現磨黑胡椒即可享用。

Memo...

除了佩克里諾乳酪，也可以使用其他硬質羊奶乳酪。此外，如果不喜歡香草氣味的話，可以減少山蘿蔔和茵陳蒿的用量。山蘿蔔（法文 cerfeuil，英文 chervil、cerefolium）原產於西亞地區，淡綠色的葉子與平葉巴西里極為相似，具纖細的香甜氣味，可生食。一般多搭配歐姆蛋、沙拉，或者用在甜點的裝飾上。

Tartines de tapenade aux artichauts violets et asperges vertes

紫朝鮮薊綠蘆筍單片三明治佐酸豆橄欖醬

AD／沒有紫朝鮮薊的話，可以改用綠色的朝鮮薊，然後放入鹽水中煮熟。沒有酸豆果的話，可以用酸豆取代。

PN／酸豆果是酸豆樹結的果實，更小的酸豆是花蕾。冷凍朝鮮薊花托的營養價值和新鮮朝鮮薊一樣高，雖然能節省時間，但吃起來就沒有新鮮紫朝鮮薊那麼香。

材料（4 片份）

法式鄉村或全穀麵包 4 片

大顆紫朝鮮薊 4 顆

檸檬汁 ½ 顆份量

綠蘆筍 4 根

酸豆橄欖醬（參照 p.40）4 大匙

醋醃過的酸豆果（酸豆亦可）8 顆

- 橄欖油、鹽之花（頂級海鹽）、現磨黑胡椒

做法

處理食材

1. 先將適量水、檸檬汁倒入鍋中。將朝鮮薊花苞下的莖部切短，沿著花苞外圍將粗硬的葉片剝除，然後用鋒利的刀將花苞切對半。改用小刀沿著花萼外圍削切，直到出現軟嫩部分（花托）為止。切、削的過程中為了避免朝鮮薊變褐色，每切好一塊要先放入檸檬水中泡一下。
2. 取出朝鮮薊，蒸約 20 分鐘。
3. 在蒸煮朝鮮薊時，將綠蘆筍根部的硬皮削除，清洗乾淨，切掉粗硬的根部，然後切薄片。
4. 取出蒸好的朝鮮薊，用小湯匙刮掉或手剝掉毛纖維，使成乾淨的花托，再將每朵花托切成 4 ～ 5 片的薄片。

烤麵包、組合

5. 在法式鄉村或全穀麵包的其中一面，輕輕地刷上一層橄欖油，然後把這一面烤至金黃色。
6. 在麵包片上塗抹酸豆橄欖醬，接著鬆鬆地鋪上朝鮮薊和蘆筍，不要壓扁。酸豆果切對半，接著放在麵包上。
7. 撒一點點鹽之花，淋幾滴橄欖油和一些現磨黑胡椒粉即可享用。

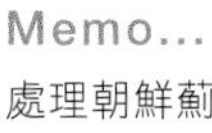

處理朝鮮薊時，每個步驟出現刀的切面時，可以抹一下檸檬或沾一下檸檬水，以免變色。如果買不到朝鮮薊，麵包與綠蘆筍、酸豆橄欖醬的組合已經是可口的保證。此外，綠蘆筍一定要新鮮的。

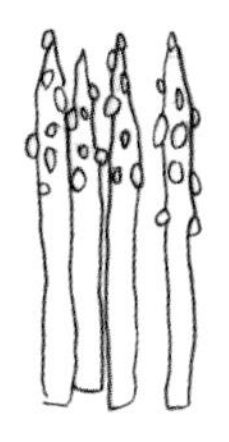

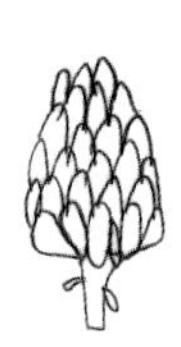

Tartines de Jabugo et tomates aux câpres et olives

生火腿蕃茄單片三明治佐酸豆和橄欖油

材料（4 片份）

全麥或法式鄉村麵包 4 片
熟透的大蕃茄（紅、黃、綠各一色為佳）3 顆
去籽黑橄欖（塔賈斯奇種為佳）12 顆
小顆酸豆 1 大匙
平葉巴西里 3 ～ 4 枝
羅勒 3 ～ 4 枝
細香蔥 3 ～ 4 根
伊比利火腿片 120 公克｜ 4 盎司
• 橄欖油、鹽、現磨黑胡椒

做法

處理食材

1. 蕃茄放入滾水中以小火汆燙，撈出泡冷水後撕除外皮，切成 4 等份，去籽，果肉切成小塊，然後連同切成圓片的去籽黑橄欖一起放在大碗裡，稍微混合。加入酸豆、1 ～ 2 大匙橄欖油，以及少許鹽和現磨黑胡椒添加香氣。
2. 將平葉巴西里、羅勒洗淨擦乾，摘下嫩葉。細香蔥也洗淨擦乾。先挑選幾片漂亮的巴西里和一些羅勒葉留著擺盤，其餘香草切碎，加入裝著蕃茄的碗裡拌勻。

組合

3. 全麥或法式鄉村麵包稍微烤過、烤香，然後每一片麵包依序鋪滿香氣四溢的做法 2.，再排上火腿片，擺上巴西里和羅勒葉裝飾即可。

AD ／塔賈斯奇種（taggiasche）橄欖可說是橄欖界的勞斯萊斯，但買不到時，可以用其他黑橄欖代替；香草也一樣，可用其他香草代替。伊比利火腿（黑毛豬風乾）是頂級的西班牙火腿，產於西班牙安達魯西亞自治區韋爾瓦縣西南部的哈布格村（Andalucia, Huelva, Jabugo），當地依循獨特古法，用以橡樹果實為主食的野生伊比利豬來製作火腿。你也可以用其他種類的醃製火腿，但一定要切得很薄很薄。

PN ／用香草時不必吝嗇，它們可是富含維生素呢！鹽倒不必用太多，因為橄欖、酸豆和火腿都是鹹的。

Memo...

蕃茄、黑橄欖、酸豆和香草的組合，是最受歡迎的三明治口味。細香蔥（法文 ciboulette，英文 chives）又叫蝦夷蔥，細長條狀，香氣較溫和。不宜加熱，多用來製作醬料、搭配沙拉、肉類或蛋料理等。

Tartines de caillé de brebis, figue et miel

羊凝乳無花果蜂蜜單片三明治

AD／如果買不到巴斯克地區產的歐索伊拉堤乳酪，可以用香氣濃郁的新鮮羊奶乳酪、牛奶乳酪，或者佩克里諾乳酪（pecorino cheese）等硬質乳酪代替。這道三明治的重點是結合新鮮羊奶乳酪、無花果、蜂蜜的口感與風味。

PN／以營養師的角度來看，這兒所用的食材讓三明治營養滿點，而且麵包也提供了足夠的澱粉。

材料（4 片份）

法式鄉村麵包 4 片
羊凝乳（caillé de brebis）或原味優格 4 大匙
百里香 1 小枝
迷迭香 1 小枝
小顆新鮮無花果 8 顆
蜂蜜或高山蜜（miel de montagne）4 小匙
歐索伊拉堤乳酪（ossau-Iraty）20 公克｜¾ 盎司
• 橄欖油、粗粒黑胡椒

做法

烤麵包

1. 法式鄉村麵包稍微烤過、烤香，在每一片麵包上塗抹羊凝乳，不要抹開，撒一撮粗粒黑胡椒。

組合

2. 摘下百里香、迷迭香的葉子，撒在每片麵包上。
3. 將每顆新鮮無花果切成 3 片，排在麵包上，然後在每片麵包上淋 1 小匙蜂蜜和一點橄欖油。
4. 用蔬果削皮刀將歐索伊拉堤乳酪刨成薄片，散放在每片麵包上，立刻享用。

Memo...

新鮮無花果呈球狀，切開後有種籽，整顆可以食用。一般多用來製作果醬、糕點餡料或甜點裝飾，直接食用也很好吃。

Tartines au jambon et à la ricotta
火腿瑞可塔乳酪單片三明治

AD／手邊有青醬的話（參照 p.36），可以用青醬取代羅勒製作「羅勒風味乳酪」，只要加入 1 大匙混合即可。醃火腿切愈薄愈好，推薦選用義大利帕瑪（Parma）產的生火腿。

PN／如果你的腸胃比較脆弱，最好挑掉芝麻葉的粗梗，因為粗梗不容易消化。這道三明治很適合當成簡便的午餐，可以攝取到火腿和瑞可塔乳酪的蛋白質、兩種乳酪的鈣質。

材料（4 片份）

全麥或法式鄉村麵包厚片 4 片
瑞可塔乳酪（ricotta）150 公克｜ ½ 杯
現磨帕瑪森乳酪 2 大匙
羅勒 4 枝
芝麻葉 40 ～ 50 公克｜ 1 ～ 1½ 盎司
醃火腿薄片（義大利帕瑪產生火腿為佳）4 片
• 現磨黑胡椒

做法

處理食材和製作羅勒風味乳酪

1. 將瑞可塔乳酪、現磨的帕瑪森乳酪裝入碗裡。
2. 羅勒摘下葉子，切碎，加入做法 1. 的碗裡仔細拌勻，然後撒入些許現磨黑胡椒，放入冰箱冷藏保持冰涼。
3. 芝麻葉洗淨擦乾，摘除粗梗，放在另一個碗裡。薄薄的醃火腿切成細絲，輕輕地與芝麻葉拌在一起。

烤麵包、組合

4. 全麥或法式鄉村麵包稍微烤過、烤香，然後抹上做法 2. 的羅勒風味乳酪，撒上拌勻的醃火腿和芝麻葉，最後撒一點現磨黑胡椒即可享用。

Memo...

帕瑪（Parma）生產的生火腿可以說是義大利的代表火腿。它是以經過特別飼料飼養的豬隻腿肉、岩鹽，沒有添加物，經過 15 個月以上長時間熟成，以及嚴格遵守溫度、重量等條件下製成。此外，必須貼有帕瑪火腿協會（Consorzio del Prosciutto di Parma）的標記，才是正宗帕瑪生火腿。一般多切薄片搭配沙拉、乳酪或麵包食用。

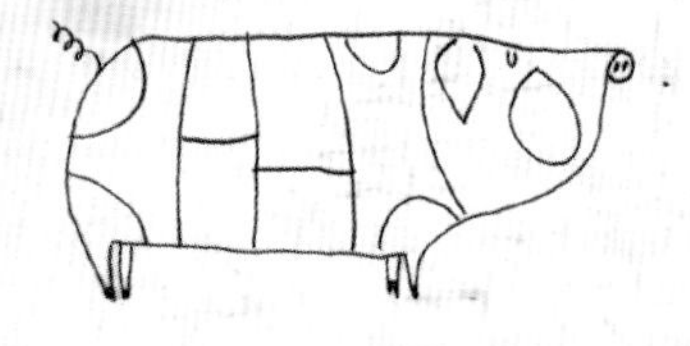

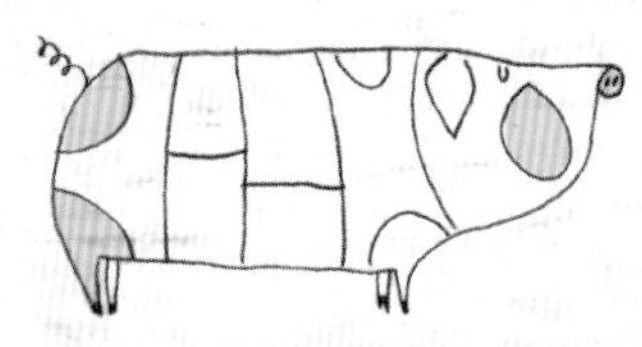

Tartines de févettes

蠶豆單片三明治

AD／這兒用的蠶豆是在熟透前就採收，淺綠色豆莢裡包著小豆子。春天時在法國的菜市場買得到。

PN／若是買不到新鮮羊奶乳酪的話，可以改用未過濾的新鮮牛奶乳酪。吃起來味道不同，但營養價值一樣高。

材料（4 片份）

法式鄉村或全穀麵包 4 片

小粒新鮮蠶豆 500 公克｜ 1 磅

櫻桃蘿蔔 8 個

青蔥 3 根

薄荷葉 5 片

新鮮羊奶乳酪（白乳酪 fromage blanc 或脱水優格亦可）100 公克｜ 3½ 盎司

• 橄欖油、鹽之花（頂級海鹽）、鹽、現磨黑胡椒

做法

處理食材

1. 將新鮮蠶豆剝除外殼，去皮，用拇指和食指擠壓蠶豆，就能褪下外皮。如果準備的是一般蠶豆的話，必須把蠶豆放入鹽水中（比例是水 200：鹽 1）煮熟，撈出去皮。
2. 櫻桃蘿蔔切掉根部，洗淨後拍乾，用刨絲器刨成薄片。青蔥切掉根部，清洗乾淨，斜切成細末。薄荷葉切細碎。

烤麵包、組合

3. 法式鄉村或全穀麵包稍微烤過、烤香，抹上新鮮羊奶乳酪，撒些許鹽。
4. 撒上薄荷葉、蠶豆和蔥花。
5. 淋入一點橄欖油，再以鹽之花和現磨胡椒調味，最後撒上櫻桃蘿蔔當裝飾即可享用。

Memo...

脫水優格是指瀝掉無糖原味優格（超市販售沒有調味、1 公升或大容量裝）中的乳清，使優格濃稠。做法是取 1 張大的咖啡濾紙或紗布、廚房紙巾，放在細孔篩網上，再把篩網架在大碗上面，然後倒入優格，優格上蓋一層保鮮膜，拿稍重的物品壓在優格上，放入冰箱冷藏，使優格瀝乾一晚，第二天即可使用。此外，做法 1. 中鹽水的比例，可參照 p.26 的 memo。

Sandwichs végétariens
蔬菜三明治

AD／這道食譜可以改用圓形小麵包或外皮酥脆、從中間對切的法國棍子麵包。香草的種類也可以看看菜市場有什麼來決定。

PN／這是一道營養均衡的三明治，全麥麵包和蔬菜提供纖維質和澱粉，瑞可塔乳酪和帕瑪森乳酪提供植物性與動物性蛋白質。再來份優酪乳和些許水果，就是完美的辦公室午餐。

Memo...

芝麻葉（法文 riquette、roquette，英文 wild rocket）融合了些微的胡椒味與香氣，可搭配沙拉生食。食用時，用手把葉子撕開，香氣會更濃郁。

材料（4 人份）

全麥麵包（兩端切除）1 條
大蒜 1 瓣
茄子 1 個
細的櫛瓜 2 根
羅勒 4 枝
瑞可塔乳酪 100 公克 | ¼ 杯
現磨帕瑪森乳酪 1 大匙
帕瑪森乳酪 40 公克 | 1½ 盎司
芝麻葉 1 把
小蕃茄 4 顆
• 橄欖油、鹽、現磨黑胡椒

做法

處理食材和製作羅勒風味乳酪

1. 將全麥麵包從中間往旁邊，縱切 8 大片。大蒜切對半，將切面塗在麵包片上。
2. 茄子、櫛瓜洗淨，切成 0.5 公分厚的薄片，分別在兩面塗抹少許橄欖油和鹽後，兩面各煎 1 分鐘，然後取出用廚房紙巾吸掉餘油。
3. 羅勒葉切細碎，裝在碗裡，加入瑞可塔乳酪、現磨的帕瑪森乳酪和一點橄欖油，稍微拌勻。
4. 芝麻葉洗淨擦乾，摘除粗梗。

組合

5. 小蕃茄切圓片，排在 4 片麵包上，再放上煎好的茄子、櫛瓜。用削皮刀削好帕瑪森乳酪片，也輕撒在上面。
6. 將另外 4 片麵包抹上做法 3. 的羅勒風味乳酪後，鋪上芝麻葉，撒上現磨黑胡椒，然後將鋪著蔬菜的麵包蓋起來，稍微輕壓固定，完成三明治。用保鮮膜包起來，食用時再打開包裝。

在自家餐廳穆斯提耶屋舍（La Bastide de Moustiers）的廚房做菜。

尼斯三明治

AD／尼斯三明治（pan-bagnat、pain-bagna，意為「濕麵包」）源自經典的尼斯沙拉。以往在吃沙拉前 1 小時，當地人會把不新鮮的麵包塊放入沙拉裡，吸飽油分和蕃茄汁的麵包美味極了。

PN／這道經典的地中海料理幾乎涵蓋了所有營養，有麵包（澱粉）、蔬菜（纖維質、維生素、抗氧化劑），一點魚肉（蛋白質）和橄欖油。相較之下，傳統的火腿三明治就……

材料（4 人份）

全麥扁圓麵包（直徑約 15 公分｜ 6 吋）4 個
大蒜 1 瓣
小蕃茄 6 顆
鵪鶉蛋 8 顆
蘿蔓生菜葉 12 片
油漬蕃茄（參照 p.16）12 片
去籽黑橄欖（尼斯出產為佳）12 個
罐裝油漬鮪魚 100 公克｜ 3½ 盎司
橄欖油漬鯷魚 8 條
紅酒醋適量
櫻桃蘿蔔 8 個
細的櫛瓜 1 根
青蔥 2 根
西洋芹的莖 1 小根
珍珠洋蔥 1 顆
黃甜椒 ½ 個
小顆球莖茴香 1 顆
羅勒 2 枝
- 橄欖油、鹽之花（頂級海鹽）鹽、現磨黑胡椒

做法

準備麵包

1. 麵包從中間橫剖對切。大蒜去膜後切對半，將切面塗在麵包切面上。
2. 小蕃茄洗淨後切對半，取一個容器，輕輕地擠小蕃茄並接住汁液。將小蕃茄汁液塗抹在做法 1. 的麵包上，再淋上一點橄欖油、一點紅酒醋，撒入些許鹽之花、現磨黑胡椒，放於一旁。

準備餡料

3. 將鵪鶉蛋放入滾水中煮 5 分鐘，取出放涼後剝掉蛋殼，切對半。
4. 蘿蔓生菜葉洗淨，瀝乾水分。把做法 2. 的小蕃茄切成 0.8 公分厚的圓片。油漬蕃茄切對半。
5. 櫻桃蘿蔔、櫛瓜切成薄片；青蔥、西洋芹的莖斜切 0.2 公分厚；珍珠洋蔥切 0.2 公分厚的圓片；黃甜椒切成 2 公分長 ×0.2 公分寬的長條；球莖茴香先對切，再將每一半切成 0.2 公分厚的薄片；羅勒摘取葉子。
6. 將做法 5. 裝在大碗裡，先加一點橄欖油、紅酒醋，再撒入鹽、現磨黑胡椒調味，加入去籽黑橄欖，充分拌勻。
7. 將鮪魚、鯷魚的油瀝乾。

組合

8. 將圓蕃茄片、油漬蕃茄和生菜葉鋪在 4 片麵包上，再鋪上做法 6.，接著加入 2 條鯷魚、鮪魚和鵪鶉蛋，撒些現磨黑胡椒調味。蓋上另一半麵包，輕壓定型，等 10 分鐘後再上菜。

Memo...

這道三明治的材料比較多，建議用當季盛產的蔬菜製作。只要將麵包浸上蕃茄汁與紅酒醋，再搭配黑橄欖、鯷魚和油漬鮪魚、大蒜等，滋味特別且食材豪華的三明治絕對令你飽食、難忘。

Tartes de tomates et thon aux graines de pavot
罌粟籽鹹塔佐蕃茄鮪魚

AD ／鮪魚切薄片時，記得選一把鋒利的好刀喔！這種麵團冰在冷藏室後不容易變質，只要擀開，用保鮮膜包起來即可。可以拿來做其他鹹塔或披薩。

PN ／由於使用全麥麵粉和燕麥片，所以塔皮富含健康纖維質。加上鮪魚與鯷魚的 Omega-3 不飽和脂肪酸和蕃茄的抗氧化劑，這道鹹塔絕對是「機能性食品」。

材料（4 人份）

塔皮

高筋麵粉 150 公克｜ 1 杯

鹽 1 撮

無鹽奶油 50 公克｜ 3½ 大匙

小片的燕麥片 50 公克｜ ¼ 杯

罌粟籽 1 大匙

水 75 毫升｜ 5 大匙

餡料

新鮮鮪魚 250 公克｜ 8 盎司

埃斯普雷特辣椒粉（piment d'Espelette）或甜椒粉（paprika）適量

芝麻葉 1 把

鹽漬鯷魚 12 條

烤蕃茄片（參照 p.21）8 大匙

油漬蕃茄（參照 p.16）12 片

無蠟且無農藥檸檬 ¼ 顆

• 橄欖油

做法

製作塔皮

1. 將過篩好的高筋麵粉放入盆裡，加入鹽，麵粉中間挖個凹洞，加入切小塊的無鹽奶油，以指腹搓揉，直到變成細砂狀或粗粒麵包屑，然後加入燕麥片、罌粟籽，再慢慢加入水，揉成麵團。
2. 將麵團整成圓形，放入盆裡覆蓋保鮮膜，在室溫 25 ～ 28℃（77 ～ 82.5 ℉）下鬆弛 30 分鐘。

製作餡料

3. 麵團鬆弛的同時，將新鮮鮪魚切成薄片，以埃斯普雷特辣椒粉調味。芝麻葉洗淨後擦乾。在水龍頭下將鹽漬鯷魚洗淨，切成 0.7 公分大小。檸檬榨汁，檸檬皮切細絲。

烘烤塔皮

4. 烤箱預熱至 180℃（350 ℉）。將塔皮擀成 0.2 公分厚的圓形，切成 4 等份，放在烤盤上，每塊塔皮上面放 1 個耐熱的小咖啡杯，在中間壓出一個圓凹槽。放入烤箱，烘烤 10 ～ 12 分鐘至餅皮呈金黃色。

完成鹹塔

5. 取出烤盤，烤箱先不要關掉。
6. 在每塊塔皮上塗抹烤蕃茄片，接著依序鋪上鯷魚、鮪魚片和油漬蕃茄。
7. 再放入烤箱烘烤約 3 分鐘，讓食物加熱到剛剛好的溫度。烘烤時，芝麻葉放入容器中，加入一點橄欖油、檸檬汁調味。從烤箱取出鹹塔，撒上芝麻葉、檸檬皮即可享用。

Memo...

麵團中雖然加入了燕麥片，但仍然可以搓揉平滑。食用時，更可以感受到獨特的咀嚼感。新鮮鮪魚稍微加熱成半生狀態，肉質更柔軟。此外，放餡料時因為加了已調味的鹽漬鯷魚、烤蕃茄片和油漬蕃茄， 所以可以不加鹽。

  備料時間｜15 分鐘＋ 15 分鐘（麵團鬆弛的時間） 烹調時間｜47 分鐘

Tourte aux légumes
蔬菜餡餅

AD ／可以把串籤或刀子插入派餅裡來確認烤熟了沒，只要串籤或刀子上沒有殘留物就代表熟了。法式酥脆塔皮事先就準備好的話，可先把塔皮鋪在塔模上，放入冰箱冷藏後再料理蔬菜。

PN ／這道派餅富含抗氧化劑、溫和的纖維質、多種維生素、礦物鹽和少少的脂肪，再好不過了！

材料（8 人份，直徑約 24 公分｜ 9 吋的塔模 1 個）

法式酥脆塔皮麵團（參照 p.11，整成圓形）400 公克｜ 14 盎司

君達菜葉（blette，菠菜、火焰菜亦可）500 公克｜ 1 磅

小顆球莖茴香 1 顆

櫛瓜 2 根

紅（紫）洋蔥 1 顆

大蒜 1 瓣

百里香 2 枝

豌豆仁 30 公克｜ ½ 杯

去殼蠶豆 30 公克｜ ½ 杯

平葉巴西里 5 枝

山蘿蔔 5 枝

細香蔥 25 根

去籽黑橄欖 2 大匙

鮮奶油 3 大匙

蛋黃 3 顆

現磨帕瑪森乳酪 2 大匙

白芝麻 3 撮

麵粉（手粉）適量

• 橄欖油、鹽

做法

準備蔬菜料

1. 君達菜葉洗淨，放入沸騰的鹽水（比例是水 200：鹽 1）煮 2 分鐘，撈出擠乾水分，切細末。
2. 球莖茴香剝掉一層外皮後洗淨，削成大小一致的薄片。櫛瓜洗淨後縱向切成兩半，先去籽再切成薄片。紅洋蔥洗淨，剝除外皮後切大小一致的薄片。大蒜去膜後以刀背壓扁。
3. 鍋燒熱，倒入 2 大匙橄欖油，先放入球莖茴香、櫛瓜、紅洋蔥、大蒜和百里香的葉子炒約 10 分鐘，但不可以炒焦，接著加入君達菜葉、豌豆仁和蠶豆，加入鹽調味，以小火煮約 5 分鐘。
4. 炒蔬菜料時，將巴西里、山蘿蔔洗淨後擦乾，摘下葉子切成細末。細香蔥洗淨後切碎。去籽黑橄欖切粗碎。
5. 將鮮奶油和 2 顆蛋黃倒入容器中充分混合。
6. 做法 3. 的鍋子離火，依序慢慢地加入做法 4.、5. 小心地混合拌勻，然後加入現磨帕瑪森乳酪拌勻，試味道調整鹹淡，斟酌加入鹽。

組合和烘烤

7. 烤箱預熱至 180℃（350 ℉）。
8. 工作檯面上撒些許麵粉（手粉），將整成圓形的麵團切成 2 份，每一份都擀開，將其中一片麵團鋪放在直徑 24 公分（9 吋）的塔模裡，將炒鍋裡的綜合蔬菜料舀至麵團上，往中間堆成像一座小山，再拿另一片麵團蓋起來，將邊緣壓緊密合。
9. 將剩下的 1 顆蛋黃加一點水攪散，在派餅整個表面刷一遍，撒上白芝麻，在派餅中間戳個洞來散熱。
10. 放入烤箱烘烤約 30 分鐘，取出放涼 15 分鐘，享用時直接把烤盤端上桌即可。

Memo...

tourte 是指在派皮上填入餡料之後，放入烤箱烘烤而成的餡餅。君達菜葉（blette）又叫迦茉菜、莙菜、官達菜、瑞士甜菜，買不到的話，可以用菠菜或火焰菜（swiss chard），只要是綠色的蔬菜皆可。此外，手粉可使用質感較滑、不黏手的高筋麵粉。

Pissaladières à ma façon

杜卡斯特製尼斯洋蔥塔

AD／義大利發明了披薩，尼斯創造了洋蔥塔！我的版本則多加了茴香。你可以用市售麵團和冷凍洋蔥來節省時間。

PN／添加茴香是個好主意，因為它跟洋蔥一樣，營養又健康（含礦物質、胡蘿蔔素等），讓這道菜成為貨真價實的天然健康料理。

材料（8 人份，直徑約 24 公分｜ 9 吋的塔模 1 個）

麵團

中筋麵粉 250 公克｜2 杯

鹽 3 撮

新鮮酵母 5 公克或速發乾酵母（快溶酵母）1.25 公克

橄欖油 5 大匙

水或溫水 80 ～ 100 毫升｜⅓ ～ ½ 盎司

麵粉（手粉）適量

餡料

大顆洋蔥 5 顆

小顆球莖茴香 2 顆

大蒜 4 瓣

百里香 3 枝

月桂葉 1 片

橄欖油漬鯷魚 100 公克｜ 3½ 盎司

去籽黑橄欖（建議用塔賈斯奇橄欖種，參照 p.59）30 顆

- 橄欖油、鹽之花（頂級海鹽）、鹽、現磨黑胡椒

做法

製作麵團

1. 將過篩好的中筋麵粉放入盆裡，麵粉中間挖個凹洞，依序加入 3 撮鹽、新鮮酵母、橄欖油和水。以指腹搓揉成團，然後移到撒些許手粉（麵粉）的工作檯面上，搓揉成具有彈性、表面平整光滑的麵團。
2. 將麵團整成圓形，放入盆裡覆蓋保鮮膜，在室溫 25 ～ 28℃（77 ～ 82.5 ℉）下發酵 30 分鐘。

製作餡料

3. 洋蔥剝除外皮，球莖茴香剝掉一層外皮後洗淨，然後都切成薄片。大蒜不去膜以刀背壓扁。
4. 耐熱鍋或鑄鐵燉鍋燒熱，倒入 1 小匙橄欖油，等油熱了放入洋蔥和球莖茴香，以小火炒約 10 分鐘至呈透明，不要炒到變色。接著加入大蒜、1 枝百里香、月桂葉和鹽，以小火慢煮約 15 分鐘，煮的過程中需不時翻拌。

組合、烘烤

5. 烤箱預熱至 180℃（350 ℉）。
6. 工作檯面上撒些許麵粉（手粉），將整成圓形的麵團切成 2 份，每一份都擀成 0.3 公分厚的麵團，分別鋪放在直徑 24 公分（9 吋）的塔模裡，邊緣要留 1 公分的厚度。將大蒜、百里香和月桂葉從做法 4. 中挑出來，再將洋蔥與球莖茴香均勻地舀入 2 個塔模裡。取剩下的 2 枝百里香，摘下葉子撒在洋蔥塔上，然後放入烤箱烘烤 15 ～ 20 分鐘。
7. 取出洋蔥塔，將烤箱溫度提高至 200℃（400 ℉），將鯷魚、黑橄欖均勻地鋪放在洋蔥塔上，再放回烤箱烘烤 5 分鐘。
8. 取出洋蔥塔，撒一點鹽之花和現磨黑胡椒。洋蔥塔可以趁熱享用，也可以室溫下食用。

Memo...

室溫和水溫對於麵團的發酵非常重要，發酵溫度應控制在 25 ～ 30℃（77 ～ 86 ℉）之內，尤其是 27℃（80 ℉）最好。超過 50℃（122 ℉）的話酵母會死掉，20℃（68 ℉）以下則無法發酵（作用），所以，當室溫在 25～28℃（77～82.5 ℉）的時候，如果要使用溫水的話，約 30℃（86 ℉）為佳。

Pizza aux courgettes et au sainte-maure

櫛瓜聖莫爾乳酪披薩

AD／聖莫爾都蘭乳酪（sainte-maure de touraine）是受歐洲原產地命名保護（AOP）的頂級羊奶乳酪，在開始熟成前會將煤灰揉入其中而製成。

PN／櫛瓜雖然無法提供很多的維生素和礦物質，但搭配營養豐富的羅勒和油漬蕃茄，吃起來就很健康，尤其還有乳酪提供的鈣質，營養均衡。

材料（4～6 人份）

披薩麵團

低筋麵粉 145 公克｜1 杯

新鮮酵母 5 公克或速發乾酵母（快溶酵母）2 公克

鹽 2½ 公克

橄欖油 1 小匙

水或溫水 80 毫升｜⅓ 杯

麵粉（手粉）適量

餡料

綠色、黃色的櫛瓜各 2 根

洋蔥 1 顆

羅勒 1～2 枝

大蒜 1 瓣

百里香 1 枝

聖莫爾都蘭乳酪（sainte-maure de touraine）或戈貢佐拉乳酪（gorgonzola）½ 個

油漬蕃茄（參照 p.16）20 片

去籽黑橄欖（塔賈斯奇種為佳，參照 p.59）20 顆

青蔥葉 2 根份量

• 橄欖油、鹽、現磨黑胡椒

做法

製作披薩麵團

1. 先將新鮮酵母溶於 1 大匙溫水（材料量以外）中攪拌均勻，然後連同過篩的低筋麵粉、鹽、橄欖油和冷水一起倒入桌上型攪拌器的攪拌盆裡。如果使用的是速發乾酵母的話，則將速發乾酵母、低筋麵粉、鹽、橄欖油和 80 毫升的冷水一起倒入桌上型攪拌器的攪拌盆裡。
2. 用低速攪拌均勻成麵團，取出麵團整成圓形，放入盆裡覆蓋保鮮膜，在室溫 25～28℃（77～82.5 ℉）下至少發酵 30 分鐘。

製作餡料

3. 櫛瓜洗淨，取各 1 根黃、綠櫛瓜切成約 0.2 公分厚的圓薄片，另外 2 根先縱切成兩半，挖掉籽，再切成 0.5 公分的小丁。洋蔥剝掉外皮，洗淨後切薄片。羅勒洗淨擦乾後，摘下葉子切細末。大蒜不去膜以刀背壓扁，百里香摘下葉子。青蔥葉切蔥花。
4. 鍋燒熱，倒入 1 小匙橄欖油，等油熱了先放入櫛瓜丁以小火炒一下，續入大蒜、百里香，蓋上鍋蓋煮約 10 分鐘，用叉子壓碎，然後以鹽調味，再拌入切碎的羅勒。

製作披薩、烘烤

5. 烤箱預熱至 180℃（350 ℉）。
6. 工作檯面上撒些許麵粉（手粉），將麵團擀成 0.4 公分厚的長方形，放在鋪著烘焙紙的烤盤上，放入烤箱烘烤 3 分鐘。將聖莫爾都蘭乳酪切成圓片。
7. 取出烤盤，將做法 4. 的雙色櫛瓜均勻地鋪在麵團上，再交錯擺上生櫛瓜片、乳酪、洋蔥、油漬蕃茄和去籽黑橄欖，再次放入烤箱烘烤 10～15 分鐘。
8. 取出披薩，撒一點現磨黑胡椒、蔥花，趁熱享用。

Pizza àux cepes
牛肝蕈披薩

材料（4 人份）

披薩麵團

低筋麵粉 145 公克｜1 杯

新鮮酵母 5 公克或速發乾酵母（快溶酵母）1.25 公克

鹽 2½ 公克

橄欖油 1 小匙

水或溫水 80 毫升｜⅓ 杯

麵粉（手粉）適量

餡料

新鮮中型牛肝蕈 800 公克｜1¾ 磅

培根（0.5 公分厚）100 公克｜3 ½ 盎司

青蔥 5 根

鴨油 60 公克｜4½ 大匙

大蒜 2 瓣

平葉巴西里葉 5 枝份量

胡桃 8 個

帕瑪森乳酪 20 公克｜1 盎司

• 鹽、現磨黑胡椒

AD ／你可以把披薩麵團墊在烘焙紙上擀平後冷凍，如此一來，需要時就能直接使用，不必解凍。

PN ／這道披薩好健康呀！有牛肝蕈的維生素 B 群、礦物鹽和纖維質，還有鴨油的健康脂肪酸。買不到鴨油的話，建議少使用奶油，或者以橄欖油取代。

做法

製作披薩麵團

1. 參照 p.72 的做法 1.、2.，將新鮮酵母或速發乾酵母、低筋麵粉、鹽、橄欖油、水或溫水製作成麵團。

準備餡料

2. 在麵團發酵的同時，取 4 朵牛肝蕈洗淨，縱切成約 0.7 公分厚的片，其餘的牛肝蕈都切丁。培根切 0.5 公分的小丁。青蔥洗淨，根部蔥白部分切蔥花，蔥綠的部分切細末。
3. 耐熱鍋或鑄鐵燉鍋燒熱，放入 20 公克（1½ 大匙）鴨油，等油熱了先加入培根丁稍微炒香、上色，再加入蔥綠，以小火煮約 2 分鐘，避免炒焦。接著加入牛肝蕈丁、鹽，蓋上蓋子，以小火煮約 20 分鐘，煮到牛肝蕈又香又軟。烹調過程中可視需要斟酌加入些許水。
4. 平底鍋燒熱，放入 40 公克｜3 大匙的鴨油，等油熱了放入牛肝蕈片煎到兩面稍微金黃色，撒入鹽拌一下，取出鋪在廚房紙巾上。

成型、烘烤

5. 烤箱預熱至 200℃（400 ℉）。大蒜去膜，和平葉巴西里葉都切成細末，一起加入烹調好的香軟牛肝蕈丁裡。
6. 工作檯面上撒些許麵粉（手粉），將麵團擀成 0.4 公分厚的長方形，放在鋪著烘焙紙的烤盤上，鋪上烹調過的牛肝蕈丁，再擺上牛肝蕈片、胡桃和蔥白，放入烤箱烘烤約 20 分鐘。
7. 取出烤盤，將帕瑪森乳酪刨片，撒在披薩上，然後再次放入烤箱，烘烤 1 ～ 2 分鐘至乳酪融化，取出以現磨黑胡椒調味即可享用。

Memo...

餡料的部分可以用新鮮香菇或杏鮑菇取代牛肝蕈，大朵的可切成易入口的大小，烹調時間相同且美味不減。當作開胃小菜、前菜也很合適。

Crêpes à la farine de sarrasin, andouille et poireaux

煙燻香腸韭蔥蕎麥薄餅

AD／最後才加入打硬的蛋白，麵糊質地會變輕盈，薄餅也較膨鬆。

PN／用品質好的不沾鍋來煎薄餅，才不用加很多油避免黏鍋。再準備沙拉和美味甜點的話，就是完美的週日晚餐！

材料（直徑 28 公分｜11 吋的薄餅 4 片）

披薩麵團

蕎麥麵粉 75 公克｜½ 杯

低筋麵粉 40 公克｜⅓ 杯

大顆雞蛋 2 顆

低脂牛奶 350 毫升｜1½ 杯

含鹽奶油 40 公克｜3 大匙

餡料

小根韭蔥 2 根

蓋莫內煙燻香腸（andouille de guéméné）或培根 12 片

• 橄欖油、鹽

做法

製作麵糊

1. 將過篩好的蕎麥麵粉、低筋麵粉放入盆裡混合均勻，在中間挖個凹洞。蛋白和蛋黃分開，先將蛋黃倒入凹洞，一邊混合一邊慢慢加入低脂牛奶。
2. 將含鹽奶油切小塊，放入平底鍋中加熱至融化、稍微金黃，然後倒入做法 1. 的麵糊，攪拌均勻。
3. 另取一個乾淨、無油的鋼盆，倒入蛋白打發至濕性發泡，輕輕拌入做法 2. 的麵糊，並朝同一個方向動作輕盈地攪拌，麵糊才不會消泡。
4. 拿一條乾淨的毛巾將盆子蓋起來，讓麵糊鬆弛 1 小時。

製作餡料

5. 韭蔥洗淨，切掉根部，摘除綠色部分，剝除外層的葉子，切成 0.4 公分厚的斜段。
6. 用廚房紙巾沾一點橄欖油塗在平底鍋表面，加熱，放入韭蔥和鹽，以小火煮 2 分鐘，不要炒至上色，才能保持爽脆口感，然後撈出放在盤子上。蓋莫內煙燻香腸撕掉腸衣。

製作薄餅

7. 做法 6. 的平底鍋再加熱，等鍋熱後，分散地加入 1 大匙韭蔥和 3 片香腸，炒約 20 秒。
8. 舀入 1 湯瓢的麵糊，在麵糊凝固前，拿起鍋柄旋轉，使麵糊均勻地佈滿鍋子整個表面，煎至薄餅邊緣開始變色，再甩鍋或用刮刀翻面，另一面煎約 1 分鐘。將薄餅盛入盤子裡，蓋上乾淨的毛巾保溫。接著以同樣的方法煎好另外 3 片薄餅。

Memo...

蓋莫內煙燻香腸可以用培根，小韭蔥則以長蔥代替。此外，濕性發泡的介紹可參照 p.218 的 memo。

Soccas et légumes d'une niçoise

尼斯風味蔬菜索卡薄餅

AD／你也可以用烤箱製作索卡薄餅。烤箱溫度設定在 240℃（450℉）。用直徑 25 公分（10 吋）的烤盤，抹好油，倒入一層薄薄的麵糊，放入烤箱烤約 15 分鐘至呈金黃色。

PN／這道料理營養均衡，有索卡薄餅供給的澱粉、全部蔬菜的纖維質、礦物鹽與多種維生素，以及雞蛋與鮪魚提供的蛋白質。

材料（4 人份）

麵糊

鷹嘴豆粉 150 公克｜1½ 杯

細鹽 2 撮

橄欖油 5 大匙

冷水 450 毫升｜2 杯

尼斯沙拉

水煮蛋 2 顆

小顆球莖茴香 ½ 顆

櫻桃蘿蔔 6 個

小黃瓜 1 根

蕃茄 2 顆

青蔥 4 根

蘿蔓生菜 1 顆

羅勒 ½ 束

油漬甜椒 ½ 個

油漬蕃茄（參照 p.16）8 片

橄欖油漬鯷魚 4 條

油漬鮪魚或罐裝油漬鮪魚 100 公克｜3½ 盎司

大蒜 1 瓣

酸豆橄欖醬（參照 p.40）2 大匙

• 橄欖油、鹽、現磨黑胡椒

做法

製作麵糊

1. 將鷹嘴豆粉、細鹽和橄欖油放入盆裡，一邊攪拌，並一點一點地加入冷水，用力攪拌成麵糊，然後放入冰箱冷藏鬆弛。

製作尼斯沙拉

2. 剝掉水煮蛋的殼。
3. 小黃瓜、蕃茄洗淨後去皮；球莖茴香剝掉一層外皮，連同櫻桃蘿蔔、青蔥、蘿蔓生菜一起洗淨。球莖茴香、櫻桃蘿蔔切成薄片；小黃瓜、蕃茄切成條狀；青蔥切蔥花；蘿蔓生菜沿著葉脈切，只取葉子使用；羅勒摘下葉子，用刀子大略切一下；漬甜椒的油瀝乾，切成條狀；油漬蕃茄、橄欖油漬鯷魚切對半；油漬鮪魚微捏碎；水煮蛋切成圓薄片；大蒜去膜，塗抹沙拉碗內側一遍，然後將上述食材全部放入沙拉碗中。
4. 接著加入酸豆橄欖醬、1～2 大匙的橄欖油、鹽和現磨黑胡椒調味。

煎薄餅、裝飾

5. 用廚房紙巾沾一點橄欖油塗在平底鍋表面，燒熱，舀入 1 湯瓢的麵糊，煎約 2 分鐘，只煎一面，煎成香薄酥脆的薄餅，直到把麵糊全部用完為止（約可煎成 4 片）。
6. 將調味好的尼斯沙拉分成 4 等份，分別放在 4 片薄餅上，撒上現磨黑胡椒，然後將薄餅捲起來，用小竹籤固定或者放入圓錐紙筒裝起來，放在盤子裡，亦可搭配青醬（參照 p.36）一起享用。

Memo...

法國尼斯的知名料理索卡薄餅，是將鷹嘴豆粉、水和橄欖油和成麵糊，再以煎或烤箱烘烤的不甜薄餅。剛烤好的熱騰騰索卡薄餅即使沒有包餡料，只要撒些許鹽、胡椒，也有一番滋味。

Panisses croustillantes, condiment de fromage frais aux pépins de courge

酥脆法式薯條 佐新鮮羊奶乳酪南瓜籽醬

AD ／這種薯條的麵糊可以在下鍋油煎的前一天先調好，調麵糊時記得要時時攪拌，以免麵粉沉澱。

PN ／新鮮羊奶乳酪和牛奶乳酪一樣都富含鈣質。鷹嘴豆粉提供的低升糖指數的澱粉和小麥一樣豐富，而且不含麩質。

材料（4 人份）

麵糊

鷹嘴豆粉 250 公克｜ 2¾ 杯

無鹽奶油 25 公克｜ 1¾ 大匙

冷水 500 毫升｜ 2 杯

橄欖油 1 小匙

調味醬

新鮮羊奶乳酪，含乳清（新鮮白乳酪 fromage blanc 亦可）100 公克｜ 8 盎司

羅勒 1 枝

芫荽 1 枝

油封蒜（參照 p.12）2 瓣

乾的南瓜籽 1 小把

• 橄欖油、鹽、現磨黑胡椒

做法

製作法式薯條

1. 將無鹽奶油、些許水和橄欖油（材料量以外）倒入鍋中煮開，撒入些許鹽。
2. 將鷹嘴豆粉加入大盆中，慢慢加入冷水，以打蛋器充分攪拌成均勻的麵糊。接著把麵糊用圓錐形細孔濾網過濾，倒入煮至沸騰的做法 1. 中，一邊持續攪拌，一邊以小火加熱約 20 分鐘，關火。
3. 在長方形烤模的內側塗抹橄欖油，緩緩倒入麵糊，然後將模型輕敲桌面幾下，趕出模型內的氣泡，蓋上保鮮膜，等麵糊變涼放入冰箱冷藏 6 小時。

製作調味醬

4. 將過濾過的新鮮羊奶乳酪（含乳清）倒入碗中。
5. 羅勒、芫荽摘下葉子切細末；油封蒜的外膜剝除，用叉子弄碎。將羅勒、芫荽、油封蒜和 1 小匙橄欖油加入做法 4. 中，放入冰箱冷藏一下。
6. 平底鍋燒熱，放入南瓜籽乾煎稍微上色，然後放在廚房紙巾上吸掉餘油。

油煎、完成

7. 將做法 3. 脫膜，切成薯條狀，如果濕濕的要仔細擦乾水分。
8. 平底鍋燒熱，倒入 2～3 大匙油，等油熱了放入薯條，翻動煎至表面金黃酥脆。把煎好的薯條放在廚房用紙巾上吸掉餘油，撒上鹽、現磨黑胡椒，移入大盤中。
9. 將南瓜籽加入做法 4. 中，以鹽、現磨黑胡椒調味。用小碗裝好調味醬，把薯條盛入盤子後即可沾食。

Memo...

鷹嘴豆又叫雞豆，因為形狀類似鷹嘴，所以有此名稱。是印度、巴基斯坦的主要食物，在歐洲也是常見食用。升糖指數（glycemic index，簡寫為 gi）又叫糖生成指數。在飲食後，食物於消化過程中迅速分解，使血糖上升的速度快，即具有高升糖指數的食物；相反地分解較緩慢，血糖上升速度慢，就是具有低升糖指數的食物。低升糖指數的食物對一般人、糖尿病患者的健康較有助益。

與朋友在穆斯提耶屋舍（Le Bastide de Moustiers）的中庭共進午餐。

天然烹調是一種用情感認真為所愛的人做飯，然後一起分享，共度好時光的烹調方式。

Pâtes complètes en cocottes, brocolis et daube

紅酒燉牛肉花椰菜全麥麵盅

AD ／家裡沒有小盅或耐熱玻璃容器的話，最後可以將義大利麵裝在大深皿裡，再用同樣的方式密封。餅皮中的迷迭香會在烘烤時散發美味的香氣。

PN ／這道菜營養滿點：肉（蛋白質）、義大利麵（澱粉）、蔬菜（纖維質和維生素）與乳酪（鈣質）。全麥義大利麵的纖維質能與綠花椰菜的纖維質充分結合。

材料（4 人份）

全麥義大利麵 250 公克｜ 8 盎司

大顆綠花椰菜 2 顆

紅酒燉牛肉連同醬汁（參照 p.312）400 公克｜ 1 磅

低筋麵粉 300 公克｜ 2½ 杯

冷水 100 毫升｜ ½ 杯

迷迭香 5 枝

油漬蕃茄（參照 p.16）12 片

現磨帕瑪森乳酪 80 公克｜ ¾ 杯

雪莉酒醋 5 大匙

雞蛋 1 顆

麵粉（手粉）

• 橄欖油、鹽、現磨黑胡椒

做法

準備蔬菜料

1. 將綠花椰菜的花朵切下洗淨（菜梗留著煮湯），然後放入沸騰的鹽水中（比例是水 200：鹽 1）燙約 3 分鐘，立刻用漏杓撈出，放入冰水浸泡，取出瀝乾水分。留下約 500 毫升（2 杯）燙花椰菜的水，煮麵時可以派上用場。

煮義大利麵

2. 平底鍋燒熱，倒入 1 小匙橄欖油，等油熱了加入全麥義大利麵，稍微拌勻。接著先倒入 250 毫升（1 杯）燙花椰菜的水，邊煮邊攪拌至水分被麵條吸收，再倒入 250 毫升（1 杯）燙菜的水，煮至麵條會彈牙，可以試吃看看！

製作麵盅

3. 煮麵的同時，把紅酒燉牛肉連同醬汁一起加熱，烤箱預熱至 180℃（350 ℉）。迷迭香的葉子摘下。
4. 同時製作密封麵盅的餅皮（蓋子）。將低筋麵粉、冷水和迷迭香的葉子拌在一起搓揉至光滑，整成圓形的餅皮。
5. 取 4 個小盅或耐熱玻璃容器，將牛肉分裝到盅裡。義大利麵瀝乾水分，放在牛肉上，接著擺上綠花椰菜、油漬蕃茄，撒入現磨的帕瑪森乳酪。
6. 在紅酒燉牛肉的醬汁裡加入雪莉酒醋，攪拌後淋在做法 5. 的麵盅上。

烘烤

7. 工作檯面上撒些許麵粉（手粉），將密封麵盅的餅皮（蓋子）切成 4 片，捲成長條狀，再壓成 3 公分寬的條狀，然後將麵盅（或玻璃容器）的開口密封。雞蛋打散和一點水（材料量以外）攪散，在餅皮（蓋子）上刷一層蛋液，放入烤箱烘烤 10 分鐘。
8. 從烤箱取出後，每一盅（或每一個玻璃容器）都搖一搖，讓所有食材都吸飽醬汁。立即享用最美味。

Memo...

可視自己的偏好增減雪莉酒醋的份量。這道以全麥義大利麵搭配牛肉、蔬菜和乳酪的料理，絕對讓你有飽足感，而且也很適合宴客。

Pappardelle au pistou

青醬寬麵

材料（4 人份）

寬麵（pappardelle）250 公克｜ 8 盎司

松子 2～3 大匙

帕瑪森乳酪 40 公克｜ 1½ 盎司

青醬（參照 p.36）50 公克｜ 2 盎司

羅勒 1 枝

• 鹽、現磨黑胡椒

做法

煮寬麵

1. 將寬麵放入沸騰的鹽水中（比例是水 100：鹽 1）煮，水要淹過麵，煮麵的時間可參考自己購買的麵條包裝說明。
2. 煮麵時，將不沾平底鍋燒熱，放入松子微微烤香，然後鋪在廚房紙巾上吸掉餘油。用削皮刀將帕瑪森乳酪刨成薄片，羅勒的葉子摘下。
3. 寬麵煮好瀝乾水分，放入平底鍋，加入青醬以小火拌勻，讓寬麵充分裹上青醬，以鹽、現磨黑胡椒調味。

盛盤

4. 將寬麵盛入已加熱的盤子裡，或裝在平底鍋裡直接上桌，加入帕瑪森乳酪、羅勒葉和松子趁熱享用。

AD／主材料寬麵（pappardelle）這個詞源自於義大利文的動詞「pappare」，就是「狼吞虎嚥」的意思！假如你能買到新鮮的優質寬麵，不要遲疑，只要煮 2、3 分鐘就好了。

PN／松子除了提供香脆口感，還富含不飽和脂肪酸，除此之外，青醬提供的維生素和義大利麵的澱粉，都讓這道寬麵美味又營養。

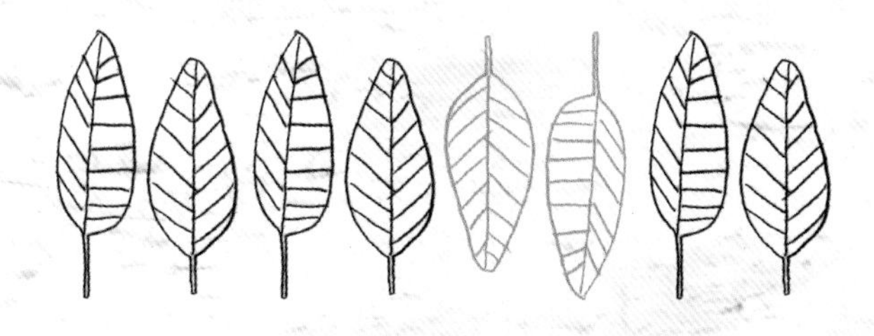

Memo...

寬麵是義大利麵中的一種，麵條較寬，也有人稱緞帶麵。這種在義大利托斯卡那常見的麵條約 1～3 公分（⅖～1⅕ 吋）寬，0.2 公分（1⁄13 吋）厚，長度則約 20～30 公分（8～12 吋）。如果覺得太長不易食用的話，可以稍微剪短一點。

Spaghetti complets aux palourdes, marinière herbacée

香草醬白酒蛤蜊
全麥義大利麵

材料（4 人份）

全麥義大利麵 250 公克｜ 8 盎司
蛤蜊 32 顆
紅蔥 1 顆
巴西里 8 ～ 10 枝
山蘿蔔 8 ～ 10 枝
茵陳蒿 1 枝
嫩菠菜 1 把
大蒜 2 瓣
白酒 50 毫升｜⅓ 杯
• 橄欖油、鹽、現磨黑胡椒

AD ／過濾蛤蜊湯汁時，可以在濾器上墊一張廚房紙巾，或者在圓錐形細孔濾網（chinois）裡加咖啡濾紙，確保湯汁清澈無雜質。

PN ／蛤蜊是礦物鹽的來源，務必選用鮮貨，即使魚販拍胸脯保證蛤蜊沒開是正常現象，也要謹慎挑除任何雙殼緊閉的蛤蜊。全麥義大利麵能提供豐富的纖維素，是一道營養均衡的主食。

做法

準備食材

1. 將蛤蜊放入鹽水（比例是水 100：鹽 3，類似海水鹽度）中，整盆放在陰暗處約 2 小時，讓蛤蜊吐沙。
2. 紅蔥去皮後切末。巴西里、山蘿蔔和茵陳蒿洗淨後摘下葉子，葉子切碎，莖不要丟掉，備用。嫩菠菜洗淨，預先留一些最後裝飾用，其他大略切一下。大蒜去膜後切末。

煮義大利麵

3. 將全麥義大利麵放入沸騰的鹽水中（比例是水 100：鹽 1）煮，水要淹過麵，煮麵的時間可參考自己購買的麵條包裝說明。

蒸蛤蜊

4. 煮麵時，將平底鍋燒熱，倒入 1 小匙橄欖油，等油熱了放入紅蔥炒香，再加入一半大蒜和香草莖，拌勻後煮約 30 秒。接著放入蛤蜊、白酒，攪拌後蓋上蓋子，煮 1 ～ 2 分鐘至蛤蜊殼全開。
5. 以圓錐形細孔濾網過濾出蛤蜊湯汁，先留下幾顆蛤蜊肉不要挑出，其他全部挑出來。

製作香草醬

6. 將平底鍋擦乾淨，加熱後倒入 1 小匙橄欖油，等油熱了放入剩下的大蒜、切碎的香草和嫩菠菜，以小火煮 1 分鐘，時時翻炒，煮至食材變軟。
7. 將做法 6. 倒入食物調理機中，一邊攪打一邊慢慢加入蛤蜊湯汁，直到醬汁滑順，質地像湯汁一樣。

完成

8. 義大利麵煮好瀝乾水分，放入平底鍋，加入香草醬和蛤蜊輕輕混拌，讓義大利麵充分地裹上醬汁，最後再淋入 1 小匙橄欖油、剩下的香草和嫩菠菜，趁熱享用最美味。

Memo...

嫩菠菜的翠綠顏色雖然可以讓視覺更美觀，但加入太多的話會有苦味，須注意用量。

Casarecce au fromage de tête et aux oignons au vinaigre

紅酒醋洋蔥肉凍麻花捲義大利麵

AD／好一道色香味俱全的義大利麵。時間不夠的話，可以在前一天先把紅酒醋洋蔥煮好。一次多煮一點，加醋之後可以保存很久。

PN／豬頭肉凍的脂質（脂肪）和膽固醇含量很低，但富含蛋白質，還有豐富的維生素 B 群。洋蔥則提供大量的抗氧化劑。

材料（4 人份）

麻花捲義大利麵（casarecce）
250 公克 | 8 盎司

紅（紫）洋蔥 2 顆

紅酒醋 200 毫升 | 1 杯

砂糖 1 小匙

黑胡椒圓粒 10 粒

無蠟且無農藥柳橙皮 2 顆份量

豬頭肉凍（fromage de tête）
200 公克 | 7 盎司

帶著長葉子的小洋蔥或青蔥 4 顆

酸豆 1 大匙

• 橄欖油、鹽

做法

製作紅酒醋洋蔥

1. 紅洋蔥剝掉外皮，切成 8 等份（月牙形）。
2. 將紅酒醋和砂糖倒入鍋中煮滾，加入黑胡椒圓粒、柳橙皮，以小火煮約 5 分鐘，讓味道融入。接著加入紅洋蔥，維持著微微沸騰，以小火煮約 20 分鐘。煮好後盛入容器裡，放涼。

煮義大利麵和料

3. 將麻花捲義大利麵放入沸騰的鹽水中（比例是水 100：鹽 1）煮，水要淹過麵，煮 8 ～ 10 分鐘，煮麵的時間可參考自己購買的麵條包裝說明。
4. 煮麵時，將豬頭肉凍切成約 5×0.5 公分（2×1/8 吋）的細長條狀。
5. 小洋蔥保留 10 公分（4 吋）葉子，洗淨後切蔥花，鱗莖（球）切成細薄片。
6. 耐熱深鍋或鑄鐵燉鍋燒熱，倒入 1 小匙橄欖油，等油熱了放入鱗莖（球），以小火炒 2 分鐘，加入酸豆、豬頭肉凍，邊加邊拌勻，以小火煮 1 ～ 2 分鐘，直到豬頭肉凍化開，撈出做法 2. 的紅洋蔥加入拌勻。

完成

7. 將麻花捲義大利麵瀝乾，倒入做法 6. 中拌勻。
8. 加入蔥花，淋入 1 小匙橄欖油和滿滿 4 大匙做法 2. 的紅酒醋湯汁拌勻，讓麵入味。
9. 盛入溫熱過的盤子裡，或者直接將鍋子端上桌。

Memo...

豬頭肉凍這種法式凍派，是以豬舌、豬臉頰和嘴巴、鼻等肉為材料製成。烹調時多切成條，大多搭配醋、檸檬和洋蔥，像這道菜中的紅酒醋、柳橙皮和帶葉小洋蔥一起煮。

備料時間 | 5 分鐘　烹調時間 | 10～15 分鐘

黑松露火腿乳酪通心粉

AD／用不傷荷包的方法（1 小罐黑松露並不貴），巧妙變化出小時候常吃的火腿乳酪通心粉。要趁熱享用。

PN／干邑白蘭地和波特酒的酒精在烹煮時會揮發，所以孩子也可以吃這道通心粉，除了可以訓練孩子的味蕾，而且營養均衡，能攝取到澱粉、蔬菜、動物性蛋白質和鈣質。

材料（4～6 人份）

通心粉 250 公克｜ 8 盎司

巴黎火腿（jambon de paris）或
口味較淡的火腿 100 公克｜ 3½ 盎司

葛瑞爾乳酪（gruyère）或
艾曼托乳酪（emmental）60 公克｜ 2 盎司

青蔥 2 根

黑松露（去籽黑橄欖亦可）1 小罐

無鹽奶油 50 公克｜ 3½ 大匙

干邑白蘭地 1 小匙

紅寶石波特酒（深紅）1 小匙

- 鹽

做法

煮義大利麵和料

1. 將火腿、葛瑞爾乳酪或艾曼托乳酪全都切小丁。青蔥洗淨後切末。
2. 將通心粉放入沸騰的鹽水中（比例是水 100：鹽 1）煮，水要淹過麵，煮麵的時間可參考自己購買的麵條包裝說明。
3. 煮麵時，將黑松露瀝乾後切小塊，保留罐中的湯汁。先把最後要盛裝料理的容器先溫熱。
4. 無鹽奶油切適當的大小，放入小平底鍋中加熱，等融化後加入黑松露，只要煮約 1 分鐘。接著倒入干邑白蘭地、波特酒攪拌，稍微煮一下讓酒精揮發，然後加入預留的黑松露湯汁和蔥花。

完成

5. 將通心粉瀝乾，盛入溫熱過的盤子裡。
6. 加入做法 4.、做法 1. 中一半的火腿和乳酪，混拌均勻，再將剩餘的火腿和乳酪撒在上面，立刻享用。

Memo...

巴黎火腿很常見，是以水煮豬腿肉的方式製成，常用來夾三明治。另外，也可以用去籽黑橄欖取代黑松露；任何短的義大利麵也都可以取代通心粉。

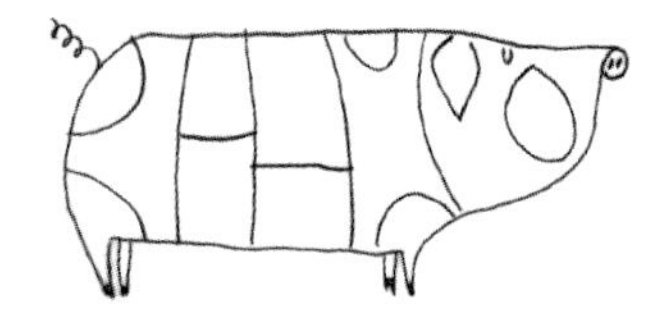

Orecchiette aux petits pois

豌豆仁小耳朵麵

AD／你可以用任何種類的義大利麵取代小耳朵麵，也可以使用各種充滿香氣的香草，如迷迭香、香薄荷等。

PN／如果不是豌豆仁盛產的季節，可以改用冷凍產品，其營養價值和新鮮的一樣高，不過要早一點加入鍋中，因為煮熟所需的時間比新鮮豌豆仁更久一點。

材料（4 人份）

小耳朵麵 250 公克｜ 8 盎司
厚片培根 100 公克｜ 3 ½ 盎司
洋蔥 1 顆
雞清高湯（參照 p.10）750 毫升｜ 3 杯
百里香 2 枝
豌豆仁 350 公克｜ 12 盎司
燉肉或烤雞湯汁 5 大匙
• 橄欖油、鹽、現磨黑胡椒

做法

煮義大利麵和料

1. 培根切成長條。洋蔥剝除外皮，切成 8 等份（月牙形）。雞清高湯先加熱。
2. 耐熱深鍋或鑄鐵燉鍋燒熱，倒入一點橄欖油，等油熱了放入培根煸香 2 分鐘，至油脂完全融化，然後加入洋蔥，以中小火煮約 3 分鐘，不要炒到變色。
3. 接著加入小耳朵麵混合攪拌數次，讓麵能沾上油。舀入 1 ～ 2 瓢溫熱的高湯，要淹過麵的一半高。摘下百里香的葉子，加入鍋中拌勻。
4. 以小火煮至小耳朵麵吸收湯汁，再一次加一點點高湯到麵裡，每次都要拌勻。麵大約煮 10 分鐘後，加入豌豆仁混合拌勻，煮至小耳朵麵熟，一般需 15 ～ 20 分鐘。

完成

5. 等小耳朵麵煮好後（試吃看看以調整烹調時間），加入燉肉或烤雞湯汁充分混拌。以鹽、現磨黑胡椒調味，再拌入一點點橄欖油，讓麵不要黏在一起。
6. 直接把鍋子端上桌，或者分裝至盤子裡，最後撒上現磨黑胡椒即可享用。

Memo...
除了培根，也可以改用義式培根（pancetta，又叫義式醃肉）切丁製作。

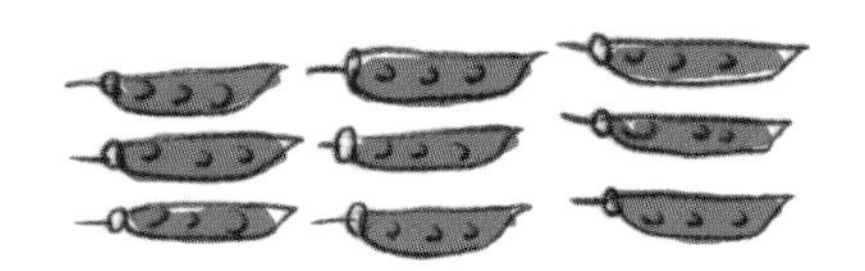

杜卡斯與穆斯提耶屋的主人莎拉（Sarah）

Riz à la vapeur,
oeufs mollets marinés

冷滷糖心蛋飯

材料（4 人份）

雞蛋 4 顆
大蒜 2 瓣
薑 5 公分長｜2 吋長
日式芥末醬（山葵）3 大匙
醬油 250 毫升｜1 杯
白酒醋 150 毫升｜10 大匙
水 75 毫升｜5 大匙
壽司米 300 公克｜10 盎司
綜合海藻乾 1 大匙
大朵白蘑菇 2 個
小的胡蘿蔔 1 根
綠蘆筍 4 根
橄欖油 4 大匙｜¼ 杯

AD／這道飯不需要另外加鹽，因為海帶和醬汁就夠鹹了。

PN／能同時攝取到動物性和植物性蛋白質（雞蛋和飯）、低升醣指數的澱粉（飯）和蔬菜的纖維素與維生素，營養真均衡！不過你還要來盤沙拉或前菜，這樣蔬菜的攝取量才足夠。

做法

冷滷糖心蛋

1. 將雞蛋放入滾水中煮 6 分鐘，煮成半熟蛋，撈出放涼，剝掉蛋殼。
2. 大蒜去膜，薑削除外皮，全都切末，放入碗中。日式芥末醬先額外留下 1 小匙，其餘也加入碗中。倒入醬油、5 大匙白酒醋和水，調勻成為滷汁。將半熟蛋浸在滷汁裡，放在室溫下浸泡 2 小時。

煮飯

3. 將壽司米用篩子淘洗乾淨，裝入大碗裡，倒入大量的水淹過米，浸泡至米粒充分吸收水分。
4. 將北非小米蒸鍋（couscoussier，蒸北非小米的鍋子）或一般蒸鍋的水煮開，把米瀝乾水分，均勻鋪在上層的蒸籃裡，蓋上蓋子煮 15 ～ 20 分鐘，關火後讓米再燜約 10 分鐘。

準備菜料和醬汁

5. 煮飯時，將海帶用乾淨的水浸泡變軟，洗掉鹽分後切細碎。白蘑菇洗淨，胡蘿蔔（保留蒂頭）洗淨，綠蘆筍削除外皮後切約 8 ～ 10 公分（3 ～ 4 吋）的長段。接著用刨片器將所有蔬菜刨成薄片。
6. 舀大約 80 毫升（5 大匙）做法 2. 的滷汁，用泡茶的細孔濾網過濾，倒入碗或醬料盆裡，然後加入預留的日式芥末醬和橄欖油拌勻成醬汁。

完成

7. 飯煮好後倒入碗裡，一邊用飯杓把飯翻鬆，一邊添加 5 大匙白酒醋、海帶、白蘑菇、胡蘿蔔和綠蘆筍，再翻拌數次，然後盛入盤子裡。
8. 將糖心蛋瀝乾滷汁，放在飯上，醬汁另外裝在碟子裡，搭配食用。

Memo...

米飯好吃的重點在於，壽司米要浸泡至米粒充分吸收水分，這樣經過蒸煮之後，米飯才會柔軟香Q。糖心蛋是指蛋白香Q，裡面的蛋黃呈半熟狀態。製作糖心蛋的滷汁非常可口，可將剩下的用在其他料理上。

Riso au potiron

南瓜燉飯

AD／煮南瓜時一開始不要一直翻炒，以免流失汁液、喪失香氣。上菜前再把大蒜皮挑掉。

PN／南瓜富含抗氧化類胡蘿蔔素，對皮膚、心臟和全身細胞都有益處，而且還提供纖維素和大量維生素。

材料（4 人份）

西班牙產的圓米（如邦巴米 arroz bomba）250 公克｜ 8 盎司
厚片南瓜 1 大片
培根（0.5 公分厚）1 片
大蒜 4 瓣
南瓜籽 2 大匙
現磨帕瑪森乳酪 2 大匙
冷水份量為米的 1.5 倍
• 橄欖油、鹽、現磨黑胡椒

做法

預熱、處理食材

1. 烤箱預熱至 180℃（350 ℉）。
2. 將厚片南瓜削除外皮，果肉切成 1 公分的小丁。培根也切成 1 公分的小丁。大蒜不需去膜，以刀背壓扁。接著將南瓜、培根和大蒜裝在耐熱容器裡，加入 4 大匙橄欖油拌勻，撒入些許鹽，放入烤箱烘烤約 25 分鐘。
3. 取出耐熱容器，均勻地撒入西班牙圓米，再放入烤箱烘烤約 2 分鐘，然後倒入水（米的 1.5 倍量），再放回烤箱烘烤 20 分鐘，需不時檢查米飯烤的狀況。如果表面水分乾得太快，再加一點點水。
4. 煮飯時，取不沾平底鍋燒熱，倒入南瓜籽以小火炒香，然後以廚房紙巾吸掉餘油後壓碎，再和現磨帕瑪森乳酪混拌均勻。

完成

5. 米飯熟後，取出耐熱容器，在表面撒上混拌好的南瓜籽和現磨帕瑪森乳酪，再撒一點現磨黑胡椒，放入烤箱的最上層烤至邊緣的米飯酥脆，直接將容器端上桌，趁熱享用。

Memo...

西班牙的邦巴米（arroz bomba）具有吸水力強、吸飽湯汁後米飯不會爛黏、烹煮後仍粒粒分明的特性，但不耐攪拌，所以記得西班牙米的燉飯不可以翻炒。

原味燉飯

／圓米和燉飯真是絕配！像是義大利皮埃蒙特省（Piemonte）產的阿勃瑞歐米（arborio）和卡納羅利米（carnaroli），因為烹調後會產生無與倫比的濃稠口感，可以說是廚師的最愛。而維爾諾內－納諾米（vialone nano）也是優質米，只是不容易買到。

／米是少數不含麩質的穀類。只要半小時的烹調時間，就能完成這道香 Q 滑潤的燉飯，還可以加任何蔬菜和（或）貝類海鮮來增添風味。

材料（4 人份）

義大利產的米（如阿勃瑞歐米 arborio、卡納羅利米 carnaroli）180 公克｜6 盎司

洋蔥 1 顆

雞清高湯（參照 p.10）500 毫升｜2 杯

無鹽奶油 30 公克｜2 大匙

不甜的白酒 50 毫升｜⅓ 杯

現磨帕瑪森乳酪 40 公克｜½ 杯

• 橄欖油、鹽、現磨黑胡椒

做法

處理食材

1. 洋蔥剝掉外皮後切成細末。雞清高湯先加熱。
2. 平底鍋燒熱，放入 2 大匙橄欖油、15 公克（1 大匙）無鹽奶油，等油熱了放入洋蔥，炒約 3 分鐘至呈透明，不要炒到變色，然後撒入鹽。

煮米、完成

3. 接著加入義大利產的米，以小火一邊攪拌一邊煮約 2 分鐘，至米變透明，而且全裹上油。
4. 倒入白酒，煮至被米完全吸收，然後加入沸騰的雞清高湯，湯的高度約和米相同，開始翻拌。等米將高湯完全吸收後，再倒入一點點雞清高湯繼續煮，翻拌至完全吸收，持續這個步驟，直到米熟透，大概需 18～20 分鐘。以鹽、現磨黑胡椒調味。
5. 關火，加入剩下的 15 公克（1 大匙）無鹽奶油，拌至融化。接著加入現磨帕瑪森乳酪拌至融化，盛盤後趁熱立刻享用。

Memo...

阿勃瑞歐米（arborio）和卡納羅利米（carnaroli）含的澱粉較多，容易吸收飽滿的湯汁，但不會過於軟爛，很耐攪拌，適合用來做義式燉飯。另外，維爾諾內－納諾米（vialone nano）也具有吸水耐煮的特性，但米粒較小。

Riso cuit au plat, calamars et citron

檸檬鮮魷西班牙米飯

材料（4 人份）

米（西班牙產的圓米為佳）300 公克｜ 12 盎司
魷魚 1 隻，約 300 公克｜約 12 盎司
洋蔥 1 顆
小顆球莖茴香 ½ 顆
無蠟且無農藥檸檬 ½ 顆
豌豆仁 50 公克｜ ¾ 杯
羅勒葉 4 片
冷水 600 毫升｜ 2 杯
• 橄欖油、鹽、粗鹽、現磨黑胡椒

AD ／西班牙產的圓米，例如邦巴米（arroz bomba）都具有吸收大量水分的特性，而且吸飽湯汁的米粒仍很有咬勁，不爛不黏。記得，煮之前千萬不要洗米。

PN ／米飯和魷魚都提供豐富的蛋白質，所以不需要再加肉或魚，只要再搭配一盤青菜、乳酪或其他乳製品和些許水果，就是營養均衡的一餐。

做法

料理魷魚

1. 先將魷魚的軀幹和頭部分開，再分開觸足，清除內臟。將軀幹切開成為一大片，用粗鹽搓外皮，然後剝除外皮，以大量清水洗淨。觸足切小塊。
2. 拿一把鋒利菜刀，將魷魚軀幹先以同樣直向劃約 0.5 公分間隔的刀紋，再依反方向劃淺刀紋，使呈現菱格紋，再切成中型薄片，連同觸足放入冰箱冷藏。

處理蔬菜

3. 烤箱預熱至 180℃（340 ℉）。
4. 洋蔥切成細末。球莖茴香剝掉一層外皮後洗淨，切成 0.2 ～ 0.3 公分的小丁。檸檬切片。

烘烤

5. 直徑約 30 公分（12 吋）的耐熱烤皿燒熱，倒入 4 大匙橄欖油，等油熱了加入洋蔥、球莖茴香和魷魚觸足，以小火不斷翻炒約 2 分鐘，不要炒到變色。
6. 接著加入米、一撮鹽，以小火不斷翻炒約 2 分鐘，然後加入檸檬片、豌豆仁和冷水。
7. 將做法 6. 的食材均勻鋪平，放入烤箱烘烤 20 分鐘。烘烤過程中需不時檢查米飯烤的狀況，如果表面水分乾得太快，再加一點點水，要烘烤至烤皿中間的米飯吃起來香軟，邊緣的米飯酥脆的程度。
8. 平底鍋燒熱，倒入少許橄欖油，等油熱了放入魷魚片炒 10 秒鐘，然後鋪在做法 7. 的米飯上，撒上羅勒葉和現磨黑胡椒。直接將烤皿端上桌，趁熱享用。

Memo...

做法 7. 是直接將耐熱烤皿放入烤箱中烘烤，所以容器尺寸必須符合烤箱大小，才放得進去。

Riz et légumes de printemps à l'étouffée

春令時蔬炊飯

AD ／這是一道道地的地中海料理，以炊煮法保留住所有食物的天然風味。加鹽時要斟酌用量，如果是用雞清高湯的話就加少一點，加水就多一點。

PN ／一點也沒錯，這道食物充滿地中海風情，全是地中海料理使用的基本食材，包括穀類、蔬菜和橄欖油，對健康相當有益。

材料（4 人份）

巴斯馬帝米（basmati，印度香米）200 公克 | 7 盎司

細的綠蘆筍 16 根

小根韭蔥 1 根

四季豆 16 根

紫朝鮮薊或嫩朝鮮薊 4 顆

檸檬汁 1 顆份量

帶著長葉子的小洋蔥或青蔥 4 顆

豌豆仁 100 公克 | 1½ 杯

蠶豆或小粒新鮮蠶豆 100 公克 | 1½ 杯

雞清高湯（參照 p.10）或水 400 毫升 | 2 杯

鹽漬檸檬（參照 p.15）¼ 顆

芝麻葉 1 小把

• 橄欖油、鹽、現磨黑胡椒

做法

1. 綠蘆筍削掉硬皮後洗淨，蘆筍尖（嫩端）切成 6 公分（2½ 吋）一段，底端的嫩莖部位切成粒狀。韭蔥和四季豆洗淨，全部都切成斜片。
2. 參照 p.58 的做法 1. 處理好紫朝鮮薊，直到出現花托為止，分成 4 塊，用小湯匙刮掉或手剝掉毛纖維，再淋入檸檬汁。
3. 小洋蔥洗淨，鱗莖（球）切成圓片，葉子（蔥綠）先不要丟掉。
4. 烤箱預熱至 170℃（340 ℉）。
5. 將雞清高湯或水倒入鍋中加熱。
6. 取一個蓋上蓋子後可以放入烤箱中的耐熱深鍋或鑄鐵燉鍋，燒熱，倒入 2 大匙橄欖油，等油熱了放入做法 1.、2.、3. 和碗豆仁、蠶豆，撒入鹽，輕輕地拌炒約 2 分鐘。接著加入香米，炒至呈半透明狀，倒入熱的雞清高湯（或水）快速拌炒，以鹽、現磨黑胡椒調味。
7. 蓋上蓋子，放入烤箱烘烤約 17 分鐘，取出放涼，大約需 10 分鐘。
8. 將鹽漬檸檬洗淨後切成薄片。預留的蔥綠切成細碎。芝麻葉洗淨後水分完全擦乾。
9. 輕輕拌炒米飯和蔬菜，加入鹽漬檸檬、蔥花和芝麻葉，淋一點橄欖油。直接將燉鍋端上桌或分裝至盤子裡，趁熱享用。

Memo...

產區在印度河兩岸，烹煮前後皆具獨特香氣、有「印度香檳」美稱的印度香米 — 巴斯馬帝米（basmati），外型較一般的米粒來得修長。烹煮之後長度會變成原來的 2 倍，口感仍舊粒粒分明，不會黏糊糊。沒有買到朝鮮薊也可以省略不放，還是非常美味！

在穆斯提耶屋舍（Le Bastide de Moustiers）裡。杜卡斯手上拿著的是剛開花的櫛瓜，當然這些花也是要用來做菜的。

Cocotte de quinori, légumes croquants et pistou d'herbes

香草青醬鮮蔬烤藜麥飯

／也可以在這道料理中混入紅藜麥、白藜麥和長糙米等一起製作，同樣美味。

／這道料理富含多種維生素、礦物鹽、纖維素、低升糖指數的澱粉和植物性蛋白質，而且不含麩質。因為營養豐富，所以不需要再準備肉或魚，但如果吃一點乳酪（攝取完整的蛋白質）和一片水果就更棒了。

材料（4 人份）

藜麥（quinoa）200 公克｜1 杯
迷你胡蘿蔔 2 根或普通胡蘿蔔 1 根
珍珠洋蔥 4 顆
綠蘆筍 5 根
櫻桃蘿蔔 12 個
迷你球莖茴香 1 顆或球莖茴香 ¼ 顆
小的白蘑菇 12 個
帶著長葉子的小洋蔥 4 顆
烤蕃茄片（參照 p.21）4 大匙｜¼ 杯
山蘿蔔 2 枝
芫荽 2 枝
平葉巴西里 3 枝
羅勒 3 枝
大蒜 1 瓣
松子 2 大匙
榛果樹油（argan oil）2 大匙
牛奶或燕麥奶 6 大匙
• 橄欖油、鹽、現磨黑胡椒

做法

處理蔬菜

1. 迷你胡蘿蔔（保留蒂頭）、珍珠洋蔥和綠蘆筍削除外皮，連同櫻桃蘿蔔、迷你球莖茴香和白蘑菇洗淨。綠蘆筍尖（嫩端）切成 8 公分（3 吋）一段，洗淨。用水果刨片器或削皮刀將所有蔬菜刨得愈薄愈好，放入冰箱冷藏。

烹調藜麥飯

2. 烤箱預熱至 160℃（320 ℉）。小洋蔥剝掉一層外皮後切成細碎。藜麥洗淨。
3. 取一個蓋上蓋子後可放入烤箱中的耐熱深鍋或鑄鐵燉鍋，燒熱，倒入 2 大匙橄欖油，等油熱了放入小洋蔥，炒約 2 分鐘至呈透明，不要炒到變色，加入藜麥稍微翻拌。接著倒入約藜麥 2 倍份量的水，約 500 毫升（2 杯）翻拌。撒入鹽，等煮滾後蓋上蓋子，放入烤箱烘烤約 12 分鐘。取出加入烤蕃茄片，再放入烤箱烘烤約 2 分鐘。

製作香草青醬

4. 烹調藜麥飯時，將山蘿蔔、芫荽、巴西里和羅勒洗淨，摘下葉子。1 瓣大蒜去膜後切碎。將上述這些材料和松子、榛果樹油、牛奶一起放入食物調理機中，攪打至醬汁變得細膩光滑，以鹽、現磨黑胡椒調味後倒入醬汁盅。

完成

5. 將做法 1. 全部放入大碗裡，加入 2 大匙橄欖油、1 撮鹽和現磨黑胡椒（罐子轉 3 次的份量）調味。
6. 從烤箱取出藜麥飯，鋪上做法 5. 調味完成的蔬菜，立刻蓋上蓋子，將鍋子連同裝香草青醬的醬汁盅一起端上桌。蓋子掀開後，撲鼻香氣一定讓大家食指大動。輕輕地將蔬菜和藜麥飯混拌均勻後即可享用。用餐者可以自行取用青醬。

Memo...

有「有機穀類之王」之稱的藜麥，是原產自南美安地斯山脈的穀物，種子外表很像小米、黍，營養成分極高，幾乎包含了人體所需的必需胺基酸。烹煮之後不會黏稠，仍粒粒分明。因外層苦澀，種植時期可驅趕蟲鳥，所以不必使用農藥。

Petit épeautre et poivrons cuisinés en cocotte

彩椒燉小麥

AD ／這道料理可以當前菜，也可以是煎牛排或魚排（如鮪魚或旗魚）的配菜。

PN ／斯佩爾特小麥和其他穀類一樣富含澱粉，但提供更多的蛋白質、纖維素、各種礦物鹽和維生素 B 群。

材料（4 人份）

斯佩爾特小麥（spelt，小粒）350 公克｜12 盎司

小的黃甜椒、紅甜椒、青椒各 1 個

洋蔥 1 顆

大蒜 1 瓣

羅勒 2 枝

雞清高湯（參照 p.10）1 公升｜1 夸特

白酒 100 毫升｜½ 杯

現磨帕瑪森乳酪 20 公克｜¾ 盎司

去籽黑橄欖 2 大匙

- 橄欖油、鹽、現磨黑胡椒

做法

前一天

1. 將小麥放入容器後加水浸泡，放於冰箱冷藏 12 小時。

當天

2. 黃甜椒、紅甜椒、青椒和洋蔥去皮，切成約 4×0.3 公分（1½× ⅛ 吋）的細長條狀。大蒜去膜後切碎。
3. 雞清高湯先加熱。
4. 耐熱深鍋或鑄鐵燉鍋燒熱，倒入 2 大匙橄欖油，等油熱了放入洋蔥、黃甜椒、紅甜椒和青椒，撒入 1 小撮鹽，不時翻炒約 4 分鐘，但不要炒到變色。
5. 接著加入瀝乾水分的小麥、大蒜和 1 枝羅勒，拌炒約 1 分鐘後倒入白酒，煮至酒精幾乎完全揮發，再舀入雞清高湯，湯的高度約和小麥相同。持續保持稍微沸騰的狀態，以小火慢燉，等小麥將高湯完全吸收後，再倒入一點點雞清高湯繼續煮。煮小麥時，摘下另 1 枝羅勒的葉子，切成細末。
6. 將小麥煮至自己喜歡的熟度後就關火，硬一點或軟一點的口感皆可，然後以鹽、現磨黑胡椒調味。
7. 從小麥鍋中挑出羅勒的莖，然後直接磨入帕瑪森乳酪，輕輕翻炒，再加入 2 大匙橄欖油、去籽黑橄欖稍微翻拌，這道菜的成品要「濃稠」滑順才是美味狀態。最後撒上羅勒葉末，直接把鍋子端上桌即可享用。

Memo...

斯佩爾特小麥是普通小麥的原種，帶有特殊的堅果香氣，適合用在烘焙麵包中，而且絕大多數對小麥過敏的人可以食用（仍有少數如體質為多方性過敏的人食用時仍需注意）。

Petits légumes farcis au millet

迷你蔬菜鑲小米

AD／製作蔬菜餡料時要發揮想像力，可以把橄欖、鯷魚或芫荽加入小米裡，其他蔬菜如朝鮮薊和彩椒也很適合當餡料。

PN／這是一道以穀類為主要餡料的素料理，不但營養均衡，而且能滿足所有熱愛蔬菜者的口腹之慾。你可以多做一點，或選大一點的蔬菜來填餡料。

材料（4 人份）

小米 250 公克｜1¼ 杯
圓櫛瓜 8 個，每個約 50 公克｜2 盎司
小的茄子 8 個，每個約 40 公克｜1½ 盎司
蕃茄（保留蒂頭）8 顆，每顆約 50 公克｜2 盎司
帶著長葉子的小白洋蔥 8 顆，每顆約 15 公克｜½ 盎司
白蘑菇 300 公克｜10 盎司
雞清高湯（參照 p.10）550 毫升｜2½ 杯
羅勒 2 枝
大蒜 1 瓣
油漬蕃茄（參照 p.16）8 片
• 橄欖油、鹽、現磨黑胡椒

做法

處理食材、準備餡料

1. 將櫛瓜、茄子、蕃茄和小洋蔥洗淨擦乾，切下每個蔬菜的蒂頭當作蓋子。洋蔥葉不要丟掉。挖出蔬菜的果肉（當作容器），裝在碗裡。
2. 將空心的做法 1. 和蒂頭放入沸騰的鹽水中（比例是水 100：鹽 1）煮 5 分鐘，瀝乾。
3. 白蘑菇洗淨，連同做法 1. 挖出的果肉略切一下。小洋蔥葉切成薄片。
4. 平底鍋燒熱，倒入 1 小匙橄欖油，等油熱了放入做法 3.，撒入鹽，以小火炒 6 分鐘，再加入小米炒勻，煮 1 分鐘。逐次加入 350 毫升（1 1/2 杯）雞清高湯，每一次都要等小米將高湯完全吸收，再倒入雞清高湯繼續煮，一共煮 15 ～ 20 分鐘。
5. 煮小米時，摘下 1 枝羅勒的葉子切碎，大蒜去膜後切末，油漬蕃茄略切，全加入做法 4. 的鍋中翻炒，以鹽、現磨黑胡椒調味成餡料，關火。烤箱預熱至 100℃（210 ℉）。

烘烤

6. 將做法 5. 的餡料塞入做法 2. 的蔬菜容器裡，擺在烤盤上，再放上蒂頭。
7. 在烤盤上淋 1 小匙橄欖油、剩下 200 毫升（1 杯）的雞清高湯，放入烤箱烘烤 1 小時。烤好後，把烤盤直接端上桌享用。

Memo...
如果買不到圓櫛瓜的話，可以用小櫛瓜。

Quinoa et huîtres à la diable

辣味蠔肉佐藜麥

AD／用傳統的方式來開生蠔殼固然不錯，但為了避免碎殼掉入湯汁中，建議你再次用圓錐形細孔網篩（chinois）過濾湯汁，並且要在濾網裡多放一個紙筒來濾掉碎殼。

PN／藜麥乍看之下像穀類，但其實不是穀類食物，而是一年生草本植物的果實。不過它不但具有穀類所含的營養，還提供更豐富的蛋白質。

綜合藜麥（紅與白混合，或者一色亦可）250 公克｜ 1½ 杯

蕃茄 2 顆

帶著長葉子的小洋蔥或青蔥 2 顆

薑 3 公分長｜ 1 吋長

大蒜 1 瓣

帶殼生蠔 12 隻

醬油膏適量

薄的培根片 1 片

埃斯普雷特辣椒粉（piment d'Espelette）或甜椒粉（paprika）適量

紅酒醋 3 大匙

芝麻 2 大匙

橄欖油適量

做法

準備食材

1. 將蕃茄汆燙後去皮，去籽，然後切成小塊。
2. 小洋蔥剝掉外皮後洗淨，葉子（蔥綠）切末，鱗莖（球）切成圓片。薑削除外皮後切成細末。大蒜去膜後切成薄片。
3. 將北非小米蒸鍋（couscoussier，蒸北非小米的鍋子）倒入一點水後煮開，將盤子放在上層的蒸籃裡，生蠔排入盤子裡，蓋上蓋子蒸煮，等殼一開就取出，放涼一點後取出生蠔肉，保留湯汁。生蠔肉放在盤子上，淋上醬油膏，放於一旁醃入味。
4. 耐熱深鍋或鑄鐵燉鍋燒熱，放入培根乾煎，煎至兩面呈金黃色，取出。接著放入蕃茄、薑、大蒜、鱗莖和埃斯普雷特辣椒粉或甜椒粉，以小火炒 3 分鐘，不要炒到變色，然後加入紅酒醋，刮一下黏在鍋面焦化的湯汁，使其充分溶於汁液中，並讓酒精稍微揮發。

完成

5. 在做法 4. 中加入藜麥，倒入綜合藜麥 2 倍份量的水，然後加入預留的生蠔汁拌均勻，蓋上蓋子，以小火煮 12 分鐘。此時取一個平底鍋乾鍋煎香芝麻。金黃色的培根切小片。
6. 等藜麥煮熟後，拌入 2 大匙橄欖油、培根片和蔥綠，最後盛入已加熱的餐盤裡。生蠔肉稍微瀝乾水分，擺在藜麥上，撒上芝麻後立即享用。

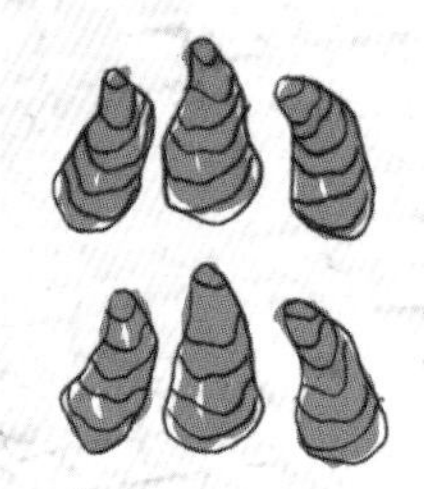

Memo...

如果買不到帶殼生蠔的話，也可以用生蠔肉。加熱生蠔肉時會產生湯汁，把湯汁收集起來操作即可。此外，蕃茄去皮方法可參照 p.16 的 memo。

Fonio étuvé aux asperges et morilles

蘆筍羊肚菌燉非洲全小米

材料（4 人份）

非洲全小米（fonio）150 公克｜ 5 盎司
新鮮羊肚菌（morille）200 公克｜ 7 盎司
帶著長葉子的小洋蔥或青蔥 5 顆
大蒜（粉紅蒜球為佳）4 瓣
平葉巴西里 8 枝
雞清高湯（參照 p.10）300 毫升｜ 1¼ 杯
綠蘆筍 10 根
現磨帕瑪森乳酪 20 公克｜ 3/4 盎司
• 橄欖油、鹽

AD ／非洲全小米（fonio）是一種會結出小米的草本植物，幾百年來生長於西非，現在在專賣店買得到，通常是經由公平交易的貿易方式。煮法和米類似。

PN ／非洲全小米是一種富含澱粉的穀類，除此之外還提供蛋白質，而且不含麩質。營養成分和米類似，但礦物鹽的含量更高。

做法

準備非洲全小米和羊肚菌

1. 將全小米裝在細孔的網篩裡，用流動的清水淘洗後放入碗中，倒入大量的水淹過小米，浸泡 20 分鐘。
2. 羊肚菌去掉柄，呈皺褶網狀的蕈傘（蕈蓋）則以溫水清洗數次，以沙拉脫水器甩乾水分。如果是大朵羊肚菌的話，則切成兩半。小洋蔥洗淨，蔥綠切末，鱗莖（球）切成圓片。大蒜去膜後剝掉裡面的細芽，切成薄片。平葉巴西里洗淨擦乾，摘下葉子切碎。

烹調全小米

3. 平底鍋燒熱，倒入 3 大匙橄欖油，等油熱了加入鱗莖、大蒜炒 2 分鐘。續入羊肚菌，撒入鹽再炒 4 分鐘。先將雞清高湯加熱。
4. 全小米瀝乾，加入做法 3. 的鍋中拌勻，炒 1 分鐘。倒入足夠的雞清高湯淹過全小米，持續控制在快要沸騰的狀態下煮至全小米完全吸收湯汁，視情況再倒入高湯，煮飯過程約 20 分鐘。煮好蓋上蓋子，燜 10 分鐘。

料理蘆筍

5. 烹調全小米時，將綠蘆筍硬皮削除，清洗乾淨，將細蘆筍尖（嫩端）切成 10 公分（4 吋）一段。平底鍋燒熱，加入一點橄欖油，等油熱了放入綠蘆筍，蓋上蓋子煮 5 ～ 6 分鐘。

完成

6. 拿叉子把全小米翻鬆，加入蔥綠、巴西里末。接著盛入餐盤裡，將細蘆筍放在飯上，以削皮刀將帕瑪森乳酪刨成片，將乳酪片撒在飯上面，立即享用最美味。

Memo...

非洲全小米是生長於西非地區的糧食作物，若買不到，在這道食譜中可改用發芽糙米。羊肚菌又叫作斗笠菇，春天採收，具有濃郁的香氣。它球狀或圓錐狀的蕈蓋呈皺褶網狀，很有特色。這裡若買不到，可以鮮香菇代用。

Curry 1
Madras
Mélange 1
Maison
Salade Verte

Boulgour, harissa fraîche, poivrons et concombre

彩椒小黃瓜碎小麥佐新鮮阿里薩醬

材料（4 人份）

碎粗麥

碎粗麥（boulgour）300 公克｜ 2 杯

水 550 毫升｜ 2⅓ 杯

孜然粉 1 公克｜ ½ 小匙

胡荽粉 1 公克｜ ½ 小匙

雪莉酒醋 1 大匙

• 鹽、橄欖油

沙拉

紅甜椒、黃甜椒和青椒各 1 個

小黃瓜 2 根

檸檬汁適量

• 橄欖油、鹽、現磨黑胡椒

阿里薩醬

芫荽 4 枝

薄荷 4 枝

大蒜 1 瓣

紅辣椒或
紅鳥眼椒（piments oiseaux）1 根

檸檬汁 1 顆份量

• 橄欖油、鹽

AD／碎粗麥是典型的中東食材，屬於一種含芽胞的乾碎粗小麥，生產方式可以回溯至4,000年前。你可以根據自己的口味調整芫荽和薄荷的用量。

PN／穀類搭配蔬菜可以提供均衡豐富的澱粉和維生素。把蕃茄加入沙拉也一定美味。

做法

烹調碎粗麥

1. 將碎粗麥、水倒入鍋中，煮至水分全被碎粗麥吸收，大約需 12 分鐘。接著拌入 2 大匙橄欖油，以孜然粉、胡荽粉和雪莉酒醋調味。盛入大碗放入冰箱冷藏。

製作阿里薩醬

2. 先摘下 15 片芫荽葉和 12 片薄荷葉，切成細末後放入碗中，其他葉子先保留。香草莖先不要丟棄。
3. 大蒜去膜後以刀背壓扁。紅辣椒切成細末。
4. 將做法 3. 倒入做法 2. 的碗中，再加入 1 大匙橄欖油、檸檬汁和些許鹽拌勻，放入冰箱冷藏。

製作沙拉

5. 紅甜椒、黃甜椒和青椒都洗淨，削除外皮，去籽後撕除白筋，切成細丁。小黃瓜洗淨後，將外皮削成條紋狀（帶點綠色比較好看），切半去籽，再切薄片。將所有蔬菜放入大碗中，將剩下的芫荽葉和薄荷葉切末，加入大碗裡，放入冰箱冷藏。

完成

6. 將 1 小匙橄欖油、檸檬汁、鹽和現磨黑胡椒加入做法 5. 中，稍微翻拌。
7. 把冰涼的碎粗麥盛於盤中，旁邊圍一圈沙拉，阿里薩醬則另外用醬料盅裝好，即可享用。

Memo...

阿里薩醬是位於西北非的馬格里布（Maghreb）的調味料，以辣椒為基底，再加入大蒜、孜然、芫荽等調製而成的辛辣醬，在法文中稱作 hiarssa。此外，製作這道料理時若買不到碎粗麥，也可以用另一種北非小米（couscous），但要挑較大顆的。

Orge perlé, salsifis et raisins de Corinthe cuisinés ensemble

婆羅門參葡萄乾燉小薏仁

AD／削婆羅門參時，記得戴拋棄式手套來保護自己的手，否則手會變黑。皮削掉後會釋放一種氧化迅速的汁液，所以需要檸檬水防止氧化。

PN／婆羅門參的纖維素含量特別高，但是維生素和礦物鹽的含量就不高。小薏仁也沒有，所以建議加入黑醋栗、洋蔥（含蔥綠）等來補充。

材料（4 人份）

小薏仁（大麥仁）300 公克｜ 1½ 杯

黃金葡萄乾 1 小把

婆羅門參（salsify，西洋牛蒡）3 ～ 4 根

檸檬汁 ½ 顆份量

帶著長葉子的小洋蔥或青蔥 4 根

大蒜 1 瓣

雞清高湯（參照 p.10）1,200 毫升｜ 5 杯

白酒 150 毫升

鹽漬檸檬（參照 p.15）½ 顆

• 橄欖油、鹽、現磨黑胡椒

做法

準備食材

1. 容器中倒入水（材料量以外），放入黃金葡萄乾浸泡。
2. 婆羅門參削除外皮後洗淨，立刻浸泡在加了檸檬汁的水裡，然後取出切成斜片。小洋蔥剝掉一層外皮後洗淨，蔥綠切末，鱗莖（球）切成圓片。大蒜連膜以刀背壓碎。
3. 雞清高湯倒入醬汁鍋中加熱。

烹煮

4. 耐熱深鍋或鑄鐵燉鍋燒熱，倒入些許橄欖油，等油熱了放入婆羅門參、鱗莖和大蒜炒一下。蓋上蓋子，以小火煮 5 分鐘，至呈現漂亮的金黃色。接著加入小薏仁 ，一邊翻拌一邊炒約 1 分鐘，然後倒入白酒，讓小薏仁充分吸收湯汁。
5. 將鹽漬檸檬洗淨，切成小碎塊，加入做法 4. 的鍋中。黃金葡萄乾瀝乾水分，也加入鍋中，拌炒均勻，再加入 1 大瓢雞清高湯煮，等小薏仁將雞清高湯完全吸收後，再倒入雞清高湯繼續煮，大概需 30 分鐘。
6. 鍋中的大蒜去膜，加入蔥花，輕輕地翻拌 1 ～ 2 分鐘。以鹽、現磨黑胡椒調味。直接將鍋子端上桌或盛入餐盤裡享用。

Memo...

帶點甘甜的婆羅門參又叫波羅門參、西洋牛蒡，它的嫩葉可以做沙拉、煮湯，根則煮、炒皆可。削皮後泡鹽水，可以避免變成黃褐色。

Semoule de millet, cèpes et canard fumé

煙燻鴨胸牛肝蕈佐小米

AD／假如牛肝蕈（cèpes）不是當令食材，就用大顆白蘑菇代替，烹調方式一樣，但是別忘了擠一點檸檬汁在上頭。

PN／小米是一種種子很小的穀類，已經在非洲和亞洲栽種幾千年。這種食材富含澱粉，但其蛋白質不含麩質。

材料（4 人份）

小米（義大利產為佳）250 公克｜ 1¼ 杯

煙燻鴨胸肉（生火腿亦可）½ 塊

雞清高湯（參照 p.1 0）500 毫升｜ 2 杯

中型牛肝蕈（大朵白蘑菇亦可）5 朵

平葉巴西里 8 枝

小的大蒜 2 瓣

• 橄欖油、鹽、現磨黑胡椒

做法

處理鴨胸肉

1. 用小支刀子將煙燻鴨胸肉的肥肉、鴨皮和鴨肉分開，鴨皮切小丁，再將肥肉、鴨皮放入耐熱深鍋，煎至酥黃香脆。用湯匙將大部分融化的鴨油撈掉，只留 1 大匙。

煮小米飯

2. 將小米放在做法 1. 的耐熱深鍋中，翻炒均勻，讓小米呈淡金黃色（稍微上色），然後倒入雞清高湯，煮至沸騰後蓋上蓋子，以小火燜煮 20 分鐘。

處理其他食材

3. 煮小米時，將鴨肉切成薄片。牛肝蕈去掉柄，迅速洗淨，擦乾蕈傘和蕈肉，然後切成薄片。平葉巴西里摘下葉子。大蒜去膜後全部切細碎。
4. 小米煮熟後關火，繼續燜約 10 分鐘。
5. 平底鍋燒熱，倒入 1 大匙橄欖油，等油熱了放入牛肝蕈翻炒 2 ～ 3 分鐘，撒入鹽、平葉巴西里、大蒜和現磨黑胡椒。

盛盤

6. 將小米平鋪在餐盤上，放上炒香的牛肝蕈和鴨胸肉、鴨皮，即可享用。

Memo...

秋天為盛產期的牛肝蕈又名石蕈、牛蕈菇，是很珍貴的菇類食材。牛肝蕈通常分成新鮮、冷凍和乾燥的，在台灣通常買不到新鮮的。冷凍牛肝蕈可稍微汆燙，乾燥的則需泡溫水約 30 分鐘，洗淨蕈傘的沙土後才能烹調。可以用在燉飯、沙拉等料理。此外，新鮮牛肝蕈比較不易買到，可以用大顆白蘑菇取代。

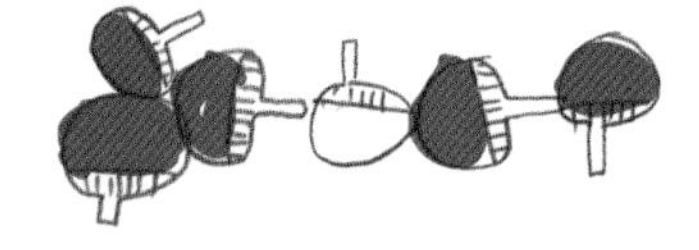

120 小黃瓜優格冷湯佐新鮮薄荷與爽口配菜 Gaspacho yaourt-concombre à la menthe, garniture croquante

122 沙拉生菜與水芹菜冷濃湯佐爽口蔬菜 Crème glacée de laitue et de cresson, légumes croquants

123 水芹菜酸模濃湯 Velouté de cresson à l'oseille

126 蕃茄麵包湯 Soupe de pain à la tomate

127 蠶豆湯 Soupe de fèves

128 蟹肉蕃茄冷湯佐羅勒冰砂 Soupe de tomate glaceé au crabe, granité basilic

130 西瓜甜瓜湯 Soupe de pastèque et de melon

132 蕃茄青椒冷湯 Gaspacho tomate-poivron

133 冰鎮綠花椰菜湯 Soupe glacée de brocolis

135 冰鎮豌豆濃湯 Crème de petits pois glacée

136 小麥羊凝乳湯 Soupe passée de blé au caillé de brebis

138 貽貝濃湯佐番紅花 Soupe de moules au safran

140 青醬湯 Soupe au pistou

141 蘆筍湯佐莫札瑞拉乳酪和火腿 Soupe d'asperge, mozzarella et copeaux de jambon

143 玉米濃湯卡布奇諾佐羊肚菌 Soupe de maïs en cappuccino et morilles

144 鮮蝦甜椒湯佐薑絲與香茅 Bouillon de crevettes, piment, gingembre et citronnelle

146 豌豆濃湯 Velouté de pois cassés

147 芹蘿蔔濃湯佐培根鮮奶油 Soupe de panais, crème au lard

148 栗子湯佐培根和牛肝蕈片 Soupe de châtaignes au lard, copeaux de cèpes

無論如何，晚餐必須準備湯品，熱湯或冷湯都無妨。喝湯是攝取蔬菜的絕佳方法，而且還能補充水分和增加飽足感，所以是達成健康均衡飲食的重要一環。

阿朗・杜卡斯（AD）＿

小時候，我們家喝的湯都是用農場菜園的蔬菜煮的，童年喝湯是我永生難忘的回憶，至今仍對我有深遠影響。這些湯品也收入了我的每家餐廳的菜單裡。

Soupes

湯品

AD／先把冷湯煮好放入冰箱冷藏 15～20 分鐘，喝起來才會冰涼，也可以把湯碗或湯盤先冰一會兒，再舀入湯食用。

PN／因為加入了優格和牛奶，所以這道冷湯富含鈣質，喝起來很健康！羅望子能刺激腸胃蠕動，有清胃整腸的效果。

Gaspacho yaourt-concombre à la menthe, garniture croquante

小黃瓜優格冷湯 佐新鮮薄荷與爽口配菜

材料（4～6 人份）

小黃瓜 3～4 根
酪梨 1 個
大蒜 1 瓣
薑 5 公分長｜ 2 吋長
薄荷葉 3 枝份量
無糖原味優格 250 公克｜ 1 杯
低脂牛奶 200 毫升｜ ¾ 杯
雪莉酒醋 5 大匙
羅望子泥 2～3 大匙
埃斯普雷特辣椒粉（piment d'Espelette）或甜椒粉（paprika）適量
冷水 400 毫升｜ 1½ 杯
青蘋果 1 顆
• 橄欖油、鹽、現磨黑胡椒

做法

製作冷湯

1. 小黃瓜去皮去籽，切下三分之一留著備用，剩下的切小塊。酪梨切對半，去除果核，用小湯匙挖出果肉。大蒜去膜後切末。薑去皮後磨成泥。摘下薄荷的葉子，切成細絲，先預留 2 大匙當作裝飾用。
2. 將做法 1. 和無糖原味優格、低脂牛奶、雪莉酒醋、羅望子泥和 1 撮埃斯普雷特辣椒粉、冷水和 3 大匙橄欖油倒入食物調理機中，攪打 1～2 分鐘成湯汁。以鹽、現磨黑胡椒調味，放入冰箱冷藏。

準備爽口配菜

3. 青蘋果削除外皮後切對半，去除果核，將果肉切約 0.5 公分的小丁。做法 1. 中預留的小黃瓜也切同樣的小丁。
4. 取一個大碗，放入青蘋果、小黃瓜和預留的薄荷葉，以鹽和現磨黑胡椒調味。

盛盤

5. 將冷湯舀入湯碗或湯盤裡，撒上爽口配菜，接著撒入 1 撮埃斯普雷特辣椒粉，放入冰箱冷藏，品嘗時更加沁涼透。此外，也可加入青蔥末或檸檬皮茸（可參照 p.197 的 memo）增添香氣。

Memo...

炎炎夏日裡，蘋果的酸味讓這道湯品更加清爽。東南亞料理中常用的羅望子又叫酸果，台灣南部有少量栽培。它的滋味酸甜，可製作成果醬、果泥等。這裡羅望子泥（tamarind purée）的用量，可自行斟酌加入。

Crème glacée de laitue et de cresson, légumes croquants
沙拉生菜與水芹菜冷濃湯佐爽口蔬菜

AD ／如果連同水芹菜的莖一起放入調理機中的話，會比較難攪打，只使用葉子，就能攪打順暢了。煮好的生菜類必須立刻泡入冰水，才能維持翠綠的顏色。此外，生菜部分，避免使用溫室栽培的，以選用露天栽培的較佳。

PN ／這道湯品富含鐵、維生素 C（水芹菜、球莖茴香），以及葉酸（水芹菜、萵苣沙拉生菜、球莖茴香），可以說是為貧血的人準備的超級營養品。而且，還含有具抗氧化作用的 β - 胡蘿蔔素，簡直是一道妙藥啊！

沙拉生菜 2 株
水芹菜 10 枝
小黃瓜 1 根
小顆球莖茴香 ½ 顆
櫻桃蘿蔔 4 個
細香蔥 1 束
新鮮羊奶乳酪 50 公克｜ 4 盎司
醋適量
• 鹽、現磨黑胡椒

做法

準備沙拉生菜與水芹菜冷濃湯

1. 將沙拉生菜葉剝下，連同水芹菜一起放入加了些許醋的水中仔細清洗。先拿出 4 枝水芹菜，以浸濕的廚房紙巾包好，放入冰箱冷藏，剩下的 6 枝都摘下葉子。
2. 準備一盆冰水備用。另外將鹽、水（比例是水 200：鹽 1）倒入鍋中煮滾，放入沙拉生菜和水芹菜的葉子，煮約 3 分鐘後用漏杓撈出（不要倒掉煮菜水），浸入冰水裡保持翠綠。
3. 將沙拉生菜、水芹菜和做法 2. 中一點點煮菜水，一起倒入食物調理機中，攪打成質地滑順的濃湯。這裡加入的煮菜水量，以讓菜能呈現如鮮奶油般的濃稠狀即可。以鹽、現磨黑胡椒調味，等完全冷卻後，放入冰箱冷藏至少 2 小時。

準備蔬菜

4. 小黃瓜洗淨，球莖茴香剝掉最外面一層後洗淨，全都切成 0.2 公分的小丁。櫻桃蘿蔔洗淨後切掉頭部，取 1 個切或刨成 4 片圓薄片，其他則和小黃瓜、球莖茴香切同樣大小。細香蔥洗淨後擦乾水分，切掉前端 2 ～ 3 公分（1 吋），先不要丟掉，其他部分切蔥花。
5. 將小黃瓜、球莖茴香、櫻桃蘿蔔丁和蔥花倒入容器中混合。

盛盤

6. 將冷濃湯舀入湯碗或湯盤裡，用湯匙將山羊乳酪挖整成橄欖球形狀，放在冷濃湯上。排入 1 片櫻桃蘿蔔，插入 1 枝水芹菜，將做法 5. 舀入圍著湯面周圍，最後撒上細香蔥前端即可享用。

Memo...

如果單喝冷濃湯會有點苦味，搭配蔬菜、乳酪一起食用剛好能降低苦味。這道湯品中沒有加入高湯、橄欖油，讓你能品嘗到蔬菜的天然味。crème 是指鮮奶油，而在烹調料理時，常常會利用粉類、鮮奶油增加濃稠，例如質地滑順濃稠的濃湯（potage）就是。

Velouté de cresson à l'oseille

水芹菜酸模濃湯

AD／雖然只喝水芹菜濃湯就十分美味，但麵疙瘩不難做，做起來也不耗時，而且兩個配在一起超搭！

PN／水芹菜能提供礦物鹽和各種維生素，對身體相當有益。瑞可塔乳酪則提供豐富鈣質。

材料（4～6 人份）

水芹菜 12 枝
酸模 40 公克
鼠尾草葉 3 片
瑞可塔乳酪 250 公克｜1 杯
低筋麵粉 1 大匙
雞蛋 1 顆（去殼淨重約 50 公克）
無鹽奶油 40 公克｜3 大匙
醋適量
• 橄欖油、鹽、現磨黑胡椒

做法

製作水芹菜濃湯

1. 將水芹菜、酸模放入加了些許醋的水中仔細清洗。摘下水芹菜的葉子，先預留 12 片葉子，以浸濕的廚房紙巾包好，放入冰箱冷藏。
2. 準備一盆冰水備用。另外將鹽、水（比例是水 200：鹽 1）倒入鍋中煮滾，放入水芹菜、酸模，煮約 2 分鐘後用漏杓撈出（不要倒掉煮菜水），浸入冰水裡保持翠綠，然後瀝乾水分。
3. 將水芹菜、酸模和做法 2. 中一點點煮菜水，一起倒入食物調理機中，攪打成質地滑順的濃湯。以鹽、現磨黑胡椒調味，等完全冷卻後，放入冰箱冷藏。

製作瑞可塔乳酪麵疙瘩

4. 鼠尾草葉切碎，然後和瑞可塔乳酪、低筋麵粉、雞蛋和 2 撮鹽倒入容器中拌勻成團。拿湯匙製作成麵疙瘩的形狀。
5. 將鹽、水（比例是水 100：鹽 1）倒入鍋中煮滾，放入麵疙瘩煮 4～5 分鐘，用漏杓瀝乾水分，放在廚房紙巾上。

完成料理

6. 平底鍋燒熱，放入無鹽奶油，等奶油融化後加入麵疙瘩，一邊用湯匙將每塊麵疙瘩沾塗奶油，同時以小火慢慢加熱。
7. 從冰箱拿出做法 3. 的濃湯，一點一點地拌入 1～2 大匙橄欖油，一邊用打蛋器混勻，倒入大深湯碗中。把麵疙瘩放入每個小深湯碗中，排上預留的冰涼水芹菜裝飾，立即享用。

Memo...

酸模（法文 oseille ，英文 sorrel ）的葉子呈箭狀，別名野菠菜、山菠菜、酸溜溜。具有辣和酸味，以酸模烹調的湯品，是歐洲人、俄國人常食用的傳統料理。尤其嫩葉可用在生菜沙拉、製作醬料或煮湯。

「穆斯提耶屋舍的菜園是園丁吉列特15年來的心血結晶，俯拾皆是繽紛色彩與撲鼻香氣。」左上圖是正摘下沙拉生菜嫩葉的吉列特；左下圖是櫛瓜田；右上三張圖從左至右分別是；無花果、瑠璃苣、紫羅勒；右下圖則是專注於羅勒香氣的杜卡斯。

AD／聖馬札諾蕃茄，是一種歷史非常悠久的蕃茄，長得胖胖長長的，飽滿結實。這種蕃茄不容易買到，但絕對值得花時間尋寶。

PN／因為有全麥麵包，所以這道冷湯富含碳水化合物和纖維素，還有豐富的抗氧化劑。冬天可以用罐頭蕃茄或冷凍蕃茄來做成熱湯。

Soupe de pain à la tomate

蕃茄麵包湯

材料（4～6 人份）

熟透的蕃茄（普通的大蕃茄、牛蕃茄亦可）16 顆

聖馬札諾蕃茄（san marzano）2 顆

放隔夜變硬的全麥麵包 400 公克｜14 盎司

紅酒醋 2 大匙

洋蔥 2 顆

大蒜 4 瓣

羅勒 2 枝

青醬（參照 p.36）50 公克｜2 盎司

• 橄欖油、鹽、現磨黑胡椒

做法

處理蕃茄

1. 將熟透的蕃茄和聖馬札諾蕃茄放入滾水中，以小火汆燙，等表面出現大塊的裂痕，撈出泡冷水後撕除外皮，去籽，將果肉挖到小碗裡，湯汁過篩備用。
2. 將熟透的蕃茄果肉切 0.7～0.8 公分的大丁，聖馬札諾蕃茄果肉切 0.5 公分的小丁，分別放入 2 個小碗裡，放入冰箱冷藏。

煮湯

3. 將全麥麵包切大丁，放在碗裡，倒入預留的蕃茄湯汁和紅酒醋，讓麵包吸飽湯汁。
4. 烤箱預熱至 160℃（325 ℉）。
5. 將洋蔥剝除外皮後切小丁。大蒜去膜後切末。羅勒的葉子摘下，莖不要丟掉，預留 10 片羅勒葉當作裝飾用。
6. 取一個蓋上蓋子後可放入烤箱中的耐熱深鍋或鑄鐵燉鍋，燒熱，倒入 1 小匙橄欖油，等油熱了放入洋蔥，以小火炒約 5 分鐘，不要炒焦，然後加入大蒜炒約 30 秒，再放入熟透的蕃茄和 1 撮鹽，不時翻炒，煮約 10 分鐘。接著放入麵包和羅勒莖混拌均勻。蓋上蓋子，放入烤箱烘烤 30～40 分鐘。
7. 等湯煮好後，取出羅勒莖，用叉子把食材壓碎。以鹽、現磨黑胡椒調味，湯太濃的話加入些許水稀釋，等完全冷卻後，放入冰箱冷藏。

盛盤

8. 將冷湯舀入湯盤或湯碗裡，撒上聖馬札諾蕃茄丁，將青醬倒在湯上面，再撒入預留的羅勒葉即可享用。

Memo...

這道湯品不管冷食或溫熱食用，都很美味。此外，來自義大利、長長的聖馬札諾蕃茄很像長辣椒，酸味比較不重，蕃茄肉則較厚實。蕃茄去皮的方法可參照 p.16 的 memo。

Soupe de fèves

蠶豆湯

材料（4～6 人份）

適合整顆連殼吃的小蠶豆 1 公斤｜2¼ 磅

白洋蔥 1 顆

雞清高湯（參照 p.10）或水 750 毫升｜3 杯

茴香臘腸（finocchiona）120 公克｜4 盎司

新鮮羊奶乳酪（奶油乳酪亦可）120 公克｜4 盎司

香薄荷（sariette）或百里香 4 枝

- 橄欖油、鹽、現磨黑胡椒

做法

處理蠶豆

1. 蠶豆去殼，將豆仁和殼分開。挑出太小顆的豆仁（小於 1 公分），先放在一旁。大顆豆仁大致切碎（粗碎）。豆殼洗淨，以刀子盡量切細薄。白洋蔥剝除外皮後切小丁。

煮湯

2. 耐熱深鍋或鑄鐵燉鍋燒熱，倒入適量橄欖油，等油熱了放入白洋蔥炒軟，約 2 分鐘，加入豆殼，以中大火翻炒 3 分鐘，接著加入大顆蠶豆仁，煮 1 分鐘即可。
3. 將做法 2. 倒入食物調理機中，慢慢一點一點地加入雞清高湯，攪打成質地滑順的濃湯。用細孔篩網過濾，以鹽、現磨黑胡椒調味，等完全冷卻後，放入冰箱冷藏至少 2 小時。
4. 用手將茴香臘腸剁碎。新鮮羊奶乳酪切小塊。
5. 平底鍋燒熱（不用倒入油），放入茴香臘腸、香薄荷乾煎 1 分鐘，加入預留的小蠶豆仁，仔細翻炒 1 分鐘。
6. 取出香薄荷，將平底鍋中的食物分裝到小湯碗，或者全部盛入大湯碗裡，放入乳酪，舀入蠶豆湯後即可上桌。

AD／因為蠶豆殼會生水，所以不建議用食物調理機打碎，最好拿大支菜刀來切。

PN／茴香臘腸是一種含茴香籽的托斯卡尼風味臘腸。如果買不到的話，可以用 120 公克的美味香腸搭配 1 大匙茴香籽，再加入 1 撮鹽混合來代用。這道湯中的蠶豆提供了豐富的維生素 B 群，再營養不過了。

Memo...

煮好的湯會用細孔篩網過濾，所以不用怕蠶豆殼會影響湯的口感，而且留下的蠶豆殼風味，讓人在食用時，彷彿吃下整顆蠶豆。此外，茴香臘腸和新鮮羊奶乳酪已經有鹹味，口味清淡的人可不加鹽。香薄荷（法文 sariette，英文 savory），味道近似百里香，常用在豆類、香腸料理，或者用作綜合香料材料中的一種。

Soupe de tomate glaceé au crabe, granité basilic

蟹肉蕃茄冷湯佐羅勒冰砂

AD／蕃茄冷湯可以在前一天煮好，放愈久愈入味。不要攪打太細，否則顏色轉白就不好看了！

PN／蕃茄和羅勒富含鼎鼎大名的茄紅素，能促進心血管健康，除此之外，每一口都還包含類胡蘿蔔素、維生素和礦物質！因為蟹肉已經有蛋白質，所以這一頓飯就不用再準備其他肉類或魚肉食物。

材料（4～6人份）

熟透的蕃茄8顆

罐裝蕃茄汁500毫升｜2杯

蕃茄泥1大匙

香芹鹽1小匙

杜卡斯特製蕃茄醬（參照p.22）1小匙

雪莉酒醋1大匙

香軟去皮的麵包150公克｜4片

羅勒10枝

雞清高湯（參照p.10）220毫升｜¾杯

冷凍蟹肉150公克｜5盎司

塔巴斯科辣椒醬（TABASCO®）適量

- 橄欖油、鹽、現磨黑胡椒

做法

處理湯的食材

1. 將6顆蕃茄洗淨，切瓣後放入碗裡，加入罐裝蕃茄汁、蕃茄泥、香芹鹽、杜卡斯特製蕃茄醬、雪莉酒醋和2大匙橄欖油。麵包切成小丁，加入碗裡，然後加一點鹽、幾滴塔巴斯科辣椒醬。放入冰箱冷藏，放愈久愈入味。

製作羅勒冰砂

2. 先預留2枝羅勒當裝飾用，其他的全部摘下葉子。將羅勒葉、雞清高湯一起放入食物調理機中打碎，以鹽、現磨黑胡椒調味。接著倒入碟子裡，放入冰箱冷凍，時時取出來攪拌，一共數次，直到呈冰砂狀。
3. 同時將4個盛盤用的湯盤放入冰箱冷凍，冰冷。

製作蕃茄冷湯、完成

4. 將冷凍蟹肉退冰，用力擠出多餘的水分。
5. 將做法1.攪打成質地滑順的泥狀，用細孔篩網過濾，以鹽、現磨黑胡椒調味，放入冰箱冷藏冰涼，直到要食用時再取出。
6. 將2顆熟透蕃茄放入滾水中以小火汆燙，當蕃茄的表面出現大塊的裂痕，撈出泡冷水後撕除外皮，去籽，果肉切小丁，和蟹肉混合，加鹽、現磨黑胡椒和塔巴斯科辣椒醬調味，盛入每個湯盤中間。
7. 將2枝預留的羅勒葉切碎，撒在做法6.上面。
8. 將蕃茄冷湯舀入湯盤裡，避開蟹肉與蕃茄丁，用叉子挖取羅勒冰砂，放在蟹肉與蕃茄丁上，立即享用。

Memo...

香芹鹽（法文sel de céleri，英文celery salt）是將香芹籽（芹菜籽）和食鹽混合，用作調味。

Soupe de pastèque et de melon

西瓜甜瓜湯

AD／甜瓜要選又熟又甜的。怕紅辣椒太辣的話，可以先用半根，再根據自己的口味斟酌辣度。

PN／這道湯提供豐富的類胡蘿蔔素，對全身細胞相當有益，尤其是皮膚細胞，很適合晒太陽前喝。

材料（4～6人份）

帶皮西瓜 850 公克｜2 磅
中型甜瓜 1 個
小黃瓜 1 根
薑 3 公分長｜1 吋長
塔巴斯科辣椒醬（TABASCO®）2～4 滴
食用橙花純露（也可以省略）2 大匙
紅辣椒 1 根
芫荽 2 枝
薄荷 2 枝
• 橄欖油、鹽

做法

製作湯泥

1. 西瓜切下果肉，甜瓜削除外皮，仔細挖除所有的籽。小黃瓜和薑的外皮也削除，薑切成小塊。先預留 50 公克（2 盎司）西瓜、100 公克（3½ 盎司）甜瓜和 50 公克（2 盎司）小黃瓜，放入冰箱冷藏冰涼。將其餘的西瓜、甜瓜、小黃瓜，連同薑一起放入調理機中，攪打成泥狀。
2. 將塔巴斯科辣椒醬、橙花純露加入做法 1. 中調味。紅辣椒切末後也加入，拌勻成湯泥，放入冰箱冷藏。
3. 將 4 個盛盤用的湯盤放入冰箱冷凍，冰冷。
4. 將預留的西瓜、甜瓜和小黃瓜都切成 0.2～0.3 公分的小丁。芫荽和薄荷的葉子都切碎。把上述材料裝入碗裡，倒入 2 大匙橄欖油混合，以鹽調味，然後放入冰箱冷藏。

盛盤

5. 上菜時，將做法 4. 盛入已經冰涼的湯盤中，舀入冷湯泥，也可用些許薄荷葉絲裝飾，立即享用。

Memo...

綠色或偏紅橘色的甜瓜都可以使用，不影響成品的風味。這一道湯非常清爽，是首次嘗試歐式冷湯的最佳入門湯品。

AD／冷湯的蔬菜不需要削皮。不加蔬菜丁的話，也可以把這道冷湯當成冰涼的雞尾酒或正餐之間的點心。

PN／無論你把這道冷湯拿來當飲料或前菜，都能攝取到豐富的維生素、抗氧化劑和纖維素，再加上些許橄欖油提供的優質脂肪酸，別擔心，暢飲吧！

Gaspacho tomates-poivron

蕃茄青椒冷湯

材料（4～6 人份）

熟透的蕃茄 6 顆

小黃瓜 2 根

青椒 2 個

大蒜 ½ 瓣

珍珠洋蔥（小洋蔥亦可）1 顆

羅勒 3 枝

放隔夜變硬的法式鄉村麵包 50 公克｜ 2 片

雪莉酒醋 5 大匙

水 500 毫升（更多一點也無妨）｜ 2 杯

• 橄欖油、鹽、現磨黑胡椒

做法

前一天

1. 將 4 顆蕃茄、1 根小黃瓜和 1 個青椒洗淨，然後全部切對半，挖掉裡面的籽。大蒜去膜，珍珠洋蔥去皮。將上述所有蔬菜都切小丁，全部裝入碗裡。摘下羅勒的葉子，切碎後加入蔬菜裡。
2. 鄉村麵包切小塊，裝入另一個小碗，加入雪莉酒醋，攪拌至酒醋完全被麵包吸收，倒入做法 1. 中。接著加入 2 大匙橄欖油、些許鹽拌勻。用保鮮膜包好碗，放入冰箱冷藏 12 小時。

當天

3. 把做法 2. 倒入食物調理機中，加入 2 大匙橄欖油、水攪打成泥狀，視情況調整水的份量，不要讓冷湯過於濃稠。用細孔篩網過濾湯汁，以鹽、現磨黑胡椒調味，放入冰箱冷藏至少 2 小時。
4. 將 2 顆蕃茄放入滾水中以小火汆燙，當蕃茄的表面出現大塊的裂痕，撈出泡冷水後撕除外皮，去籽，果肉切小丁。剩餘的 1 根小黃瓜和 1 個青椒削除外皮，切同樣的小丁。
5. 將蕃茄丁、小黃瓜丁和青椒丁擺在湯盤或大湯碗裡，舀入做法 3.，趁冰涼享用最美味。

Memo...

除了鄉村麵包，也可以改成用全麥麵包製作。

Soupe glacée de brocolis

冰鎮綠花椰菜湯

材料（4～6 人份）

新鮮綠花椰菜 3 顆

雞清高湯（參照 p.10）或水 800 毫升｜ 3½ 杯

新鮮杏仁 16 個或杏仁片 20 公克｜ ¾ 盎司

山蘿蔔 2～3 枝

羊凝乳（caillé de brebis，新鮮白乳酪、奶油乳酪亦可）1 個｜ 125 公克

• 橄欖油、鹽之花（頂級海鹽）、鹽、現磨黑胡椒

做法

處理綠花椰菜

1. 綠花椰菜洗淨，切掉底部較硬且粗糙的莖，先切下約 10 朵花朵備用，其他的花朵、莖大略切一下。

煮湯

2. 雞清高湯先加熱。準備一大碗加滿冰塊的水。
3. 鍋燒熱，倒入 1 小匙橄欖油，等油熱了放入綠花椰菜，以中大火炒 2 分鐘，倒入煮滾的雞清高湯，轉小火煮到綠花椰菜變軟，約 10 分鐘，倒入容器中，再將容器迅速浸入裝滿冰塊水的大碗裡冷卻，讓菜的顏色保持鮮綠。
4. 將盛盤用的湯盤放入冰箱冷凍，冰冷。等做法 3. 完全冷卻後，倒入食物調理機中，攪打成質地滑順的濃湯，放入冰箱冷藏。

製作配菜

5. 將新鮮杏仁剝皮，切對半。
6. 將預留的綠花椰菜花朵、一半杏仁倒入容器中混合，以鹽、現磨黑胡椒調味，再淋 1 小匙橄欖油，混合拌勻成配菜。

完成

7. 摘下山蘿蔔的葉子。羊凝乳倒入容器中。
8. 從冷凍庫取出湯盤，將配菜擺在盤子中央，用湯匙將羊凝乳挖整成橄欖球形狀，放在配菜上，再撒點鹽之花和現磨黑胡椒。舀入冷湯，撒上剩下的新鮮杏仁和山蘿蔔葉。趁冰涼享用。

AD／把配菜擺到湯盤中央時，可以用 6 或 8 公分（2 ½ 或 3 吋）的圓形中空模型幫忙。新鮮杏仁不是當令食材的話，可以改用杏仁片。

PN／經過各種研究發現，綠花椰菜裡含有各種新營養成分，幾乎能提升身體所有部位的抵抗力！所以想喝就喝，多喝多健康。買不到羊凝乳的話，可以改用凝固（固體）白乳酪，營養價值一樣高。

Memo...

羊凝乳（caillé de brebis）是在羊奶中添加乳酸菌、凝乳酵素而形成，冷藏後口感如同杏仁豆腐般滑嫩，清爽且具有獨特的香味。

Crème de petits póis glacee

冰鎮豌豆濃湯

材料（4 ～ 6 人份）

帶莢新鮮豌豆 600 公克｜ 1½ 磅
砂糖 1 小匙（可斟酌用量）
雞清高湯（參照 p.10）或水 1 公升｜ 1 夸特
鮮奶油 250 毫升｜ 1 杯
薄荷葉 4 片
現磨佩克里諾乳酪（pecorino）或帕瑪森乳酪 2 大匙
• 橄欖油、鹽、現磨黑胡椒

做法

處理豌豆

1. 從豆莢中取出豌豆仁，豆莢先不要丟，挑出比較小的豆莢，再取出其中一半小豆莢撕去老筋，洗淨後切碎（未使用到的豆莢可丟棄）。

煮湯

2. 鍋燒熱，倒入 1 大匙橄欖油，等油熱了放入切碎的豆莢，以小火翻炒約 5 分鐘，不要炒上色。加入豌豆仁、砂糖和些許鹽，再炒約 3 分鐘，然後倒入雞清高湯，煮滾後改以小火再煮 10 分鐘，然後加入鮮奶油，以小火再煮 10 分鐘。
3. 拿一個大盆子裝冰塊，上面放一個小容器。
4. 將做法 2. 倒入食物調理機中，攪打至滑順均勻，然後立刻倒入做法 3. 的小容器中，保持鮮綠色澤。以鹽、現磨黑胡椒調味，放入冰箱冷藏至少 2 小時，讓湯徹底冰涼。將盛盤用的湯碗或湯盤放入冰箱冷凍，冰冷。
5. 食用時，把湯舀入冰鎮的湯碗或湯盤裡，撒上 4 片切絲的薄荷葉、現磨佩克里諾乳酪或帕瑪森乳酪，立即享用。

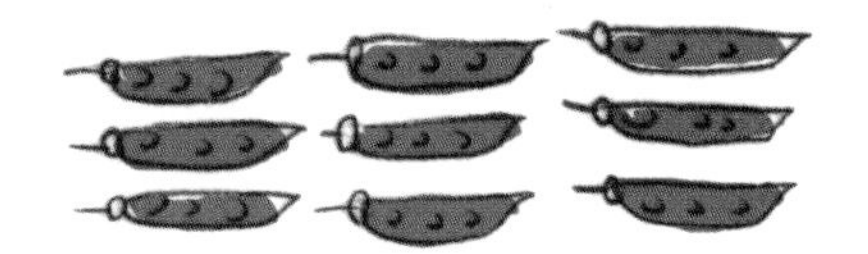

AD ／如果能買到新鮮的佩克里諾乳酪或帕瑪森乳酪，就拿叉子將乳酪壓碎。假如有當令的百里香花，就加幾朵入菜。要節省時間的話，可以把湯放入冰箱冷凍 15 ～ 30 分鐘。

PN ／豌豆莢讓這道湯的纖維素大幅增加。烤一片吐司來搭配這道濃湯，就能攝取到更多低升糖指數的碳水化合物，對健康更有益！

Memo...

以羊奶製成的義大利佩克里諾乳酪，屬於硬質乳酪，容易碎、氣味特別，和料理搭配相得益彰。而在義大利，羊奶做成的硬質乳酪大多叫佩克里諾，但仍依產地而品質不同。

Soupe passée de blé au caillé de brebis

小麥羊凝乳湯

AD ／羊凝乳是用羊奶做成的新鮮乳酪，是產自巴斯克自治區（Pays Basque）的傳統食品。

PN ／這道湯提供有益健康的低升糖指數的碳水化合物（從小麥裡）和鈣質。這一餐不必再準備其他乳酪了。

材料（4 ～ 6 人份）

斯佩爾特小麥（spelt，小粒）300 公克｜ 8 盎司

白洋蔥 ½ 顆

大蒜 1 瓣

蕃茄 1 顆

薄的培根片 1 片

鼠尾草葉 4 片

番紅花絲 1 撮

雞清高湯（參照 p.10）1 公升｜ 1 夸特

羊凝乳（caillé de brebis，新鮮白乳酪 fromage blanc 亦可）150 公克｜ 5 盎司

佩克里諾乳酪（pecorino）或帕瑪森乳酪 40 公克｜ 1½ 盎司

• 橄欖油、鹽

做法

前一天

1. 將小麥放入碗裡，加水浸泡，放入冰箱冷藏或置於陰涼處 12 小時。

當天

2. 白洋蔥剝除外皮後切絲。大蒜去膜，縱切成兩半，如果中間有細芽的話要剝乾淨。蕃茄洗淨，切成 4 瓣。培根片切小丁。
3. 耐熱深鍋或鑄鐵燉鍋燒熱，倒入 1 大匙橄欖油，等油熱了放入培根丁稍微煎黃，再加入白洋蔥與大蒜，蓋上蓋子，以小火煮約 5 分鐘，接著放入蕃茄、鼠尾草葉，仍以小火煮 2 ～ 3 分鐘，最後加入番紅花絲拌勻。
4. 小麥瀝乾水分，加入做法 3. 中，一邊翻炒一邊倒入雞清高湯，煮滾後加入少許鹽，轉小火再煮約 1 小時。
5. 在細孔篩網裡鋪上一條乾淨的過濾布，放上羊凝乳瀝乾水分。
6. 等小麥煮好後，預留 4 大匙的份量，要保溫。將剩下的小麥和鍋中湯汁、料一起倒入食物調理機中，攪打至滑順均勻，若是過於濃稠的話，可斟酌加入雞清高湯（材料量以外）稀釋。稍微調味，並保持滾燙狀態。
7. 用削皮刀將佩克里諾乳酪或帕瑪森乳酪刨成薄片。
8. 將熱湯舀入大湯碗裡，用湯匙挖取羊凝乳，一匙匙放在湯上，撒入預留的小麥和乳酪片，立刻享用。

Memo...

以配方中的雞清高湯量烹煮，湯會比較濃稠，增加為 1.5 倍量的話，湯汁較爽口。

Soupe de moules au safran

貽貝濃湯佐番紅花

AD／假如你覺得攪拌後湯過於濃稠，就加一點水稀釋。生胡蘿蔔絲和球莖茴香絲可以增添爽脆的口感。

PN／謹慎檢查貽貝的新鮮度，挑出已經開口或破損的貽貝。貝類海鮮富含礦物鹽，尤其是鐵和鎂，所以喝這道湯會讓你元氣大增，活力充沛。

材料（4～6 人份）

養殖的貽貝 1.5 公斤｜3 ½ 磅
白洋蔥 1 個
韭蔥 1 根
小顆球莖茴香 1 顆
大的馬鈴薯 3～4 個｜270 公克
細的胡蘿蔔 2 根
西洋芹 1 根
大蒜 1 瓣
白酒 300 毫升｜1¼ 杯
低脂牛奶 1 公升｜1 夸特
番紅花絲 15 根
水 100 毫升｜⅖ 杯
• 橄欖油、鹽、現磨黑胡椒

做法

處理食材

1. 扯去貽貝的鬚，用水清洗表面，或者請魚販代勞。
2. 白洋蔥剝除外皮，切 4 瓣。韭蔥、球莖茴香剝掉最外面一層後洗淨。馬鈴薯、胡蘿蔔、西洋芹洗淨，削除外皮。取一半的球莖茴香、1 根胡蘿蔔切細絲，其餘全部食材都切薄片。大蒜去膜後以刀背壓扁。

煮湯

3. 燉鍋（深鍋）燒熱，倒入 1 小匙橄欖油，等油熱了放入蔬菜片和大蒜，稍微翻炒後蓋上蓋子，以小火煮 10 分鐘，然後倒入水，再煮 5 分鐘。
4. 用刀尖戳馬鈴薯，等馬鈴薯快熟時加入貽貝，再倒入白酒、低脂牛奶和番紅花絲，拌勻後煮至貽貝殼全開。
5. 用漏杓撈出貽貝，把殼拿掉。保留 20 個貽貝肉備用，將剩下的貽貝肉放回燉鍋。用手持電動攪拌棒將湯肴的質地攪打至滑順，以鹽調味，再撒入一些現磨黑胡椒。
6. 湯碗加熱，舀入熱湯，放入球莖茴香絲、胡蘿蔔絲和貽貝肉即可享用。

Memo...

貽貝建議用「藍青口」（bouchot mussels），肉質較嫩。此外，手持電動攪拌棒（blender）又叫均質機、均質攪拌棒，可以用來製作少量的冰砂、醬泥、攪拌熱食和冷飲，或者精力湯、粥品、嬰幼兒副食品等，單手即可操作。

Soupe au pistou

青醬湯

AD／這道充滿鄉村風味的夏日湯品，是經典的南法料理。做法看似繁瑣，其實只要 1 個多小時就能完成。

PN／這道營養完整的湯品，可以提供身體所需的各種營養素。只要再準備一點乳酪和水果，晚餐就可以開動了！

材料（4～6 人份）

青醬（參照 p.36）全部的量

洋蔥 ½ 顆

生白腰豆（水煮罐裝亦可）400 公克｜2 杯

水 1 公升｜1 夸特

豌豆莢 200 公克｜1 杯

蕃茄 2 顆

胡蘿蔔 4 根

櫛瓜（最好是圓的品種）4 根

西洋芹 1 根

韭蔥（蔥白）2 根份量

生火腿 100 公克｜3½ 盎司

丁香 1 顆

羅勒 2 枝

百里香 1 枝

月桂葉 1 片

新鮮義大利麵食 100 公克｜4 盎司

- 橄欖油、鹽、現磨黑胡椒

做法

處理食材

1. 做好青醬。摘下羅勒的葉子，莖不要丟掉。
2. 將丁香塞入洋蔥，連同白腰豆一起放入鍋中，倒入水淹過食材，加熱至即將沸騰，撈除浮末。加入羅勒的莖、百里香和月桂葉，再煮 30～40 分鐘，快煮好時再加鹽（若使用罐頭白腰豆則煮約 2 分鐘），把白腰豆浸泡在湯裡。
3. 豌豆莢洗淨，撕去老筋，稍微切一下後放入滾水中，只煮 5 分鐘以保留鮮脆口感，瀝乾水分，備用。蕃茄放入滾水中以小火汆燙，當蕃茄的表面出現大塊的裂痕，撈出泡冷水後撕除外皮，去籽，果肉切成 0.5 公分的小丁。胡蘿蔔、櫛瓜、西洋芹洗淨，削除外皮，全都切小丁。韭蔥剝掉一層外皮後洗淨，切末。生火腿切小丁。

煮湯

4. 取一個大醬汁鍋，倒入些許橄欖油，等油熱了放入生火腿，以小火煎香。接著放入胡蘿蔔、櫛瓜、西洋芹和韭蔥，加入少許鹽，翻炒均勻，蓋上蓋子煮 10 分鐘，不要讓菜燒焦。
5. 撈出白腰豆瀝乾，把白腰豆湯汁倒入做法 4. 中，煮滾 2 分鐘後，用漏杓舀出全部的蔬菜，但要持續保溫。
6. 將義大利麵食放入做法 5. 的湯汁中，可參照包裝袋上的建議烹煮時間，煮至口感彈牙。接著放回蔬菜，加入白腰豆、豌豆莢和蕃茄拌勻，煮至水稍微滾一下就關火，以鹽、現磨黑胡椒調味。
7. 把熱湯舀入湯碗，青醬可以裝在醬汁盅裡自行取用，也可以在上桌前再加入湯裡拌勻。無論選擇哪一種吃法，別忘了撒上羅勒葉。

Memo...

乳白色的白腰豆外型是腎的形狀，可用在製作沙拉、湯品、豆泥食用。

Soupe d'asperges, mozzarella et copeaux de jambon

蘆筍湯佐莫札瑞拉乳酪和火腿

材料（4 人份）

綠蘆筍 30 根｜3 磅
洋蔥 1 顆
茵陳蒿 1 枝
薄的帕瑪生火腿（jambon de parme）4 片
雞清高湯（參照 p.10）500 毫升｜2 杯
莫札瑞拉乳酪（mozzarella di bufala）或
水牛乳布拉塔乳酪（burrata di bufala）1 球｜125 公克
• 橄欖油、鹽、白胡椒

AD／如果可以買到水牛乳布拉塔乳酪，千萬別錯過！這種乳酪的質地比傳統的莫札瑞拉乳酪還滑順。

PN／蘆筍富含纖維素。用這種方式打成泥後，不僅完全保留住纖維含量，而且非常容易消化。

做法

處理食材

1. 綠蘆筍削掉硬皮後洗淨，切掉底端的粗糙部分，取 12 根從嫩端切 5～6 公分（2～2½ 吋）的段，保留備用，其餘的全部都切小丁。洋蔥剝除外皮後切末。茵陳蒿摘下葉子。生火腿切小丁。

煮湯

2. 雞清高湯先加熱。
3. 鍋燒熱，倒入 1 小匙橄欖油，等油熱了放入洋蔥，以小火炒 2 分鐘，不要炒到變色。接著加入綠蘆筍丁，以小火再炒 2 分鐘，然後倒入滾燙的雞清高湯翻炒，再加入茵陳蒿的葉子，煮 10 分鐘。
4. 將做法 3. 倒入食物調理機中，攪打至質地滑順，以鹽、白胡椒調味。

完成

5. 平底鍋燒熱，倒入 1 大匙橄欖油，等油熱了放入預留的綠蘆筍段，煎 2～3 分鐘。
6. 確認綠蘆筍湯的熱度。
7. 將莫札瑞拉乳酪刨成薄片，放在湯碗或小湯盤底部，舀入綠蘆筍湯，撒滿帕瑪生火腿，再放上香煎蘆筍。撒入些許白胡椒，立即享用。

Memo...

奶香味濃郁的水牛乳布拉塔乳酪，是最新鮮的水牛乳酪，外觀像一個袋子，袋口以綠葉束緊。它的外層是莫札瑞拉乳酪，內部則是柔軟的奶油乳酪，可以在乳酪專門店購買。

Soupe de maïs
en cappuccino et morilles

玉米濃湯卡布奇諾佐羊肚菌

AD／羊肚菌如果過了產季，就用乾羊肚菌，不過泡水後要仔細清洗乾淨。新鮮玉米正逢產季的話，就用 8～10 根小玉米來做濃湯。玉米粒切下後，使用前要先浸泡在鹽水裡 30 分鐘。

PN／玉米是唯一一種能提供抗氧化能力的胡蘿蔔素的穀類，除此之外，它還富含碳水化合物、纖維素和鎂，而且不含麩質。

材料（4～6 人份）

洋蔥 1 顆
罐頭玉米粒 1 罐，約 285 公克（9 盎司）
雞清高湯（參照 p.10）或水 1.5 公升｜ 1½ 夸特
新鮮羊肚菌（乾的亦可）300 公克｜ 10 盎司
無鹽奶油 40 公克｜ 1½ 大匙
爆米花用玉米粒 50 公克｜ 2 盎司
• 橄欖油、鹽、現磨黑胡椒

做法

煮湯

1. 洋蔥剝除外皮後切絲。鍋燒熱，倒入 1 小匙橄欖油，等油熱了放入洋蔥，以小火炒 3 分鐘，至洋蔥變成透明，不要炒到變色。玉米粒瀝乾水分，用水清洗，加入洋蔥裡，拌炒 5 分鐘。
2. 接著倒入 1 公升（1 夸特）雞清高湯，以小火煮 20 分鐘成玉米濃湯。
3. 將羊肚菌的底部切掉，以溫水清洗蕈傘，每次都要換水，直到沒有沙子殘留為止，然後用蔬菜脫水器甩掉水分。
4. 深的平底鍋燒熱，放入一點橄欖油和 20 公克（3/4 大匙）無鹽奶油，加入羊肚菌，使每個羊肚菌都沾塗到油，撒入鹽，以小火炒 3 分鐘。接著倒入 500 毫升（2 杯）雞清高湯，煮至羊肚菌變香軟，大約 20 分鐘。
5. 煮羊肚菌時，另取一平底鍋加熱，讓鍋子受熱均勻，放入爆米花用的玉米粒，蓋上蓋子，用大火爆成爆米花。

完成

6. 做法 2. 的玉米濃湯煮好後，用手持電動攪拌棒攪打至質地滑順，加入剩下的無鹽奶油和煮羊肚菌的湯汁，調整鹹淡和溫度，再用手持電動攪拌棒攪打至輕盈多泡，使其乳化。
7. 將湯舀入湯碗或湯盤，撒上羊肚菌。爆米花另外盛盤，自行加入碗裡搭配食用，立刻開動吧！

Memo...

羊肚菌（morille）因皺巴巴的外型，又叫作羊菌菇、羊肚菇。它的蕈傘高高尖尖的，形狀很特別，蕈傘上有許多皺褶，所以要仔細清洗。通常於燉飯、醬汁、濃湯等料理中，可以見到它的蹤影。在台灣，一般新鮮的羊肚菌比較難買，晒乾品較容易找到。

Bouillon de crevettes, piment, gingembre et citronnelle

鮮蝦甜椒湯佐薑絲與香茅

AD ／這道湯可以事先煮好後冰在冰箱裡。把裝配菜的碗提前一小時拿出來回溫，高湯用小火加熱至滾燙。

PN ／光喝這道湯就可以當成一餐，能夠攝取到足夠的蛋白質。不用再準備肉類或魚料理，只要再來盤蔬菜類的前菜或配菜就足夠了。

材料（4 人份）

小蝦 600 公克｜ 1½ 磅

紅辣椒 1 根

蕃茄 1 顆

薑 3 公分長｜ 1 吋長

檸檬香茅的莖 1 枝

蛋白 2 顆份量

青蔥 2 根

荷蘭豆 40 ～ 50 公克

紅甜椒 1 個

檸檬汁 ¼ 顆份量

埃斯普雷特辣椒粉（piment d'Espelette）或甜椒粉（paprika）適量

水 500 毫升｜ 2 杯

- 鹽、白胡椒

做法

煮蝦湯

1. 取 200 公克（8 盎司）小蝦，剝掉頭部和殼，蝦肉放入冰箱冷藏，蝦頭和蝦殼不要丟掉。
2. 將紅辣椒和蕃茄切成小塊。薑去皮，取三分之二切碎，其他留下備用，檸檬香茅的莖折成數段。
3. 把剩下的整尾蝦、蝦頭、蝦殼、薑片、蕃茄和紅辣椒倒入食物調理機中，加入水攪打 2 分鐘，然後整個倒入醬汁鍋，鍋子不用太大，這樣湯的高度才夠深。把檸檬香茅的莖放入鍋裡開始煮，等煮滾後加入蛋白，用打蛋器拌勻，改小火熬煮 10 分鐘。
4. 準備一個濾網，裡面鋪一條濕布，下面放一個大碗。慢慢過濾做法 3. 的蝦湯，一次不要舀入太多。把濕布從四角往中間收攏、拉起，用力扭濕布，把湯汁濾入碗裡。以鹽、白胡椒調味，濾出的湯汁應該色澤清澈明亮，香味四溢。湯汁要持續保溫。

處理配菜

5. 青蔥洗淨，去除不要的部分。荷蘭豆洗淨後撕去老筋，切絲。連同紅甜椒、剩下的薑全部切絲，放入大碗裡。

完成

6. 把預留的冰蝦肉稍微切一下，以檸檬汁和辣椒粉調味，充分拌勻。將蝦肉放入湯碗理，再把蔬菜絲放在蝦肉上。確認好湯汁的溫度和口味，舀入碗裡，立即享用。

Memo...

蕃茄和辣椒的顏色會左右這道湯品的顏色，品種則會影響些許口味，但都無損美味。

Velouté de pois casses

豌豆濃湯

AD／西班牙辣味臘腸是產於巴斯克自治區的香腸，用豬肉、紅椒粉和大蒜做成。買不到的話，可以改用另一種辣肉腸（chorizo）。用壓力鍋煮豌豆仁的話，只要 20～30 分鐘即可。

PN／這道濃湯可以讓大家重新認識豌豆仁的鮮美滋味，大家煮豌豆仁時往往煮過頭，使風味盡失。它富含礦物質、維生素和纖維素，還提供大量低升糖指數的碳水化合物。

材料（4～6 人份）

豌豆仁 300 公克｜ 1½ 杯

小的洋蔥 1 顆

小的胡蘿蔔 1 根

小的西洋芹 1 根

雞清高湯（參照 p.10）
或水 1.5 公升｜ 1.5 夸特

西班牙辣味臘腸（chistorra）
150 公克｜ 5 盎司

香軟去皮的麵包 4～5 片

丁香 1 顆

• 橄欖油、鹽、現磨黑胡椒

做法

處理食材

1. 將豌豆仁放入碗裡，加水浸泡，至少泡 1 小時，但最好能放隔夜。
2. 洋蔥剝除外皮，將丁香塞入洋蔥。胡蘿蔔和西洋芹削除外皮後洗淨，都切小塊。

煮湯

3. 豌豆仁瀝乾水分後放入醬汁鍋，倒入雞清高湯、洋蔥、胡蘿蔔和西洋芹，先煮滾，然後維持著微微滾沸的狀態，以小火熬煮 1 小時。
4. 等豌豆仁煮好後，將平底鍋燒熱，倒入一點橄欖油，等油熱了放入辣味臘腸，每面各煎 2 分鐘，取好切成薄片，放在廚房紙巾上蓋好，保持熱度。
5. 將麵包和臘腸切成片，或者用圓模型壓成同樣大小的圓片狀，放在烤盤上後，放入已預熱的烤箱，烘烤至稍呈金黃色。
6. 將做法 3. 倒入食物調理機中，攪打至滑順均勻，為了避免過於濃稠，可視情況加入雞清高湯（材料量以外）後再加熱。以鹽、現磨黑胡椒調味
7. 將臘腸、麵包在每個湯碗中排出花環圖案。用手持電動攪拌棒將做法 6. 的質地攪打至滑順，再沿著臘腸、麵包周圍舀入熱湯，趁熱享用。

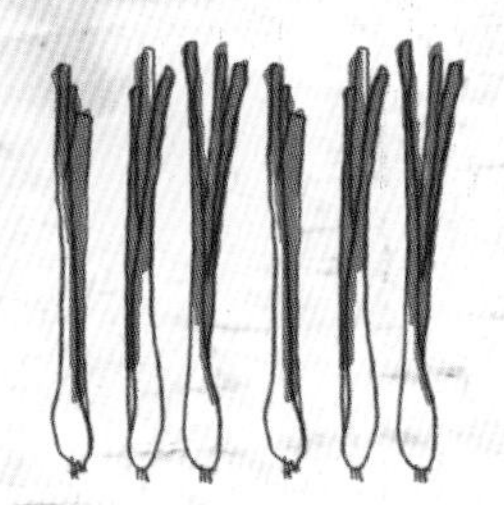

Memo...

豌豆是法式料理中很常用到的豆類食材，例如濃湯、前菜、沙拉或者搭配主菜等，都能見到它的蹤影。

Soùpe de panais, creme au lard

芹蘿蔔濃湯佐培根鮮奶油

材料（4～6 人份）

芹蘿蔔（parsnip）400 公克｜1 磅
小的洋蔥 1 顆
中型馬鈴薯 1 個
低脂牛奶 200 毫升｜¾ 杯
培根 50 克｜2 盎司
鮮奶油 100 毫升｜¼ 杯
平葉巴西里（persil plat）4～5 枝
水 500 毫升｜2 杯
• 橄欖油、鹽、現磨黑胡椒

做法

處理食材

1. 芹蘿蔔削皮後洗淨，切薄片。洋蔥剝除外皮，大略切一下。馬鈴薯削皮洗淨，切小塊。

煮湯和製作培根鮮奶油

2. 將水、低脂牛奶倒入醬汁鍋中，加熱。
3. 另取一個鍋燒熱，倒入一點橄欖油，等油熱了加入洋蔥，以小火炒 1 分鐘，不要炒到變色。接著加入芹蘿蔔、些許鹽和做法 2.，轉大火，煮至沸騰，再加入馬鈴薯，以中火煮20分鐘，要常常攪拌。用手持電動攪拌棒攪打至滑順，然後整鍋保持溫度。
4. 煮湯時，將培根切成 0.5 公分的小丁，放入小醬汁鍋中，以中火翻炒 2～3 分鐘，再加入鮮奶油，蓋上蓋子，以小火煮 10 分鐘。
5. 平葉巴西里洗淨，瀝乾水分，摘下葉子切成細末。把培根鮮奶油舀入湯碗，再淋入芹蘿蔔湯，撒上平葉巴西里末即可享用。

AD／要選結實的白色芹蘿蔔，吃起來比較鮮嫩，纖維也較少。不要買發黃、摸起來軟軟，或者受傷的芹蘿蔔。

PN／芹蘿蔔的維生素含量不高（除了維生素 B_9），但平葉巴西里可以彌補這項不足。話說回來，芹蘿蔔倒是富含纖維素。看到培根和鮮奶油可能讓你大吃一驚，不過一個人只食用 12.5 公克（⅓ 盎司）培根和 25 毫升（1½ 大匙）鮮奶油，所以脂肪的攝取量不會很高！

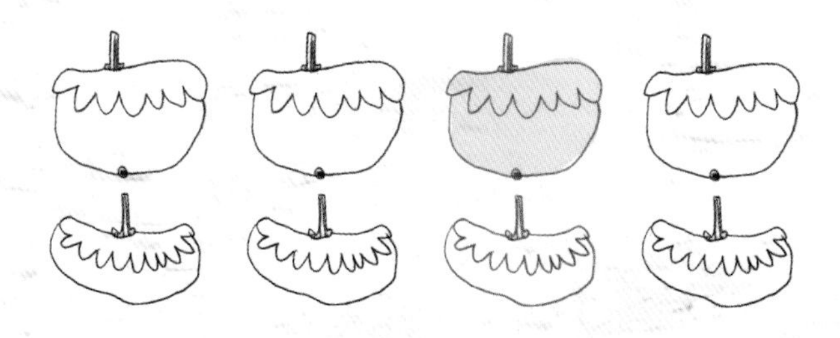

Memo...

不同於當作裝飾用的捲葉巴西里，平葉巴西里又叫作義大利巴西里，是葉片沒有皺褶的品種，氣味較溫和，適合用在烹調上。

Soupe de châtaignes au lard, copeaux de cèpes

栗子湯佐培根和牛肝蕈片

AD／這道菜可以改用冷凍栗子。用冷凍品的話，就要煮久一點讓栗子解凍。

PN／這道湯含碳水化合物、礦物鹽、維生素 B 群（大量的 B9）和豐富的纖維素。而且栗子不含麩質。

材料（4 ～ 6 人份）

紅蔥 2 顆
西洋芹 3 根
大蒜 3 瓣
培根（0.5 公分厚）2 片
去殼栗子 1.2 公斤 | 2½ 磅
月桂葉 1 片
黑胡椒圓粒 ½ 小匙
雞清高湯（參照 p.10）或水 2 公升 | 2 夸特
牛肝菌或白蘑菇 350 公克 | 12 盎司
• 橄欖油、鹽、白胡椒

做法

烹調栗子湯

1. 烤箱預熱至 120℃（250 ℉）。
2. 紅蔥剝除外皮，西洋芹去皮，全都切大塊。大蒜去膜。
3. 取一個蓋上蓋子後可放入烤箱中的耐熱深鍋或鑄鐵燉鍋， 燒熱，放入培根乾煎，煎至兩面呈金黃色，取出保持溫度。
4. 趁鍋中仍留有培根油脂，加入紅蔥、西洋芹和大蒜翻炒 1 ～ 2 分鐘。接著加入栗子，以小火翻炒 3 分鐘，不要炒到變色，先取出約 20 個備用。續入月桂葉、黑胡椒圓粒，倒入雞清高湯或水，整鍋放入烤箱中烘烤約 45 分鐘。

處理菇類食材

5. 牛肝菌或白蘑菇仔細清洗，先將 2 顆結實的牛肝菌或白蘑菇，蕈傘切成薄片，放在盤子上，包裹保鮮膜後放入冰箱冷藏，其他的都切小丁。

完成

6. 將做法 4. 倒入食物調理機中，攪打成質地滑順的濃湯，以鹽、白胡椒調味，保持熱度。
7. 將煎好的培根切細條， 20 顆栗子切 4 瓣。
8. 鍋燒熱，倒入 1 大匙橄欖油，等油熱了放入栗子炒香，大約 2 分鐘，加入牛肝菌或白蘑菇小丁、些許鹽再煮 2 ～ 3 分鐘 ，續入培根翻炒並調味，倒入湯盤中間。
9. 將熱栗子湯沿著配菜舀入碗裡，撒上牛肝菌或白蘑菇片，趁熱享用。

Memo...
不管是真空包裝或冷凍的栗子，都可以做這道湯。

蔬菜 Légumes

153 香草沙拉
Salade d'herbes

154 羅勒風味普羅旺斯燉菜
Fine ratatouille au basilic

156 煎蕃茄
Tomates à la poêle

158 燉煮春夏時蔬與香菇
Cocotte de légumes et champignpns printemps-été

161 燉煮秋冬時蔬與鮮果
Cocotte de légumes et fruits automne-hiver

162 普羅旺斯蔬菜海鮮濃湯
Bourride de légumes

163 蔬菜煲佐葡萄乾與松子
Caponatina aux raisins secs et aux pignons

164 香烤夏令蔬菜佐羅勒
Gratin de légumes d'été au basilic

167 蘆筍沙拉佐銀合歡醬
Salade d'asperges cuites et crues, garniture mimosa

168 香煎蘆筍佐黑橄欖
Asperges vertes rôties aux olives noires

172 香煎雞油菌佐杏仁與檸檬
Poêlée de girolles aux amandes et citron

174 清爽雙味夏令時蔬佐咖哩醬汁
Légumes d'été cuits et crus à peine épicés

175 茄子克拉芙蒂
Aubergines en clafoutis

176 焗烤南瓜
Gratin de courge

178 甜洋蔥佐葡萄乾與粗粒玉米粉
Oignons doux aux raisins et semoule de maïs

181 野苣蘋果沙拉
Salade de mâche aux pommes fruits

182 焗烤白蘆筍
Gratin d'asperges blanches

183 普羅旺斯煮朝鮮薊與茴香
Artichauts et fenouil en barigoule

184 水煮嫩韭蔥佐法式酸菜雞蛋醬
Jeunes poireaux pochés, condiment gribiche

186 白甘藍沙拉佐溏心蛋
Salade de chou blanc a l'oeuf mollet

189 蕃茄沙拉佐羅美司哥醬
Salade de tomates, sauce Romesco

190 普羅旺斯風冰香茄
Riste d'aubergine à la provençale

191 烤紫萵苣佐鯷魚酸豆橄欖醬
Trévises sur la braise, tapenade aux anchois

192 菊苣火腿捲
Endives au jambon

195 香草綜合蔬菜
Légumes en barigoule vanillée

196 炒蒜香菠菜佐半熟蛋
Épinards et oeufs mollets

197 希臘春令蔬菜與沙拉
Légumes de printemps et salade à la grecque

198 雙色花椰菜佐碎小麥
Chou-fleur et brocoli en boulgour

201 中式炒綜合蔬菜
Sauté de légumes et de salades

203 四季豆沙拉
Salade de haricots verts

204 西洋芹蘋果沙拉
Salade de céleri aux pommes

208 燉黑豆佐培根與洋蔥
Haricots noirs aux lardons et aux oignons

210 家庭風味卡蘇菜
Cassoulet maison

211 鷹嘴豆與小扁豆沙拉佐鷹嘴豆醬
Salade de pois, chiches et de lentilles sauce houmous

213 白豆與鷹嘴豆沙拉佐香草醬
Salade de haricots cocos et pois chiches,pistou d'herbes

214 白豆燉海扇
Ragoût de cocos aux coques

215 扁豆沙拉佐醋漬什菇
Salade de lentilles aux champignons vinaigrés

217 煮黃豆拌蘑菇
Soja jaune étuvé et champignons de Paris

218 馬鈴薯鬆餅
Galettes moelleuses de pommes de terre

220 馬鈴薯泥
Pommes de terre écrasées a la fourchette

221 錫箔紙烤馬鈴薯
Pommes de terre en papillotes

222 烤馬鈴薯角
Pommes de terre au four

224 馬鈴薯絲餅
Pommes darphin

225 香烤蕃茄馬鈴薯
Pommes de terre et tomates au four

阿朗．杜卡斯（AD）__
我熱愛蔬菜！豐富多樣的選擇總是給我源源不斷的烹調靈感。所以我一接手摩納哥的路易十五餐廳（Louis XV）之後，便欣然設計許多用鑄鐵鍋烹調的蔬菜料理。蔬菜至今仍主宰我的料理風格。

寶莉．內拉（PN）__
新鮮和乾燥蔬菜因為富含纖維素、維生素、礦物鹽和抗氧化劑，所以跟水果一樣能大幅提升身體的抵抗力。吃愈多，愈健康！

Légumes

蔬菜

Salade d'herbes
香草沙拉

材料（4～6 人份，建議以當季蔬菜製作）

綠捲鬚生菜 1 顆

芝麻葉 50 公克｜2 盎司

嫩菠菜葉 50 公克｜2 盎司

紅葉、綠葉萵苣（橡樹紅葉、綠葉）各 50 公克｜各 2 盎司

小片西洋芹葉子 12 片

蘿蔓生菜 50 公克｜2 盎司

甜馬郁蘭 2 枝

山蘿蔔 2 枝

平葉巴西里 2 枝

羅勒 2 枝

茵陳蒿 2 枝

細香蔥 ¼ 把

油醋醬

橄欖油 4～6 大匙

巴薩米可醋 2 大匙

雪利酒醋 2 大匙

• 鹽、現磨黑胡椒

AD ／這道食譜並非一成不變，可以根據當令的新鮮蔬菜種類，以及在市場可以買到的食材做調整與變化。

PN ／這些香草都富含維生素、抗氧化劑、微量元素和礦物鹽，可以盡量多吃，增進身體健康。

做法

處理食材

1. 綠捲鬚生菜的葉子摘下，然後連同芝麻葉、嫩菠菜葉、紅葉、綠葉萵苣、西洋芹葉、蘿蔓生菜，全都用冰水清洗，再擦乾水分。
2. 甜馬郁蘭、山蘿蔔、平葉巴西里、羅勒和茵陳蒿洗淨，小心擦乾水分，摘下葉子。細香蔥洗淨後擦乾，切大約 6～7 公分（2½～3 吋）的長段。準備大沙拉盅，放入所有生菜和香草。

製作油醋醬

3. 將橄欖油、巴薩米可醋和雪利酒醋倒入容器中，充分攪拌到乳化（白濁）的程度，以鹽、現磨黑胡椒調味成油醋醬（vinaigrette）。

完成

4. 食用前，把油醋醬淋入做法 2. 中即可享用。

Memo...

甜馬郁蘭是馬郁蘭（法文 marjolaine，英文 marjoram）最常見的品種之一。它的氣味溫和，新鮮葉片可以泡花草茶、搭配肉類或成為生菜沙拉食用。

Fine ratatouille au basilic

羅勒風味普羅旺斯燉菜

AD／烹調時間取決於蔬菜大小，切愈小丁，熟得愈快。這道燉菜可以熱食，也可以冷食。

PN／在以健康聞名的地中海料理之中，燉菜可說是最具代表性的美食，富含各式各樣的抗氧化劑。這道菜完成後份量十足，吃不完可以冷凍起來。

材料（4～6人份）

茄子4～5個
櫛瓜4根
黃甜椒½個
蕃茄6顆
洋蔥2顆
大蒜2瓣
月桂葉2片
葉子小一點的羅勒2～3束
• 橄欖油、鹽之花（頂級海鹽）、鹽、現磨黑胡椒

做法

處理食材

1. 茄子、櫛瓜和黃甜椒全部洗淨。茄子、櫛瓜切0.2～0.3公分的小丁，黃甜椒削除外皮後去籽，也切0.2～0.3公分的小丁。
2. 蕃茄放入滾水中以小火汆燙，當蕃茄的表面出現大塊的裂痕，撈出泡冷水後撕除外皮，切成4等份，去籽，果肉切小丁。洋蔥剝除外皮後切末。大蒜去膜後以刀背壓扁，壓碎成泥狀。

烹煮

3. 大深鍋燒熱，倒入3大匙橄欖油，等油熱了放入洋蔥、大蒜、黃甜椒和茄子，以小火炒香，大約3～4分鐘。加入鹽、現磨黑胡椒和月桂葉，以小火煮5～7分鐘。接著放入蕃茄、櫛瓜，再煮5～7分鐘。以鹽、現磨黑胡椒調味，關火，挑出月桂葉。

完成

4. 將羅勒的葉子摘下，加入大深鍋中，拌勻後盛入餐盤裡，撒入些許鹽之花即可享用。

Memo...

「fine」（法文）這個字有「細、薄、小」的意思。這是一道將蔬菜切成細小烹煮而成的燉菜料理。

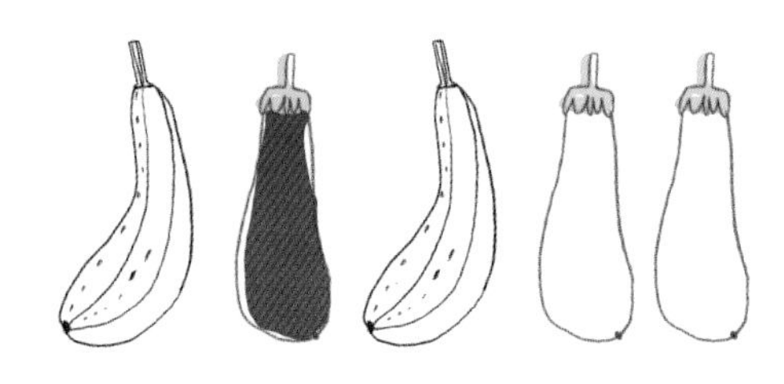

備料時間 | 5 分鐘　烹調時間 | 30 分鐘

Tomates à la poêle

煎蕃茄

AD ／這是一道很適合搭配烤肉或烤雞的美味配菜，不過這道蔬菜也可以單獨享用，拿麵包沾取鍋底的醬汁食用；也可以把蕃茄輕輕撥到旁邊，打幾顆蛋到鍋上空處，然後煎 2 ～ 3 分鐘，一起食用。

PN ／入菜的蕃茄份量愈多，對人體愈有利，不但風味絕佳，而且營養豐富，包括能促進心血管健康的茄紅素。

材料（4 人份）

全熟連枝蕃茄 12 顆

大蒜或粉紅蒜球 2 瓣

羅勒 4 枝

• 橄欖油、鹽、現磨黑胡椒

做法

處理食材

1. 蕃茄摘除枝梗後洗淨，擦乾，去掉蒂頭後橫切對半。大蒜去膜，切薄片。

油煎

2. 大平底鍋或深煎鍋燒熱，倒入 1 小匙橄欖油，等油熱了放入蕃茄，蕃茄的切面朝下（朝鍋面），並且蕃茄要靠在一起。剛開始先用中火加熱 15 分鐘，等蕃茄出湯汁後，撒入大蒜，改用小火拌炒 15 分鐘，至蕃茄有點焦糖化，等變成褐色，以鹽、現磨黑胡椒調味。

完成

3. 羅勒洗淨後擦乾，摘下葉子，捏碎後撒在蕃茄上。
4. 把蕃茄盛入餐盤裡，或者直接把平底鍋端上桌，立刻享用。

Memo...

這道料理成功的關鍵在於，將蕃茄炒至焦糖化的過程得小心操作。蕃茄盛盤後鍋中留下的醬汁也不要丟棄，沾著麵包食用也很美味。

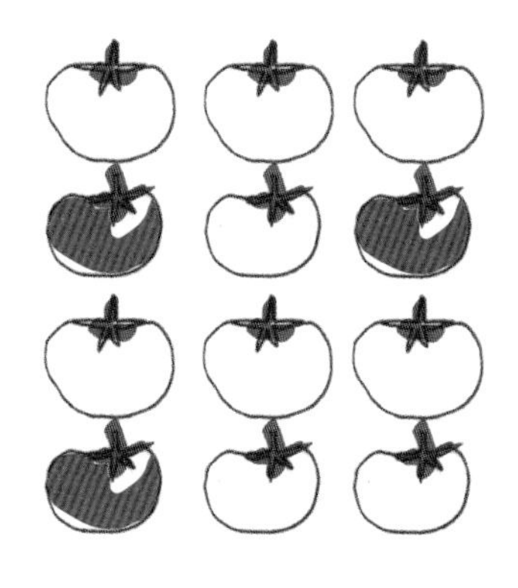

Cocotte de légumes et champignons printemps-été

燉煮春夏時蔬與香菇

AD／要讓蔬菜保留爽脆口感，燉煮時可以用刀尖檢查熟度。食材種類可以隨性變化，以在市場能買到的食材製作即可。

PN／多麼豐富的礦物鹽、水溶性食物纖維素和維生素啊！因為蔬菜煮的時間很短，所以維生素幾乎完全保留，沒有因加熱過久而被破壞掉。

材料（4 人份）

迷你胡蘿蔔 4 根或普通胡蘿蔔 2 根
帶著葉子的小蕪菁（navet）4 個
帶著長葉子的小洋蔥 8 顆
櫻桃蘿蔔 12 個
迷你球莖茴香 4 顆
小根綠蘆筍 10 根
朝鮮薊 6 個
雞油菌或香菇 1 小把
杏仁或新鮮杏仁 12 個
培根（1 公分厚）2 片 | 100 公克
豌豆仁 50 公克 | ¾ 杯
蠶豆仁 50 公克 | ¾ 杯
雪利酒醋 1 小匙
• 橄欖油、鹽、現磨黑胡椒

做法

處理食材

1. 胡蘿蔔、小蕪菁削除外皮，蒂頭保留 1 公分（½ 吋）。胡蘿蔔縱切對半，蕪菁切成半月形。小洋蔥剝除外皮。櫻桃蘿蔔削一半的皮，蒂頭也保留 1 公分（½ 吋）。迷你球莖茴香切對半。綠蘆筍切掉根部的粗硬纖維，再削除硬皮，洗淨後從蘆筍尖（嫩端）切 7 ～ 9 公分（3 吋）一段，剩下的可以熬湯或烹調其他料理。將上述所有蔬菜全部洗淨，擦乾。
2. 參照 p.58 的做法 1. 處理朝鮮薊，直到出現柔軟可食用的部分（花托）為止，然後縱切對半，用小湯匙刮掉或手剝掉毛纖維，放入檸檬水中浸泡（材料量以外），防止變成褐色。雞油菌的菇蒂切除，把最大朵的切對半，洗淨後小心拍乾。杏仁去殼切對半。

燉煮蔬菜與盛盤

3. 大的耐熱深鍋燒熱，倒入 1 大匙橄欖油，等油熱了放入培根，兩面都煎成褐色，取出。
4. 將胡蘿蔔、小蕪菁、小洋蔥、球莖茴香、櫻桃蘿蔔、綠蘆筍和朝鮮薊放入煎培根的耐熱深鍋，加入鹽，蓋上蓋子蒸煮 3 分鐘。接著放入雞油菌，以小火煮 10 分鐘，不時輕輕翻炒。這時如果蔬菜變色的速度太快，趕緊加幾湯匙水。
5. 蔬菜燉煮時，把培根片切小條。準備一盆冰水備用。另外將鹽、水（比例是水 200：鹽 1）倒入鍋中煮滾，放入豌豆仁、蠶豆仁，煮約 3 分鐘後用漏杓撈出，浸入冰水裡保持翠綠，然後瀝乾水分。等蔬菜燉煮好，將豌豆仁、蠶豆仁加入，輕輕拌一下。
6. 加入雪莉酒醋，刮一下黏在鍋面焦化的湯汁，使能充分溶於汁液中，整鍋稍微拌一下。最後撒上培根、杏仁和現磨黑胡椒，整鍋小心翻拌。可以把燉鍋直接端上桌或盛入餐盤裡享用。

Memo...
如果買不到朝鮮薊，不加入也無妨，只要與其他食材口味搭配的當季蔬菜都能使用。

Cocotte de légumes et fruits automne-hiver

燉煮秋冬時蔬與鮮果

材料（4 人份）

迷你胡蘿蔔 4 根或普通胡蘿蔔 2 根
小根西洋芹 4 根
蕪菁 4 個
紅（紫）洋蔥 1 顆
檸檬汁 ½ 顆份量
蘋果 1 顆
梨子 1 顆
榅桲（硬的梨子或木梨亦可）1 顆
婆羅門參（也可以省略）4 根
夏斯拉白葡萄（chasselas）16 顆
培根（1 公分厚）2 片｜ 100 公克
去殼栗子（真空包裝或冷凍都可以）1 把
雞清高湯（參照 p.10）或水 100 毫升｜ ¾ 杯
雪利酒醋 1 小匙
• 橄欖油、鹽

AD／蔬菜一定要煮至香軟，但蘋果和梨子稍微煮一下就好。酒醋可以增添味道的層次，讓蔬果在香甜中帶著酸韻。

PN／這些蔬果富含纖維素和礦物鹽，但無法提供大量的維生素 C。可以搭配香草沙拉（參照 p.153）和些許乳酪，攝取的營養更均衡。

做法

處理食材

1. 胡蘿蔔、西洋芹、蕪菁削除外皮，紅洋蔥剝除外皮，每個都切成 4 大塊或段。
2. 準備一盆水，倒入檸檬汁。蘋果、梨子、榅桲和婆羅門參削除外皮，依序放入檸檬水中浸泡一下。取出後，蘋果、梨子挖掉果核後切成 4 瓣；榅桲挖掉果核後切成 1.5 公分（⅔ 吋）的塊狀；婆羅門參斜切成薄片；白葡萄洗淨。

燉煮蔬菜

3. 大的耐熱深鍋燒熱，倒入 3 大匙橄欖油，等油熱了放入培根，兩面都煎成褐色，取出。將蘋果、梨子放入煎培根的耐熱深鍋，等兩面都上色了，取出。
4. 將胡蘿蔔、西洋芹、蕪菁、紅洋蔥、榅桲、婆羅門參和去殼栗子也都放入耐熱深鍋，加入鹽，炒 3 分鐘，等稍微變色後，倒入雞清高湯，蓋上蓋子，以小火煮 10～12 分鐘。
5. 燉煮蔬菜時，把培根片切小條。

完成

6. 用刀尖檢查蔬菜的熟度。全煮熟後，加入蘋果、梨子、白葡萄和培根，輕輕翻拌之餘，加入雪莉酒醋，刮一下黏在鍋面焦化的湯汁，使能充分溶於汁液中，整鍋稍微拌一下。燉鍋直接端上桌享用。

Memo...

白葡萄一般多用在釀製葡萄酒，但栽種於法國布列塔尼夏斯拉村的夏斯拉（chasselas）品種，微黃的果實也常用來製作糕點或直接食用。最後加入的雪利酒醋雖然可以帶出食材的甘甜滋味，但份量不易過多，需特別留意。

於阿朗．杜卡斯廚藝學院（école de cuisine Alain Ducasse）。站在他身旁的是，擔任本書料理示範的克里斯多弗．聖阿涅（Christophe Saintagne）。

Bourride de légumes

普羅旺斯蔬菜海鮮濃湯

AD／這道食譜看似手續繁瑣，其實烹調時間並不長，因為你可以一邊準備蔬菜一邊熬煮高湯。只要規劃妥當就沒問題……

PN／這道獨特的蔬菜料理是杜卡斯的原創料理，充滿地中海風味，營養豐富又低脂，大家應該常常做來品嘗。

材料（4 人份）

迷你球莖茴香 3 顆
小根韭蔥（蔥白）1 根
洋蔥 1 顆
大蒜 2 瓣
A
- 八角 1 粒
- 甜馬郁蘭 1 枝
- 百里香 1 枝

水 1 公升｜1 夸特
雞蛋 2 顆
朝鮮薊（也可以省略）4 個
檸檬汁 1 顆份量
迷你胡蘿蔔 4 根或普通胡蘿蔔 2 根
青蔥 4 根
櫛瓜 4 根
酪梨 1 個
油漬蕃茄（參照 p.16）12 片
煙燻黑線鱈（églefin）或煙燻鮭魚等 250 公克｜9 盎司
• 橄欖油、鹽、現磨黑胡椒

做法

熬煮高湯

1. 球莖茴香剝掉一層外皮，再將外皮切小丁，其他部分則留著備用。韭蔥、洋蔥和大蒜都切末。
2. 鍋燒熱，倒入 1 小匙橄欖油，等油熱了放入大蒜炒香，等稍微上色後加入韭蔥和洋蔥，以小火炒約 5 分鐘。接著放入球莖茴香丁，蓋上蓋子煮 10 分鐘，續入材料 A、水，加入鹽，煮滾後轉小火熬煮 20 分鐘。
3. 雞蛋放入滾水中煮約 10 分鐘（水煮蛋），放涼後剝掉蛋殼。

處理蔬菜

4. 準備一盆水，倒入一半檸檬汁。參照p.58的做法1.處理朝鮮薊，直到出現柔軟可食用的部分（花托）為止，用小湯匙刮掉或手剝掉毛纖維，，切成 4 塊，放入檸檬水中浸泡，防止變成褐色。胡蘿蔔、青蔥和櫛瓜斜切成 0.5 公分厚的片狀。酪梨削除外皮，果肉切成半月形，淋上剩下的檸檬汁，以鹽、現磨黑胡椒調味。
5. 將胡蘿蔔、球莖茴香放入滾水中煮約 5 分鐘，然後放入櫛瓜，再煮 5 分鐘，取出瀝乾水分。
6. 深煎鍋燒熱，倒入 1 小匙橄欖油，等油熱了放入朝鮮薊，炒至香軟。接著加入胡蘿蔔、球莖茴香、櫛瓜和青蔥、油漬蕃茄，以微火翻炒。

完成

7. 水煮蛋切開，拿叉子壓碎。
8. 從做法 2. 中先取出材料 A，將做法 2. 倒入食物調理機中攪打，加入水煮蛋後再攪打一次。將整個湯汁再次倒入湯鍋中加熱，放入黑線鱈後關火，讓魚浸泡 5 分鐘，再用漏杓將魚撈出。
9. 將做法 6. 的蔬菜放在淺盤中，擺上酪梨。檢查湯汁的鹹淡和溫度，再用調理機攪打一次，使湯汁徹底乳化，將香濃熱湯汁淋在蔬菜上，黑線鱈壓碎，鋪在蔬菜上，趁熱享用。

Memo...

如同馬賽魚湯（bouillabaisse）一樣經典，普羅旺斯海鮮湯（bourride）則是法國普羅旺斯的地方料理，是將濃醇風味的魚湯過濾好，然後加入法式蒜味美乃滋（aioli）拌勻而成的濃湯。你也可以像這道菜般加入大量蔬菜，完成蔬菜版的美味湯品。

Caponatina aux raisins secs et aux pignons

蔬菜煲佐葡萄乾與松子

材料（4 人份）

紅甜椒、黃甜椒各 2 個
櫛瓜 4 根
茄子 5 ～ 6 個
洋蔥 2 顆
葡萄乾 1 把
松子 3 大匙
羅勒 2 枝
去籽黑橄欖 20 顆
鹽漬鯷魚 8 條
小蕃茄 20 顆
大蒜 4 瓣
百里香 2 枝
• 橄欖油、鹽、現磨黑胡椒

做法

處理食材

1. 紅甜椒、黃甜椒削除外皮，去掉籽和白筋。櫛瓜、茄子洗淨。將所有蔬菜都切成 1.5 公分（3/4 吋）的小丁。洋蔥剝除外皮，切薄片。葡萄乾放入冷水中浸泡。
2. 烤箱預熱至 160℃（325 ℉）。
3. 平底鍋燒熱，倒入些許橄欖油，等油熱了，將蔬菜逐一放入，分別炒香，然後全部放入耐熱深鍋中。
4. 平底鍋再燒熱，等鍋子熱了放入松子乾煎稍微上色，取一半加入做法 3. 中，一半留起來。羅勒摘下葉子，莖加入做法 3. 中，葉子留起來。去籽黑橄欖切薄片，小蕃茄洗淨後切對半，都放入做法 3. 中。
5. 鹽漬鯷魚清洗後切碎。大蒜去膜，用菜刀背用力壓碎。葡萄乾擦乾水分。將上述材料、百里香加入耐熱深鍋中，輕輕翻拌。

完成

6. 耐熱深鍋蓋上蓋子，放入烤箱中烘烤 25 分鐘。等蔬菜煲完成後，挑出羅勒莖，以鹽、現磨黑胡椒調味。接著加入預留的羅勒葉、剩下的松子翻拌均勻，撒入大量現磨黑胡椒。可以直接把耐熱深鍋端上桌，或者分盤盛裝再享用。

AD ／炒菜時不要放太多油，否則煲品就會太油膩！此外，可以熱食，也可以冷食。這道菜冷凍後再加熱也很好吃（吃不完可以冷凍起來！）

PN ／這是燉菜的改良版，也是地中海料理的重要菜餚之一，除了富含抗氧化劑的蔬菜，更有葡萄乾和松子添加的礦物鹽。

Memo...

即使在忙碌時刻，只要事先將所有蔬菜切好，其他食材處理好，也能在短時間內烹調完成！

Gratin de légumes d'été au basilic

香烤夏令蔬菜佐羅勒

AD／烤菜要溫溫地吃。你可以事先做好，放在冰箱冷藏，要吃時再放入烤箱，以 160℃（325 ℉）稍微加熱，但記得蓋上蓋子，以免蔬菜乾掉。

PN／茄子片和櫛瓜片可以用煎的（看家裡有什麼廚具，可以放在烤盤用烤箱烤，也可以用平底鍋煎），如此一來，就是道營養完全沒有流失的低脂美食。

材料（4 人份）

蕃茄 4 顆

小的紅甜椒、黃甜椒、青椒各 1 個

洋蔥 1 顆

大蒜 1 瓣

羅勒 4 枝

茄子 2 個

綠櫛瓜、黃櫛瓜各 1 根

• 橄欖油、鹽、現磨黑胡椒

做法

處理食材

1. 蕃茄洗淨，每顆橫切成 6 片，放在盤子裡備用。
2. 紅甜椒、黃甜椒、青椒削除外皮，去掉籽和白筋，切細條。洋蔥剝除外皮，切細條。大蒜去膜，以刀背用力壓碎。將上述所有蔬菜放入大容器中。
3. 羅勒摘下葉子，挑出小片葉子放入冰箱冷藏，大片葉子切細絲，放在小碗裡。
4. 將茄子和綠櫛瓜、黃櫛瓜洗淨，切對半，再刨成約 0.8 公分厚的長薄片。

烹調蔬菜

5. 深煎鍋燒熱，倒入 1 小匙橄欖油，等油熱了放入做法 2. 翻炒，蓋上蓋子，以中火煮 10 分鐘。用平底鍋鍋鏟等將蔬菜鏟起，把蕃茄片塞到（墊在）蔬菜下面續煮 5 分鐘，然後全盛入容器中，撒上羅勒。
6. 平底鍋燒熱，倒入 1 小匙橄欖油，等油熱了放入茄子，每面煎 1 ～ 2 分鐘。以鹽、現磨黑胡椒調味，取出。綠櫛瓜、黃櫛瓜也以相同方式烹調。

烘烤

7. 烤箱預熱至 180℃（350 ℉）。
8. 將三分之一的綠櫛瓜、黃櫛瓜和茄子依序交叉鋪疊在烤盤裡，讓顏色產生層次，再鋪上一半的做法 5.。接著交叉鋪疊三分之一的綠櫛瓜、黃櫛瓜和茄子，再鋪上剩下的做法 5.，最後再交叉鋪疊剩下的綠櫛瓜、黃櫛瓜和茄子，放入烤箱烘烤 15 分鐘。
9. 取出烤盤先放涼，撒上小片羅勒葉、大量現磨黑胡椒即可享用。

Memo...

這道料理是讓你品嘗蔬菜天然味的最佳機會，當然你也可以加入喜歡的瓜果類烹調。

Salade d'asperges cuites et crues, garniture mimosa

蘆筍沙拉佐銀合歡醬

AD／用線把蘆筍捆成一小捆，然後把較長的線頭固定在醬汁鍋的把手上，如此一來，就可以輕鬆取出蘆筍，又不會破壞外觀。

PN／蘆筍含有天門冬氨酸（asparagine），這是一種帶有香氣的無害分子，食用後會從尿液中聞到天門冬氨酸的味道。醬汁的香草則加強了維生素的攝取，尤其是維生素 C。

材料（4～6 人份）

綠蘆筍 20 根
雞蛋 2 顆
茵陳蒿 1 枝
平葉巴西里 2 枝
山蘿蔔 2 枝
雪利酒醋 4 大匙
希臘式優格 150 公克｜½ 杯
第戎芥末醬（moutarde de Dijon）1 大匙
• 橄欖油、鹽、現磨黑胡椒

做法

烹調綠蘆筍和蛋

1. 綠蘆筍切掉根部的粗硬纖維，再削除硬皮，洗淨後從綠蘆筍尖（嫩端）切 10 公分（4 吋）一段。取 4 根綠蘆筍段縱切成薄片，備用，剩下的莖不要丟掉。
2. 將鹽、水（比例是水 200：鹽 1）倒入鍋中煮滾，放入 16 根綠蘆筍段和剩下的莖煮約 5 分鐘（需視綠蘆筍的粗細調整時間）。煮綠蘆筍時，準備一盆冰水備用。
3. 用漏杓撈出綠蘆筍（不要倒掉煮的水），浸入冰水裡保持翠綠，取出盛入鋪上毛巾的盤子上瀝乾。
4. 雞蛋放入剛才煮綠蘆筍的滾水中煮約 10 分鐘（水煮蛋），放涼後剝掉蛋殼。

製作醬汁

5. 茵陳蒿、平葉巴西里和山蘿蔔洗淨，摘下葉子後切碎。
6. 把綠蘆筍莖切小丁，放入碗裡，依序加入雪莉酒醋、希臘式優格、第戎芥末醬、3 大匙橄欖油和做法 5.，每加一樣就混合均勻，以鹽、現磨黑胡椒調味。

完成

7. 將做法 3. 的綠蘆筍段擺在盤子裡，淋上醬汁，鋪上生綠蘆筍薄片，撒上用乳酪磨碎器磨碎的水煮蛋即可享用。

Memo...

相較於台灣一般販售的優格，類似打發鮮奶油的希臘式優格瀝掉了大量的水和乳清，使得口感更加細緻綿密且濃滑，並帶有清新的奶香，清爽的風味可以直接搭配果醬、蜂蜜和鮮果食用。可在百貨公司、大型超市或網路商店購買。買不到的話，可以新鮮白乳酪（fromage blanc）或脫水優格取代。脫水優格的做法可參照 p.63 的 memo。

Asperges vertes rôties aux olives noires

香煎蘆筍佐黑橄欖

AD／除了巴薩米可醋，也可以用 p.312 的紅酒燉牛肉、烤牛肉或烤雞肉所剩的肉湯，來刮起鍋面焦化的湯汁，使能充分溶於汁液中，這就成了精華湯汁。此外，製作這道食譜只需 30 分鐘！

PN／推薦給你另一種烹調當令蘆筍的簡單方式。蘆筍是維生素 B 群含量最高的蔬菜之一，尤其是葉酸（維生素 B_9）的含量特別高。葉酸是在飲食中不容易攝取到的營養素。除此之外還有大量的纖維素。

材料（4～6 人份）

綠蘆筍 20 根

巴薩米可醋 5 大匙

去籽黑橄欖（塔貢斯奇種為佳，或者尼斯出產）2 大匙

帕瑪森乳酪 20 公克｜1 盎司

• 橄欖油、鹽、現磨黑胡椒

做法

處理、烹調綠蘆筍

1. 綠蘆筍切掉根部的粗硬纖維，再削除硬皮，洗淨後從綠蘆筍尖嫩端切 7 公分（3 吋）一段，剩下的莖縱切對半。
2. 大深煎鍋燒熱，倒入 2 大匙橄欖油，等油熱了整齊擺入綠蘆筍尖端和莖，靠在一起，不要重疊，加入些許鹽調味，煎至香軟，偶爾翻面，用刀尖檢查綠蘆筍的熟度。用漏杓將綠蘆筍段和莖全部盛入盤中。
3. 將巴薩米可醋倒入剛才煎綠蘆筍的煎鍋，用木匙刮一下黏在鍋面焦化的湯汁，使能充分溶於汁液中。加入去籽黑橄欖，充分翻炒後再加入綠蘆筍。

完成

4. 用削皮刀刨好帕瑪森乳酪，撒在綠蘆筍上，最後再撒入些許現磨黑胡椒，趁熱享用。

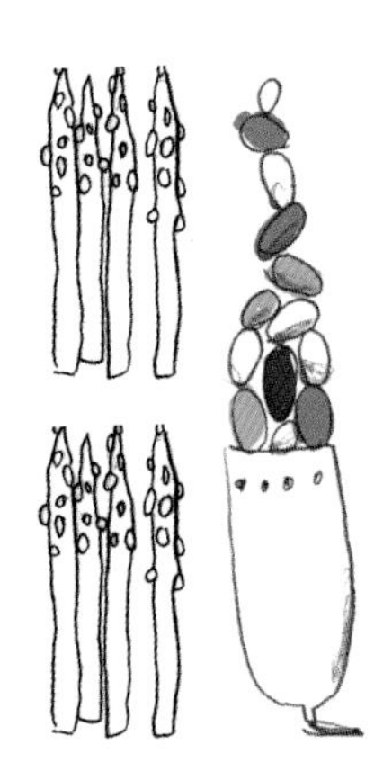

Memo...

如果使用的是油漬去籽黑橄欖的話，任何品種都能使用。此外，維生素 B 群為水溶性，水煮的話容易流失，這裡是用煎的方式，可以減少維生素 B 群的流失，讓你完全攝取到營養。

8

PLACE
THIARS

訪克莉絲汀・薩・巴洛奇（Christine Zablocki）和薩巴斯丁・洛佩斯（Sabasen Lopes）位於來義（Riez）的陶藝工作坊。
藝術家和工匠常用他們的手藝和作品助我一臂之力，讓我實現出我的夢想。」

Poêlée de girolles aux amandes et citron

香煎雞油菌佐杏仁與檸檬

AD／買不到雞油菌怎麼辦？那就用一般的白蘑菇吧！先將白蘑菇切 4 瓣，不需經過做法 2. 的快炒，只要直接放入做法 3. 炒一次即可，而且炒時滲出的水也不用倒掉。

PN／蘑菇富含礦物鹽，還有能刺激免疫系統的特別分子，所以是非常健康的食物，絕對適合當成菜單上的常見佳餚。

材料（4 人份）

雞油菌（香菇、白蘑菇亦可）800 公克｜ 1¾ 磅

嫩菠菜 2 大把

杏仁或新鮮杏仁 12 顆

鹽漬檸檬（參照 p.15）½ 顆

油封蒜（參照 p.12）1 瓣

無鹽奶油 10 公克｜ ¾ 大匙

- 橄欖油、鹽、現磨黑胡椒

做法

處理食材

1. 雞油菌切掉蒂頭，清掉附著在上面的沙土，比較大朵的切對半，用大量的水清洗幾次，然後以沙拉脫水器甩乾水分，也可以用毛巾擦乾。如果是用香菇的話不需清洗，用濕毛巾擦拭即可。嫩菠菜也用相同的方式洗淨甩乾或擦乾。鹽漬檸檬洗淨，切絲。油封蒜拍碎。

香煎食材

2. 平底鍋燒熱，倒入 1 小匙橄欖油，等油熱了放入雞油菌，加入鹽，以大火快炒到出水即可，大約 1 分鐘，取出瀝乾水分。
3. 用廚房紙巾擦乾平底鍋，重新開火燒熱，放入無鹽奶油，等無鹽奶油融化後，立刻放入雞油菌，煎至呈一點褐色，大約 2 ～ 3 分鐘。
4. 接著加入嫩菠菜、鹽漬檸檬、油封蒜和杏仁，翻炒至嫩菠菜葉一變軟（開始縮起來）就關火，撒上現磨黑胡椒。
5. 盛入大盤子裡或分成小盤，趁熱享用。

Memo...

新鮮杏仁的產地在地中海沿岸地區，只有在初夏結果時才有販售。如果買不到新鮮的杏仁的話，可以將乾燥杏仁放入牛奶中浸泡 24 ～ 48 小時，然後剝除外皮後使用。

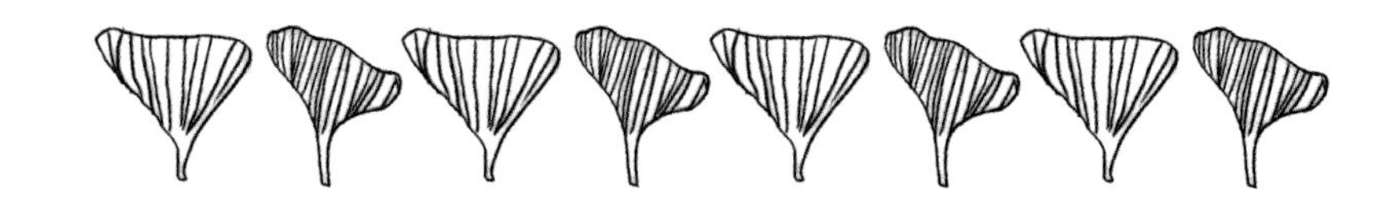

Légumes d'été cuits et crus à peine épicés
清爽雙味夏令時蔬佐咖哩醬汁

AD／這是結合了已加熱與生鮮蔬菜的美味佳餚，同時品嘗到香軟和爽脆的滋味。我喜歡這種刺激味蕾的反差效果。

PN／你可以用小一點的深煎鍋烹煮蔬菜，但注意不要加太多油，千萬別把這道富含維生素的美食煮得太油膩。

材料（4 人份）

帶著長葉子的小洋蔥 8 顆
四季豆 2 把
荷蘭豆 2 把
綠蘆筍 20 根
櫻桃蘿蔔 10 ～ 12 個
雞清高湯（參照 p.10）或水 200 毫升｜1 杯
咖哩粉（甜味）2 撮
茴香粉 1 小匙
北非綜合香料（ras el hanout）2 撮
雪利酒醋 1 小匙
• 橄欖油、鹽之花（頂級海鹽）、鹽

做法

處理食材

1. 小洋蔥留下 3 公分（1 吋）的葉子，剝除外皮，洗淨。四季豆和豌豆莢洗淨，撕去老筋，荷蘭豆切對半。綠蘆筍切掉根部的粗硬纖維，再削除硬皮，洗淨後從蘆筍尖（嫩端）切 10 公分（4 吋）一段，剩下的莖可以熬湯或烹調其他料理。櫻桃蘿蔔留下 2 公分（3/4 吋）的蒂梗，洗淨。取 4 根綠蘆筍段、4 個櫻桃蘿蔔削成薄片，裝在碗裡備用。

烹調蔬菜

2. 將鹽、水（比例是水 200：鹽 1）倒入鍋中煮滾，放入四季豆和荷蘭豆，煮 3 ～ 4 分鐘，瀝乾水分。
3. 大深煎鍋燒熱，倒入 1 小匙橄欖油，等油熱了放入小洋蔥、完整的綠蘆筍段、完整的櫻桃蘿蔔，翻炒 2 ～ 3 分鐘。倒入雞清高湯，加些許鹽，再煮幾分鐘，用漏杓撈出蔬菜，瀝乾後裝在盤子裡，要保持溫熱。煮蔬菜的湯汁不要倒掉。

調製咖哩醬汁

4. 在剛才煮蔬菜的湯汁中加入 2 大匙橄欖油，拌勻，然後加入咖哩粉、茴香粉和北非綜合香料拌勻即成。

完成

5. 綠蘆筍段片和櫻桃蘿蔔片以些許橄欖油、鹽之花調味。
6. 將做法 2.、3. 的所有蔬菜放入大深煎鍋裡加熱，加入雪莉酒醋，倒入咖哩醬汁翻拌混勻。
7. 將拌好的做法 6. 盛入盤子裡，撒上做法 5.，立即享用。

Memo...

北非綜合香料是用小茴香、豆蔻、辣椒、丁香、薑黃、胡椒、肉桂、芫荽等混成的綜合調味香料，它的香氣類似咖哩，味道濃、不會太辣，在北非是很受歡迎的香料。

Aubergines en clafoutis
茄子克拉芙蒂

AD／加點茄子乾的話，更佳喔！如果自己做，切幾片薄圓片，刷一層油後，放入烤箱以 80℃（175 ℉）烘烤 1 小時即可。

PN／這道料理的含脂量太高了，所以盡量把茄子的油瀝乾。

材料（直徑 8 公分｜3 吋的克拉芙蒂模型 4 個）

圓茄子 8 ～ 10 個
洋蔥 2 顆
大蒜 1 瓣
馬郁蘭 4 枝
雞蛋 2 顆
脫脂牛奶 100 毫升｜½ 杯
羊奶乳酪（軟質，佩克里諾乳酪亦可）80 公克｜3 盎司
• 橄欖油、鹽、現磨黑胡椒

做法

處理食材與製作克拉芙蒂麵糊

1. 茄子洗淨，縱切對半。從茄子切面的最寬處切下約 0.5 公分厚的薄片，切 4 片，再把每片切成或用空心圓模壓好直徑 8 公分（3 吋）的圓形，跟等會兒要用的烤盅同樣大小，一共需 4 片。把剩下的茄子切成 0.5 公分的小丁。洋蔥剝除外皮，切末。
2. 深煎鍋燒熱，倒入些許橄欖油，等油熱了放入洋蔥，以小火炒 3 分鐘，不要炒到變色。接著加入茄子丁炒 5 分鐘。用篩子瀝油，放涼。
3. 烤箱預熱至 200℃（425 ℉）。
4. 大蒜去膜，切末。馬郁蘭摘下葉子，切碎。
5. 將雞蛋打入容器中，加入脫脂牛奶、做法 2.、4. 混合成麵糊，以鹽、現磨黑胡椒調味。

烘烤

6. 在模型中塗抹些許橄欖油，然後每個模型底部逐一放入茄子圓片，刨入羊奶乳酪片，放平均。接著淋入克拉芙蒂麵糊，放入烤箱烘烤 6 ～ 8 分鐘。
7. 取出脫膜，撒入些許現磨黑胡椒，冷卻之後，可以搭配 p.153 的香草沙拉趁熱享用。

Memo...

常吃克拉芙蒂甜點的你，一定要試試這款鹹口味的料理。簡單的做法，將茄子的美味發揮得淋漓盡致。此外，如果不喜歡馬郁蘭的香氣，用量需斟酌。

AD／南瓜有很多品種，包括南瓜、義大利南瓜（potimarron）、奶油瓜、普羅旺斯南瓜（muscade de provence）和尼斯長條南瓜（courge longue de nice），看你能買到什麼種類都能使用。但看到普羅旺斯南瓜的話，千萬別錯過，因為非常美味。

PN／所有南瓜都富含具抗氧化作用的胡蘿蔔素，橙黃的果肉顏色愈深，含量愈高，很適合在盛產的冬季享用。

Memo...

上方杜卡斯所舉的南瓜中：橘色或綠色外皮的義大利南瓜，形狀像葫蘆、櫛瓜，個頭較小，有栗子味道；普羅旺斯南瓜果肉、外皮為橘色，外皮有線條，肉厚、味道些許甜，很適合做料理和甜點；尼斯長條南瓜果肉為橙色，重達3～10公斤，適合煮湯、烤。

Gratin de courge

焗烤南瓜

材料（4 人份）

南瓜 1 公斤 | 2¼ 磅

培根（0.5 公分厚）2 片，60 公克 | 2 盎司

大蒜 4 瓣

迷迭香 1 枝

乾南瓜籽 1 把

佩克里諾乳酪（pecorino）或帕瑪森乳酪 20 公克 | 1 盎司

• 鹽、現磨黑胡椒

做法

處理食材

1. 南瓜削除外皮，挖清囊、籽後切小丁。大蒜不去膜，以刀背壓扁。

烘烤蔬菜

2. 烤箱預熱至 220℃（430 ℉）。
3. 將培根排入烤盤，放入烤箱中烘烤約 5 分鐘，將兩面烘烤至焦香（中途要翻面）。接著放入南瓜、大蒜、迷迭香和些許鹽，蓋上烘焙紙，再烘烤 30 分鐘。烤箱溫度調降至 180℃（350 ℉），拿掉烘焙紙再烘烤 30 分鐘。
4. 烤南瓜時，平底鍋燒熱，不用加油，倒入南瓜籽以小火炒香，然後以廚房紙巾吸掉餘油，放涼後切碎或壓碎。

完成

5. 南瓜烤好後取出烤盤，挑出迷迭香，大蒜去膜，培根切 0.5 公分的小丁。用叉子把南瓜和大蒜壓成泥，加入培根混合。以鹽、現磨黑胡椒調味，撒上南瓜籽。
6. 將佩克里諾乳酪或帕瑪森乳酪刨在做法 5. 上面，放平均。
7. 再次放入烤箱，以烤箱的上火烘烤（broil）功能烤 2 分鐘，讓表面變褐色。趁熱享用。

Oignons doux aux raisins et semoule de maïs

甜洋蔥佐葡萄乾與粗粒玉米粉

AD／綠色甜辣椒是一種綠色的甜辣椒，味道類似青椒。如果買不到的話，可以改成 50 公克（1 ⅔ 盎司）青椒。

PN／洋蔥不僅是食物，也是藥材，能促進消化和心血管系統健康、防止血管阻塞，同時有降低血糖和抗菌的功能。粗粒玉米粒不含麩質，含有大量的植物性蛋白質。

材料（4 人份）

大顆紅（紫）洋蔥 8 顆

薑 3 公分長 | 1 吋長

大蒜 1 瓣

葡萄乾 120 公克 | ¾ 杯

薑黃粉 2 撮

北非綜合香料 1 小匙

綠色甜辣椒（piment vert doux，青椒亦可）2 根

粗粒玉米粉 300 公克 | 1¼ 杯

埃斯普雷特辣椒粉（piment d'Espelette）或甜椒粉（paprika）1 撮

水 540 毫升 | 2 ⅕ 杯

- 橄欖油、鹽、現磨黑胡椒

做法

處理和烹調洋蔥

1. 紅洋蔥剝除外皮，切成 8 瓣，每一片鱗片都剝開。薑削除外皮，磨成泥。大蒜去膜，切末。
2. 深煎鍋燒熱，倒入 1 小匙橄欖油，等油熱了放入紅洋蔥，以小火炒 2 ～ 3 分鐘，不要炒到變色。接著加入薑和大蒜，以小火煮至紅洋蔥香軟。
3. 加入薑黃粉、北非綜合香料，再放入葡萄乾，充分拌勻後煮 5 ～ 6 分鐘。倒入 100 毫升（⅖）水，不用加蓋，以小火煮 10 分鐘。綠色甜辣椒或青椒切薄片，在紅洋蔥快煮好時加入，持續保溫。

烹調粗粒玉米粉

4. 鍋中倒入 440 毫升的水（約 1⅘ 杯，量為粗粒玉米粉的 1¼ 倍），加入鹽，煮至沸騰，然後加入粗粒玉米粉充分拌勻，關火，蓋上蓋子，讓粗粒玉米粉燜 10 分鐘，使其脹大。
5. 接著加入 3 大匙橄欖油，並且用叉子翻鬆，等粗粒玉米粉變得香軟可口時，加入辣椒粉、鹽和現磨黑胡椒調味。
6. 將煮好的粗粒玉米粉盛入盤子裡，鋪上做法 3.，趁熱享用。

Memo...

綠色甜辣椒產於法國西南部，味道類似甜椒（paprika），不辣，買不到可用青椒取代。

Salade de mâche aux pommes fruits

野苣蘋果沙拉

材料（4 人份）

野苣（mâche）200 公克｜7 盎司
紅蘋果、青蘋果各 1 顆
細香蔥 ½ 把
小黃瓜蘋果醬（參照 p.49）2 大匙
希臘式優格（乳脂肪 0%的新鮮白乳酪 fromage blanc 亦可）1 ～ 2 大匙
• 橄欖油、鹽、現磨黑胡椒

做法

處理食材

1. 將附著在野苣上面的沙土拍掉，多洗幾次，徹底洗乾淨，瀝乾水分。
2. 將野苣放入沙拉盅，加入大約 1 小匙橄欖油、一點鹽、現磨黑胡椒調味，充分拌勻。
3. 紅蘋果、青蘋果洗淨，不要削皮，切對半，挖掉果核後削成薄片，再把薄片切成絲，然後加入沙拉盅，輕輕拌勻。
4. 細香蔥切成 6 等份。

完成

5. 將希臘式優格倒入小黃瓜蘋果醬中稀釋，調成均勻的液狀沙拉醬汁。把沙拉醬汁舀入大盤子或單人份的小盤裡，放上野苣蘋果沙拉，堆成小山狀，周圍撒上細香蔥即可享用。

AD／這道沙拉和干貝非常搭，可以把干貝橫切後，兩面各煎 30 秒，一起食用。此外，搭配魚排也很可口。

PN／野苣和蘋果是最有益健康的兩種食材。其貌不揚的野苣具有驚人的營養素，富含類胡蘿蔔素、維生素 B_9、C、E 和 Omega-3 脂肪酸。蘋果則富含纖維素、礦物鹽和多酚，可以降低膽固醇和血糖，也能幫助消化，可以說是有利無弊。

Memo...

野苣又叫羊萵苣，葉子是湯匙形狀，最簡單的食用方法是，洗淨後做成沙拉生食。希臘式優格的介紹可參照 p.167 的 memo。

Gratin d'asperges blanches

焗烤白蘆筍

AD ／你可以在吃飯前幾個小時先烤好這道菜，放到冰箱冷藏，等做飯時再拿出來烘烤到室溫食用，省時又方便。

PN ／相當清爽的食材搭配，而且白蘆筍和蘑菇都富含維生素 B 群、類胡蘿蔔素和纖維素等等。

材料（4 人份）

新鮮白蘆筍 20 根

漂亮的大白蘑菇 10 朵

檸檬汁 ½ 顆份量

希臘式優格 150 公克 | ½ 杯

現磨帕瑪森乳酪 3 大匙

- 橄欖油、鹽

做法

處理白蘆筍

1. 將鹽、水（比例是水 200：鹽 3）倒入鍋中煮滾。準備一盆冰水備用。
2. 白蘆筍切掉根部的粗硬纖維，再削除硬皮。捆成數捆，放入沸騰的鹽水中煮約 5 分鐘，用漏杓撈出，浸入冰水裡，取出放在乾淨的布上面吸乾水分。

製作白蘑菇泥

3. 大白蘑菇清除附著在上面的沙土，洗淨，切掉菇蒂，蕈傘切成薄片。
4. 深煎鍋燒熱，倒入 1 小匙橄欖油，等油熱了放入大白蘑菇，加入鹽、檸檬汁，蓋上蓋子，以小火煮 5 分鐘，偶爾掀蓋翻炒，炒至變軟，但不要變色。
5. 接著加入希臘式優格、1 大匙現磨帕瑪森乳酪，整鍋倒入食物調理機中，攪打至滑順均勻的泥狀。

完成

6. 烤箱預熱至 160℃（325 ℉）。
7. 把白蘑菇泥倒入焗烤盤，整齊排入白蘆筍，撒上 2 大匙現磨帕瑪森乳酪，放入烤箱烘烤 15 分鐘，取出趁熱享用。

Memo...

買不到希臘式優格的話，可以改用無糖原味優格，但根據品牌，酸度、口味略有不同。希臘式優格的介紹可參照 p.167 的 memo。

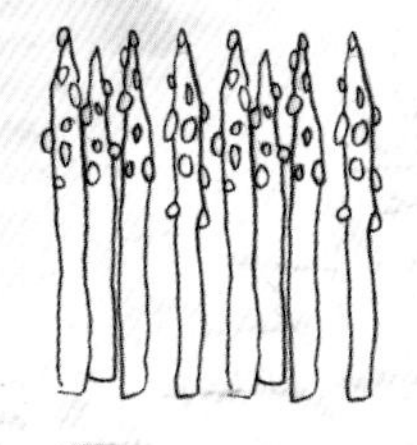

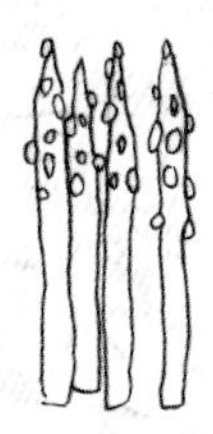

Artichauts et fenouil en barigoule

普羅旺斯煮朝鮮薊與茴香

材料（4～6 人份）

嫩朝鮮薊（artichaut poivrade）12 個
檸檬汁 ½ 顆份量
小顆球莖茴香 2 顆
細的胡蘿蔔 1 根
小根西洋芹 1 根
洋蔥 ½ 顆
培根 1 片，15 公克｜ ½ 盎司
大蒜 4 瓣
百里香 2 枝
月桂葉 2 片
不甜的白酒 100 毫升｜ ¾ 杯
雞清高湯（參照 p.10）
或水 200 毫升｜⅘ 杯
油封蒜（參照 p.12）4 瓣
• 橄欖油、鹽、現磨黑胡椒

AD ／務必挑選鮮嫩的朝鮮薊，也就是說，花苞的外圍葉片要緊實，莖部要青脆，顏色鮮綠。

PN ／這幾種蔬菜除了卡路里含量低，纖維素和礦物鹽都很高（尤其是鎂）。用醬汁醃煮的方式可以保留它們的營養成分。

做法

處理食材

1. 準備一盆水，倒入檸檬汁。參照 p.58 的做法 1. 處理朝鮮薊，直到出現柔軟可食用的部分（花托）為止，然後縱切對半，把花托的毛纖維挖掉或剝掉，放入檸檬水中浸泡，防止變成褐色。球莖茴香剝掉最外面一層後洗淨，切成 8 瓣，洗淨後擦乾水分。胡蘿蔔、西洋芹削除外皮後洗淨，斜切成約 2 公分（1 吋）一小段。洋蔥剝除外皮，切成片。培根切 0.2～0.3 公分的小丁。

烹調蔬菜

2. 耐熱深鍋或鑄鐵燉鍋燒熱，倒入 1 小匙橄欖油，等油熱了放入培根炒 1 分鐘，加入胡蘿蔔、西洋芹、洋蔥、未去膜的大蒜、百里香和月桂葉拌勻，蓋上鍋蓋，以小火煮 3 分鐘。
3. 接著加入朝鮮薊、球莖茴香，撒些許鹽、現磨黑胡椒拌勻，不蓋蓋子再煮 3 分鐘，然後倒入白酒，煮（濃縮）至一半的量。
4. 倒入雞清高湯拌勻，蓋上蓋子，以小火再煮 8～10 分鐘，煮至朝鮮薊和球莖茴香香軟。用刀尖檢查熟度。

完成

5. 撈出蔬菜瀝乾，盛入盤中，持續保持熱度。
6. 湯汁以鹽、現磨黑胡椒調味，再確認湯汁濃稠度，需要的話可以調稀。一邊用力攪拌一邊加入 2 大匙橄欖油，讓湯汁完全乳化。將湯汁淋在蔬菜上，最後放入油封蒜，撒點現磨黑胡椒即可享用。

Memo...

「barigoule」是指將朝鮮薊、培根和蔬菜食材，加入白酒後慢煮而成的料理，是普羅旺斯的地方料理。

Jeunes poireaux pochés, condiment gribiche

水煮嫩韭蔥佐法式酸菜雞蛋醬

AD／這道食譜絕對可以改用其他蔬菜，例如四季豆、蘆筍，甚至是帶著葉子的新鮮胡蘿蔔或嫩蕪菁都很適合。蔬菜一定要選最新鮮的，而且不能煮過頭。

PN／韭蔥是營養學家推薦的蔬菜，連西方醫學之父希波克拉底（Hippocrate）也讚不絕口，具有豐富的營養素，包括纖維素、礦物鹽、類胡蘿蔔素、抗氧化劑、維生素 B9 和維生素 C（尤其是蔥綠）。

材料（4～6 人份）

法式酸菜雞蛋醬（參照 p.48）1 碗

嫩韭蔥（嫩青蔥亦可）12 根

• 鹽、現磨黑胡椒

做法

處理食材

1. 參照 p.48 的做法 1. ～ 3. 製作法式酸菜雞蛋醬，但先不要磨碎水煮蛋，放入冰箱冷藏。
2. 將鹽、水（比例是水 200：鹽 1）倒入鍋中煮滾。另外準備一盆裝了冰塊的冰水。
3. 嫩韭蔥先切掉蔥白的細根，再把蔥綠縱向劃切 2、3 刀（變成鬚）。手握蔥白，把韭蔥浸入裝水的水槽裡來回甩動，洗淨所有泥沙，用棉線把韭蔥捆成 3 束。

煮嫩韭蔥

4. 將綁好的嫩韭蔥放入滾水中煮 12 分鐘（煮的時間視粗細而定），用刀尖檢查熟度，應該要變軟。用漏杓撈出，放入冰水裡冰鎮 30 秒就好，不可以過度冰鎮，讓嫩韭蔥保持鮮綠和微溫。

完成

5. 瀝乾韭蔥，輕輕擠掉水分，擺在盤子上，立刻以鹽、現磨黑胡椒調味。接著淋入法式酸菜雞蛋醬，水煮蛋磨碎後撒在上面，立刻享用。

Memo...

「pochés」是指法國料理烹調方法中的水煮，例如水煮蛋（oeufs pochés）。嫩韭蔥是剛長出來的韭蔥，比較細，口感較柔軟。

Salade de chou blanc à l'oeuf mollet

白甘藍沙拉佐溏心蛋

AD／買得到胡桃麵包的話就用這種麵包，它的香氣和用酒醋醃過的甘藍非常搭。

PN／因為甘藍富含纖維素和抗氧化劑，還有一些特別的分子，所以非常健康。汆燙的甘藍很容易消化。

材料（4 人份）

白甘藍（普通甘藍亦可）1 顆
雞蛋 3 顆
平葉巴西里 3 枝
山蘿蔔 3 ～ 4 枝
茵陳蒿 1 ～ 2 枝
紅酒醋或白酒醋 4 大匙
全麥麵包（極薄片）8 片
• 橄欖油、鹽、現磨黑胡椒

做法

製作白甘藍沙拉

1. 白甘藍的芯切掉，葉子一片片剝下，洗淨。挑掉葉脈較粗硬的外層葉子，剩下的切成 5 公分（2 吋）長的細絲。
2. 耐熱深鍋燒熱，倒入酒醋加熱，然後放入白甘藍，翻炒 1 分鐘，盛入大碗。淋入 4 大匙橄欖油，撒些許鹽、現磨黑胡椒，靜置醃 20 分鐘。

煮溏心蛋

3. 雞蛋放入滾水中煮 5 分鐘 30 秒～ 6 分鐘（半熟蛋），放涼後剝掉蛋殼。
4. 烤箱預熱至 200℃（400 ℉），或者利用烤吐司機。
5. 平葉巴西里、山蘿蔔、茵陳蒿洗淨，擦乾後摘下葉子。

完成

6. 將溏心蛋放入碗裡，用叉子壓碎，加入做法 2.，再加入做法 5. 的香草。
7. 等烤箱預熱完畢，把全麥麵包放在烤架上，烤至金黃酥脆，大約 1 ～ 2 分鐘（也可以放入烤吐司機中烤）。將醃入味的白甘藍沙拉盛入大盤子，香酥的全麥麵包剝碎，擺在沙拉上，立即享用。

Memo...

法國的結球甘藍有綠色、紅色、白色的等等。白色甘藍的外層葉子帶著些許綠色，切開後裡面是白色。買不到的話，可以改用台灣產的。

Salade de tomates, sauce Romesco

蕃茄沙拉佐羅美司哥醬

材料（4 人份）

蕃茄沙拉

各種顏色的熟透蕃茄 6 ～ 8 顆

小條醃黃瓜 5 ～ 6 條

酸豆 1 大匙

醃珍珠洋蔥 5 ～ 6 顆

羅勒 2 枝

芝麻葉 1 小把

大蒜或韭菜花（也可以省略）少許

羅美司哥醬

小的紅甜椒 1 個

洋蔥 1/2 顆

蕃茄 1 顆

大蒜（粉紅蒜球為佳）4 瓣

放隔夜變硬的麵包 1 片

杏仁滿滿 1 大匙

松子滿滿 1 大匙

榛果滿滿 1 大匙

埃斯普雷特辣椒粉（piment d'Espelette）或甜椒粉（paprika）2 撮

雪利酒醋 3 大匙

橄欖油 5 ～ 6 大匙

AD／依在菜市場能買到的蕃茄決定種類（綠蕃茄、黃蕃茄、黑蕃茄、鳳梨蕃茄或牛蕃茄等）。羅美司哥醬可以事先烹煮。

PN／這盤沙拉結合了各種具有抗氧化作用的食材，包括蕃茄的類胡蘿蔔素和維生素 C、紅甜椒和辣椒的類黃酮，以及杏仁、松子與榛果的維生素 E。

做法

製作羅美司哥醬

1. 開啟烤箱的上火烘烤（broil）功能。紅甜椒切對半，去籽，果皮面朝上放在烤盤上。洋蔥剝除外皮，切片，墊在紅甜椒下面。蕃茄橫切對半，擠出籽，也放在烤盤上，加入未去膜的大蒜、剝碎的麵包，放入烤箱烘烤。等麵包呈金黃色後取出，但紅甜椒、洋蔥、大蒜和蕃茄繼續烤烘 20 分鐘（如果烤箱沒有這個功能，可在預熱後把烤盤上移，視自家的烤箱烤幾分鐘至上色）。
2. 烘烤時，平底鍋燒熱，不用加油，倒入杏仁、松子和榛果以小火炒香，然後以廚房紙巾吸掉餘油，放涼後切碎或壓碎。
3. 取出烤盤，剝除大蒜膜、蕃茄外皮，紅甜椒不用剝掉外皮。
4. 將麵包、烤蔬菜和炒過的堅果放入食物調理機中，加入辣椒粉、雪莉酒醋攪打至滑順，再加入橄欖油拌勻。為了避免過於濃稠，可加入一點水稀釋。調味後放入冰箱冷藏。

準備蕃茄沙拉

5. 蕃茄洗淨，切掉蒂頭，每顆切成 4 瓣，不用去籽，放入沙拉盅。
6. 酸黃瓜斜切小段，酸豆、醃珍珠洋蔥瀝乾水分，摘下羅勒的葉子，芝麻葉洗淨後擦乾。
7. 將羅美司哥醬淋在蕃茄上輕輕翻拌，盛入大盤子裡，加入醃黃瓜、酸豆、醃珍珠洋蔥、羅勒、芝麻葉輕拌，也可加大蒜或韮菜花。冰冰涼涼最好吃。

Memo...

羅美司哥醬（romesco sauce）是西班牙加泰隆尼亞最南端——塔拉戈納（Tarragona）的代表醬汁。它是以橄欖油、甜椒為基底，加入麵包、杏仁和榛果等做成的。

Riste d'aubergine à la provençale

普羅旺斯風冰香茄

AD／這道普羅旺斯佳餚放隔夜吃的話更美味，冰愈久愈入味。

PN／把這道菜鋪在稍微烤過的鄉村麵包上，就能當成前菜或下酒菜。麵包的低升糖指數碳水化合物，能讓這道菜提供更均衡的營養。

材料（4 ～ 8 人份）

大的圓茄子 6 個或小的 12 個

大蒜（粉紅蒜球為佳）1 個

烤蕃茄片（參照 p.21）500 公克｜ 1 磅

百里香 5 枝

羅勒 3 枝

• 橄欖油、粗鹽、鹽之花、鹽（頂級海鹽）、現磨黑胡椒

做法

處理食材

1. 茄子洗淨，用削皮刀削成條紋狀，使果皮和果肉的紋路相間，然後再切成 0.4 ～ 0.5 公分厚的薄圓片，鋪在烤盤上，撒上足夠的粗鹽，靜置 30 分鐘讓茄子出水。洗淨後再用廚房紙巾擦乾。
2. 深煎鍋燒熱，倒入 1 ～ 2 大匙橄欖油，等油熱了放入茄子，每面煎 5 分鐘，煎成漂亮的金黃色。
3. 大蒜剝下每一瓣，去膜後以刀背壓扁。摘下百里香的葉子。
4. 烤箱預熱至 160℃（325 ℉）。

烘烤

5. 取一個蓋上蓋子後可放入烤箱中的耐熱深鍋或鑄鐵燉鍋，內層刷一點橄欖油，在鍋底先鋪上一層茄子，再疊一層薄薄的烤蕃茄片，撒一點百里香，排上 2 瓣大蒜，輕撒一點鹽、現磨黑胡椒。接著繼續鋪疊茄子、蕃茄、百里香和大蒜。
6. 蓋上蓋子，放入烤箱烘烤 45 分鐘，直到茄子熟軟。
7. 烤好後，將茄子留在鍋子放冷，再連鍋子放入冰箱冷藏 2 小時。食用前取出盛入盤子，保持冰涼。

完成

8. 羅勒葉切碎，撒在菜餚上，再撒入些許鹽之花、現磨黑胡椒即可享用。

Memo...

這道料理是法國南部亞爾古城（Arles）的知名料理，和將蕃茄、茄子長時間烹煮的普羅旺斯燉菜類似。

Trévises sur la braise, tapenade aux anchois

烤紫萵苣佐鯷魚酸豆橄欖醬

材料（4～8 人份）

酸豆橄欖醬（參照 p.40）160 公克｜5 盎司
紫萵苣（義大利維洛那 Verona 產為佳）4 顆
鼠尾草葉 8 片
橄欖油漬鯷魚 4 條
醋適量
• 橄欖油、鹽、現磨黑胡椒

做法

處理食材和製作鯷魚酸豆橄欖醬

1. 準備一盆醋水。將整顆紫萵苣浸泡醋水 5 分鐘，瀝乾水分，然後縱切對半，切掉根部較硬的地方，再次清洗乾淨。仔細擦乾後，撒一點鹽。在每個半顆紫萵苣裡塞入 1 片鼠尾草葉。將 2～3 大匙橄欖油倒入大盤子裡，把紫萵苣放進去滾一滾。
2. 用叉子將鯷魚壓碎，加入酸豆橄欖醬拌勻。

烘烤

3. 烤箱預熱至 160℃（325 ℉）。
4. 將半顆紫萵苣放在烤肉網上，紫萵苣切面朝下，用火烤約 3 分鐘，烤架的位置要夠高，以免烤焦。
5. 在紫萵苣上豪邁地塗抹鯷魚酸豆橄欖醬，放在烤盤裡，放入 160℃（325 ℉）的烤箱裡烘烤 5 分鐘。取出立刻盛入大盤子裡或分成小盤，撒些現磨黑胡椒，立即享用。

AD／沒有火盆烤爐或烤肉爐的話，就用煎烤盤來烤紫萵苣。

PN／紫萵苣（trévise）是一種原產於義大利的萵苣，屬於菊苣科，所以味道有點苦。這種蔬菜的類胡蘿蔔素含量是數一數二的豐富，加上酸豆橄欖醬的優質脂肪酸，以及鯷魚的 Omega-3 脂肪酸，可以說營養相當豐富。

Memo...

帶點苦味的紫萵苣搭配酸豆橄欖醬，不同於一般生菜的絕妙搭配，一定要試試。

Endives au jambon

菊苣火腿捲

AD ／現在的菊苣不像以前那麼苦了。切掉芯，再撒點糖的話，更完全吃不出苦味。

PN ／菊苣富含纖維素，卡路里又低，不過除了還有少量的類胡蘿蔔素，菊苣就沒什麼其他營養素（維生素含量少得可憐）。但用這種方式烹調的話，還可以攝取到不少鈣質和蛋白質。記得再搭配一盤維生素豐富的水果沙拉享用吧！

材料（4 人份）

菊苣 10 顆

大蒜 2 瓣

去殼的胡桃 1 把

低脂牛奶 200 毫升 | ⅘ 杯

現磨艾蒙塔爾乳酪（emmental）3 大匙

燉火腿（jambon braisé）或巴黎火腿（jambon de paris）8 片

水 120 毫升 | ½ 杯

• 橄欖油、鹽、現磨黑胡椒、砂糖

做法

處理食材

1. 菊苣洗淨，縱切對半，取出苦澀的芯，小心不要把葉子拔下來。
2. 深煎鍋燒熱，倒入 2 大匙橄欖油，等油熱了整齊排入菊苣，切口面朝下。未去膜的大蒜以刀背壓扁，加入深煎鍋，再撒入鹽、砂糖，蓋上蓋子，以小火煮 15 分鐘。
3. 將菊苣翻面，倒入水，刮一下黏在鍋面焦化的湯汁，使能充分溶於汁液中，然後刷在菊苣上，再煮 5 分鐘，時常塗刷湯汁。
4. 煮菊苣時，將胡桃壓碎。
5. 取出 4 顆外觀較不好看的菊苣和大蒜（煮焦或破掉的），放入食物調理機中，倒入低脂牛奶、1 大匙磨碎的艾蒙塔爾乳酪，攪打至滑順均勻且濃稠，以鹽、現磨黑胡椒調味。

烘烤

6. 開啟烤箱的上火烘烤（broil）功能，或者利用烤吐司機。
7. 燉火腿切對半，用半片火腿把半顆菊苣包起來，放在烤盤裡，淋上做法 5.，撒上碎胡桃和 2 大匙現磨艾蒙塔爾乳酪，放入烤箱烤至菊苣呈金黃色，趁熱享用。

Memo...

這一道低熱量的蔬菜料理，口味清爽，具飽足感，很適合減重時期食用。巴黎火腿是以湯汁煮熟的豬腿肉，再加工製成的常見肉品。

Légumes en barigoule vanillée
香草綜合蔬菜

材料（4 人份）

蔬菜

迷你胡蘿蔔 4 根或普通胡蘿蔔 2 根
綠花椰菜 1 顆
洋蔥 4 顆
迷你球莖茴香 2 顆
大蒜 4 瓣
綠蘆筍 10 根

煮蔬菜

雞清高湯（參照 p.10）
或水 500 毫升｜2 杯
芫荽籽 10 顆
黑胡椒圓粒（壓碎）5 顆
月桂葉 1 片
百里香 4 枝
大蒜 1 瓣
檸檬 ¼ 顆
香草豆莢 1 根
芫荽葉適量
雪利酒醋少量

• 橄欖油、鹽之花（頂級海鹽）、鹽、現磨黑胡椒

AD／蔬菜要保留些許爽脆的口感。烹煮時用刀尖檢查熟度，一煮好就從深煎鍋裡取出。

PN／這道富含維生素、礦物質和各種抗氧化劑的美味蔬菜只要 40 分鐘就完成了，千萬別錯過了！

做法

準備蔬菜

1. 迷你胡蘿蔔削皮，蒂頭保留 1 公分（½ 吋）長，洗淨，縱切成易入口的大小。綠花椰菜切小朵，洗淨。洋蔥剝除外皮，切成瓣。迷你球莖茴香縱切對半（大顆的話切成 8 瓣），洗淨。大蒜去膜。綠蘆筍削除硬皮，洗淨後從蘆筍尖（嫩端）切 7 公分（3 吋）一段，捆成一束。
2. 準備一盆冰水備用。另外將鹽、水（比例是水 200：鹽 1）倒入鍋中煮滾，放入綠花椰菜和綠蘆筍，煮約 3 分鐘後撈出，浸入冰水裡保持翠綠。

煮蔬菜

3. 湯鍋中倒入雞清高湯加熱。參照 p.197 的 memo，削好檸檬皮茸。
4. 深煎鍋燒熱，倒入 1 小匙橄欖油，等油熱了放入胡蘿蔔、洋蔥、球莖茴香和大蒜瓣。
5. 縱切開香草豆莢，放入熱雞清高湯中，再把湯倒入深煎鍋，加入芫荽籽、粗粒黑胡椒、月桂葉、百里香、1 瓣大蒜和檸檬皮茸，蓋上蓋子，以最小火煮 12～15 分鐘。

完成

6. 放入綠花椰菜、綠蘆筍輕輕翻炒。用漏杓撈出所有蔬菜，裝在已加熱的盤子裡。
7. 把煮蔬菜湯汁煮（濃縮）至剩 1 大杯（200 毫升）的份量，倒入 2 大匙橄欖油、些許雪莉酒醋充分攪拌。以鹽、現磨黑胡椒調味，再淋在蔬菜上。最後加入些許鹽之花、芫荽葉，趁熱享用。也可加入檸檬片增添風味。

Memo...

黑褐色的香草豆莢長 15～20 公分（6～8 吋），是香草粉、香草精等的原料。以刀子縱向劃開後，當中有許多極小的黑色香草籽。一般多用在製作甜點，可向烘焙材料行購買。

／把大蒜用叉子插起來，蒜香就不會蓋過菠菜的香氣。麵包丁最後再加入，以免濕軟，口感變差。

／菠菜富含具抗氧化作用的類胡蘿蔔素，還有大量的礦物鹽和維生素。但有時菠菜含的硝酸鹽也很高，而且會變成有毒物質，所以一定要買新鮮的，馬上買馬上煮，並像這道食譜一樣，烹調速度要快。

Épinards et oeufs mollets

炒蒜香菠菜佐半熟蛋

材料（4 人份）

菠菜 1 公斤｜2 磅

大蒜 1 瓣

裸麥麵包 2～3 片

雞蛋 4 顆

鮮奶油 2 大匙

• 橄欖油、鹽、現磨黑胡椒

做法

處理食材

1. 菠菜摘下葉子，放入容器中，用冷水清洗多次，瀝乾水分，用毛巾擦乾。大蒜去膜，插在叉子末端。裸麥麵包烤至酥脆，剝成小丁。
2. 雞蛋放入滾水中煮 5 分鐘 30 秒，煮成半熟蛋，撈出放涼。
3. 煮蛋的時候，大深煎鍋燒熱，倒入 2 大匙橄欖油，等油熱了先放入一把菠菜，用插著大蒜的叉子翻炒，加入鹽、現磨黑胡椒，煮至菠菜變軟後取出。再分次放一把一把的菠菜，以同樣的方式炒，一變軟就盛入盤子裡。

完成

4. 將所有炒好的菠菜再全部放回深煎鍋，加入鮮奶油拌勻，然後盛入大盤子裡或分成小盤，撒上酥脆裸麥麵包丁，全部稍微翻拌。水煮蛋剝掉蛋殼，放在菠菜上，用刀子插入蛋裡，稍微切開蛋白，讓蛋黃稍微流出，立刻享用。

Memo...

通常水煮蛋的蛋黃大約煮到 6 分鐘時，蛋黃慢慢開始凝固，所以若是希望蛋黃液流出，大概煮 5 分 30 秒即可取出。

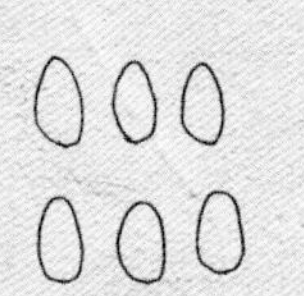

Légumes de printemps et salades à la grecque

希臘春令蔬菜與沙拉

材料（4～6 人份）

迷你球莖茴香 6 顆或
普通球莖茴香切對半 3 個

珍珠洋蔥或小洋蔥 4 顆

小的馬鈴薯 200 公克｜7 盎司

大蒜（粉紅蒜球為佳）1 個

雞油菌（香菇亦可）
150 公克｜5 盎司

連殼的小蠶豆 400 公克｜14 盎司

不甜的白酒 150 毫升｜⅗ 杯

雞清高湯（參照 p.10）或
水 500 毫升｜2 杯

檸檬皮茸 1 顆份量

油漬蕃茄（參照 p.16）4 片

芝麻葉 1 把

嫩菠菜 1 把

芫荽 2 枝

香料包

黑胡椒圓粒 6 顆

芫荽籽 15 顆

月桂葉 ½ 片

百里香 1 枝

- 橄欖油、鹽之花（頂級海鹽）、鹽、現磨黑胡椒

AD／小顆蠶豆可以生吃，但如果用較大顆的豆子，就要先用鹽水（比例是水 200：鹽 1）汆燙 3 分鐘。

PN／新鮮大蒜容易消化，而且只要蒜瓣中間尚未發芽，吃了不會口臭。

做法

處理、烹煮蔬菜

1. 球莖茴香剝掉最外面一層後洗淨，珍珠洋蔥洗淨，都切對半。馬鈴薯擦乾淨，削除外皮後洗淨，切對半。大蒜剝掉外膜，保留內膜，剝好一瓣一瓣。雞油菌切掉的菇蒂，快速清洗後拍乾。小蠶豆去殼。
2. 準備一塊棉布或一個茶包濾袋，把香料包的材料全部裝好。
3. 深煎鍋燒熱，倒入 1 小匙橄欖油，等油熱了放入球莖茴香、珍珠洋蔥、馬鈴薯、雞油菌和大蒜，用小火炒香 2 分鐘，不要炒到變色。接著加入鹽，倒入白酒，煮至酒精完全揮發。
4. 將雞清高湯、香料包和檸檬皮茸倒入做法 3. 中。把烘焙紙剪成深煎鍋鍋底同樣大小，蓋在蔬菜上，以小火煮 15 分鐘，然後加入油漬蕃茄、蠶豆，攪拌後立刻讓關火。

準備沙拉

5. 烹煮蔬菜時，芝麻葉、嫩菠菜摘下葉子，洗淨。芫荽摘下葉子。將這些菜葉全都放入沙拉盅，以橄欖油、鹽之花和現磨黑胡椒調味。

完成

6. 用漏杓小心撈出煮好的蔬菜，盛入盤子裡。撈出香料包，鍋中只剩煮蔬菜的湯汁。
7. 將湯汁煮到剩一半量，加入 3 大匙橄欖油充分拌勻，以鹽、現磨黑胡椒調味，澆在蔬菜上，放涼。
8. 將沙拉弄成一把把，擺在蔬菜周圍，立刻享用。

Memo...

要買無蠟且無農藥的檸檬。取檸檬皮茸時，用刨絲器刮下檸檬皮有顏色的地方，避免刨到底下白色的皮，會有苦味。此外，檸檬和萊姆的差別並非完全在顏色，檸檬外表果皮油囊較粗、厚，外觀呈橢圓形，兩端有乳頭狀突尖。

Chou-fleur et brocoli en boulgour

雙色花椰菜佐碎小麥

AD／這道菜可以事先煮好，但不要放入冰箱冷藏，以免碎小麥會變硬，喪失柔軟口感。

PN／綠花椰菜早已是營養師心中的萬靈丹，因為其分子幾乎能提升身體所有部位的免疫力，白花椰菜也不遑多讓。這道食譜結合了這兩種蔬菜，加上碳水化合物和碎小麥，營養相當豐富！

材料（4 人份）

白、綠花椰菜各 1 顆

碎小麥（boulgour，小顆）200 公克｜ 1½ 杯

鹽漬檸檬（參照 p.15）½ 顆

咖哩粉 1 小匙

埃斯普雷特辣椒粉（piment d'Espelette）或甜椒粉（paprika）

• 鹽

做法

處理食材

1. 白花椰菜、綠花椰菜洗淨，先用小刀將花椰菜切小朵，再切成約 0.7 公分的小丁，切掉的部分可以熬湯或烹調其他料理。
2. 用量杯量好碎小麥，再量碎小麥 2 倍的水。將水倒入醬汁鍋，加入 2 撮鹽煮。等煮滾後輕輕撒入碎小麥，一邊攪拌一邊維持水小滾，煮 5 分鐘。
3. 將鹽漬檸檬的皮切細絲。

完成

4. 在煮碎小麥的醬汁鍋中加入白花椰菜、綠花椰菜、咖哩粉、埃斯普雷特辣椒粉或甜椒粉，以及檸檬絲輕輕攪拌，以中火煮至水分即將收乾，大約 5 ～ 7 分鐘，以鹽調味。接著將醬汁鍋裡的菜餚盛入盤子中，熱食、室溫食用都美味。

Memo...

碎小麥是中東地方的傳統食材，它是將蒸熟的杜蘭小麥，經過乾燥之後再壓碎的小麥。口感類似義大利麵切極小塊，容易保存。

Sauté de légumes et de salades

中式炒綜合蔬菜

材料（4～6 人份）

胡蘿蔔 2 根

塊根芹（celleri-rave，也可以省略）¼ 株

小黃瓜 2～3 根

蘿蔓生菜 1 顆

豆芽菜 2 把

綜合沙拉 3 把

薑 5 公分長｜ 2 吋長

花生 2 大匙

檸檬汁 1 顆份量

醬油 3～5 大匙

• 橄欖油、鹽、現磨黑胡椒

AD／除了蘿蔓生菜之外的蔬菜也都可以放，不過要選梗比較粗的蔬菜，才能增加咀嚼感。

PN／由於加熱的時間短，蔬菜所含的維生素全部都可以保留。

做法

處理食材

1. 胡蘿蔔、塊根芹和小黃瓜洗淨，削除外皮，全都刨成薄片。
2. 蘿蔓生菜、豆芽菜和綜合沙拉洗淨，擦乾水分。將大片的蘿蔓生菜切小片，和豆芽菜、綜合沙拉一起放入沙拉盅裡混勻。
3. 薑削除外皮，磨成泥。花生切碎。

炒蔬菜

4. 炒鍋燒熱，倒入 1 小匙橄欖油，等油熱了放入胡蘿蔔、塊根芹和小黃瓜，快炒 2 分鐘，炒至稍微變色，放入切碎的花生，翻炒。接著倒入蘿蔓生菜、豆芽菜和綜合沙拉，快炒 1 分鐘，淋入檸檬汁、醬油，一邊翻炒，最後加入薑泥翻拌，以鹽、現磨黑胡椒調味，再盛入盤子裡即可享用。

Memo...

塊根芹又叫作結球芹菜，台灣比較少見。土色、圓球狀的根部表面有點凹凸不平，剝皮後食用，類似西洋芹的味道。買不到的話，可以不用加入。

Salade de haricots verts

四季豆沙拉

材料（4～6 人份）

紅蔥（échalote）1 顆
細的四季豆 250 公克｜8 盎司
白蘑菇 100 公克｜3 盎司
蘿蔓生菜 1 顆
杏仁片約 20 公克｜1 盎司
紅酒醋 1 大匙
帕瑪森乳酪 20 公克｜1 盎司
檸檬汁 1 顆份量
• 橄欖油、鹽、現磨黑胡椒

AD／雞油菌正盛產的話，就用小朵的雞油菌代替白蘑菇，生吃美味極了。如果買得到新鮮杏仁的話，可先將皮去除，切對半再使用。

PN／四季豆富含維生素（尤其葉酸）、礦物鹽、類胡蘿蔔素和纖維素。不要煮太久，以免脆弱的維生素被破壞殆盡！

1. 紅蔥剝除外皮，切成圓薄片，放在小碟子裡，淋入紅酒醋醃 30 分鐘。四季豆撕去老筋後洗淨。
2. 準備一盆冰水備用。將鹽、水（比例是水 200：鹽 1）倒入鍋中煮滾，放入四季豆煮 5～7 分鐘，用漏杓撈出，浸入冰水裡保持爽脆口感，瀝乾水分。
3. 白蘑菇的菇蒂切掉，清洗蕈傘，擦乾後切薄片。蘿蔓生菜的葉子洗淨，擦乾。
4. 將檸檬汁倒入沙拉盅，加入些許鹽拌勻，然後加入 3～4 大匙橄欖油拌勻。
5. 將四季豆、白蘑菇、蘿蔓生菜的葉子和杏仁片加入沙拉盅，輕輕混合，撒入醃紅蔥。將帕瑪森乳酪刨在沙拉上，最後再撒入現磨黑胡椒即可享用。

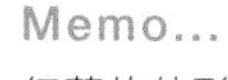

Memo...

紅蔥的外形像紅蔥頭，但味道比較偏洋蔥。加上紅酒醋醃漬而成的紅蔥與帕瑪森乳酪，替這道沙拉增添風味，更具魅力。

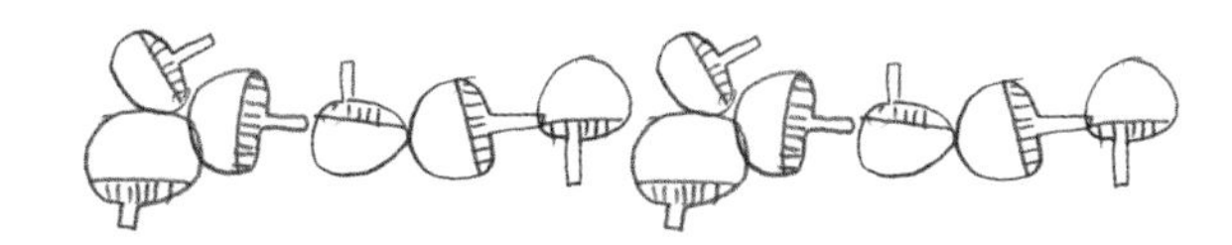

Salade de céleri aux pommes

西洋芹蘋果沙拉

／如果想讓這道沙拉的味道更豐富，可以加一點捏碎的黑松露。焦糖胡桃會帶來一點甜美的口感。

／西洋芹自古以來就是知名的催情劑。盛產時，羅馬人可是大把大把地吃。這種蔬菜的確含有類似睪丸酮的物質，只是這個論點尚未有科學證明。

砂糖 60 公克 | ¼ 杯

卡宴辣椒粉（piment cayenne）少許

去殼新鮮胡桃 12 個

水 60 毫升 | ¼ 杯

無糖原味優格 125 公克 | ½ 杯

蛋黃 1 顆

第戎芥末醬 1 大匙

檸檬汁 1 顆份量

紅酒醋 1 大匙

沙拉油 3 大匙

小顆酸味青蘋果、紅蘋果各 2 顆

西洋芹 4 根

蘿蔓生菜 1 顆

• 鹽、現磨黑胡椒

做法

製作焦糖胡桃

1. 烤箱預熱至 120℃（250 ℉）。
2. 將砂糖、水倒入醬汁鍋中煮滾，加入些許鹽、卡宴辣椒粉調味，關火。
3. 胡桃切對半，放入做法 2. 中浸泡 20 分鐘。
4. 烤盤上鋪一張烘焙紙，胡桃瀝乾後鋪在烘焙紙上，放入烤箱烘烤 35 分鐘，至胡桃稍微焦糖化，取出放在盤子裡放涼。

製作優格醬

5. 將無糖原味優格、蛋黃放入碗裡拌勻，加入第戎芥末醬、檸檬汁和紅酒醋，一邊攪拌一邊一點一點地加入沙拉油，攪勻，以鹽、現磨黑胡椒調味，放入冰箱冷藏。

製作沙拉、完成

6. 青蘋果、紅蘋果洗淨，不必削皮，切對半後去掉果核，然後切細條。西洋芹削皮後洗淨，削成薄片。蘿蔓生菜的葉子一片片剝好，洗淨擦乾，整齊鋪在沙拉盅的邊緣。將一半的焦糖胡桃壓碎或切小塊。
7. 將蘋果、西洋芹、胡桃碎塊放入碗中，淋上優格醬，輕輕拌勻，再倒回沙拉盅裡，撒上剩下的焦糖胡桃，立刻享用。

Memo...

法國料理中常見的卡宴辣椒粉，又叫牛角椒粉，比紅椒粉辣，常用於提味、燉煮、披薩等料理，加入少量即可。

在奧普市集（marché d'Aups）。
「菜市場有自己的生命，是一個由黎明破曉時的香氣、質地和形狀所創造的世界。」

Radis Ronds

Haricots noirs aux lardons et aux oignons

燉黑豆佐培根與洋蔥

AD／買不到義式煙燻培根的話，可以改用細長的風乾培根片或一般厚點的培根。如果想節省烹調時間，可以在前一天煮黑豆，冰在冰箱裡，使用前再以小火加熱即可。

PN／黑豆和義式煙燻培根已經提供足夠的蛋白質，所以這一餐不用準備其他肉類食物。可以先吃一盤生菜沙拉，最後以幾片乳酪和些許水果來劃下句點。

材料（4 人份）

乾的黑豆（乾的紅腰豆亦可）200 公克｜1 杯
雞清高湯（參照 p.10）750 毫升｜3 杯
百里香 3 枝
大蒜 1 瓣
義大利煙燻培根厚片（pancetta，培根亦可）3 片
迷你胡蘿蔔 4 根或普通胡蘿蔔 2 根
帶著長葉子的小洋蔥 3 顆
巴薩米可醋 5 大匙
• 橄欖油、鹽、現磨黑胡椒

做法

處理食材

1. 將黑豆放入碗裡，加水浸泡 12 小時（一晚）。
2. 黑豆瀝乾水分，放入深醬汁鍋。倒入雞清高湯，加入 1 枝百里香、大蒜，以小火煮 40 ～ 45 分鐘，煮至黑豆變軟，但不稀爛的程度，再加入些許鹽。
3. 煮黑豆時，義大利培根切約 3 公分（1 吋）長的條狀。胡蘿蔔削除外皮，切斜片。小洋蔥剝掉最外面一層後洗淨，切掉蔥綠末端，蔥綠前端則切斜段，鱗莖（球）切圓薄片。
4. 黑豆煮好後瀝乾水分，煮豆子的水不要倒掉。

完成

5. 耐熱深鍋或鑄鐵燉鍋燒熱，倒入一點橄欖油，等油熱了放入義大利培根、鱗莖（球）圓薄片、胡蘿蔔、2 枝百里香的葉子，以小火炒 3 分鐘，不要讓食材過於上色。
6. 接著加入黑豆翻炒。倒入一大杓煮豆子的水、巴薩米可醋，拌勻後再煮 2 分鐘。最後撒上蔥綠斜段拌勻，以鹽、現磨黑胡椒調味，直接將鍋子端上桌即可享用。

Memo...

以紅腰豆取代黑豆，普通培根厚片代替義大利培根厚片，這道料理同樣美味。此外，種皮為黑色的黑豆，一般人不太熟悉，但是在原產地的南美洲很受歡迎，通常以燉煮烹調。其黑種皮和黑色大豆一樣都含有花青素，抗氧化效果佳，有助於養顏美容、增加腸胃蠕動。

Cassoulet maison
家庭風味卡蘇萊

AD／可以在前一天先煮好豆子和肉，冰在冰箱裡，等要吃時再放入烤箱烤，更佳！

PN／出乎很多人的意料之外，卡蘇萊（白豆燉肉）其實很健康！除了提供纖維素和低升糖指數的碳水化合物，鴨油的脂肪酸組成其實近似於橄欖油。

白豆（蘇瓦松 Soissons 產為佳）1 公斤｜ 2 磅

胡蘿蔔 2 根

西洋芹 1 根

洋蔥 3 顆

油封鴨腿（罐裝、瓶裝。以鴨腿肉或豬油代替亦可）4 隻

法國香草束（bouquet garni）2 束

羔羊肩肉 600 公克｜ 1½ 磅

大蒜 12 瓣

丁香 1 顆

鴨油（豬油亦可）5 大匙

麵包粉適量

• 鹽

做法

前一天

1. 將白豆放入碗裡，加水浸泡 12 小時（一晚）。

當天準備調味蔬菜、煮白豆

2. 胡蘿蔔、西洋芹切 0.7 公分的小丁。洋蔥剝除外皮，2 顆切 0.7 公分的小丁，另一顆塞入丁香。6 瓣大蒜壓碎。
3. 白豆瀝乾水分後放入醬汁鍋，倒入 4 倍量的水，以小火加熱，一沸騰就關火，將煮白豆的水倒掉，再倒入乾淨的滾水（淹過白豆）。
4. 加入 1 束香草束、塞入丁香的洋蔥、一半的胡蘿蔔和西洋芹，以小火燉煮 1 小時，煮至白豆變軟，加入鹽。

烹調肉

5. 耐熱深鍋或鑄鐵燉鍋燒熱，倒入 1 大匙鴨油，等鴨油融化後放入油封鴨腿、切掉油脂的羔羊肩肉，煎至金黃色，取出以廚房紙巾吸掉餘油。
6. 將洋蔥丁和剩下的胡蘿蔔、西洋芹放入做法 5. 的鍋中，以小火炒 2 ～ 3 分鐘，不要炒到變色，把肉放回鍋中，倒入水（淹過肉），放入 1 束香草束、壓碎的大蒜。持續控制在快要沸騰的狀態下煮 45 分鐘，取出肉。肉湯用細孔篩網過濾好，放在一旁。

烹調卡蘇萊

7. 烤箱預熱至 160℃（325 ℉）。
8. 6 瓣大蒜切末。白豆煮好後瀝乾水分，連同蒜末、肉湯一起放回醬汁鍋，稍微調味。
9. 羔羊肩肉切小塊，鴨腿切對半，擺在耐熱容器裡。舀入白豆和肉湯（剛好淹過肉），塗抹 4 大匙融化的鴨油，撒上麵包粉，放入烤箱烘烤 1 小時。烤好後直接端上桌，趁熱享用。

Memo...

卡蘇萊（cassoulet，音譯）是南法的經典菜，是指法式白豆燉肉。豆子多為白豆、扁豆和蠶豆等，而肉則使用油封鴨腿，再加入其他配菜。最初是因為利用陶土錐狀容器（cassole）燉煮而有此名。

Salade de pois, chiches et de lentilles sauce houmous

鷹嘴豆與小扁豆沙拉 佐鷹嘴豆醬

材料（4 人份）

鷹嘴豆 250 公克｜1¼ 杯
帶著長葉子的小洋蔥 2 顆
胡蘿蔔 2 根
紅小扁豆 100 公克｜½ 杯
月桂葉 2 片
大蒜 1 瓣
檸檬汁 ½ 顆份量
小茴香粉 1 小匙
北非綜合香料 1 小匙
甜椒粉 2 撮
豆芽菜 50 公克｜1½ 盎司
薄荷 3 枝
雪莉酒醋 1 大匙
• 橄欖油、鹽、現磨黑胡椒

做法

前一天

1. 將鷹嘴豆放入碗裡，加水浸泡 12 小時（一晚）。

當天

2. 小洋蔥剝除外皮，胡蘿蔔削除外皮，都切成適當大小。
3. 鷹嘴豆瀝乾水分後放入醬汁鍋，加入 1 片月桂葉、一半的小洋蔥和胡蘿蔔，倒入水淹過材料，持續控制在快要沸騰的狀態下煮約 1 小時 30 分鐘，加入些許鹽，將鷹嘴豆浸泡在煮豆子的水中放涼。另一個醬汁鍋加水，放入紅小扁豆，加入剩下的小洋蔥、胡蘿蔔和月桂葉，以相同的方式煮 15 分鐘，加入些許鹽，將紅小扁豆浸泡在煮豆子的水中放涼。
4. 大蒜去膜，切細末。
5. 用漏杓撈出約三分之二的鷹嘴豆，放入食物調理機中，加入大蒜、1 ～ 2 杓煮豆子的水，攪打至滑順的乳狀。接著加入檸檬汁、小茴香粉、北非綜合香料和甜椒粉，再攪打一會兒至均勻，以鹽、現磨黑胡椒調味，即成鷹嘴豆醬。
6. 豆芽菜洗淨，瀝乾水分後放入容器中，加入紅小扁豆、剩下的鷹嘴豆（瀝乾水分），再加入 2 ～ 3 大匙橄欖油、雪莉酒醋，以鹽、現磨黑胡椒調味。
7. 薄荷摘下葉子。
8. 將鷹嘴豆醬舀入圓盤中間，在周圍鋪上做法 6.，撒入薄荷葉即可上桌。

AD ／鷹嘴豆醬（hummus 或 houmous）是經典的黎巴嫩食物。記得製作時要添加足夠的水，才能攪打成適合拌沙拉的乳狀醬汁，而非一般的泥狀抹醬。

PN ／鷹嘴豆的營養成分是所有豆類之冠，不僅富含碳水化合物、蛋白質和礦物鹽，同時具有抗氧化作用的類胡蘿蔔素和維生素 E。

Memo...

鷹嘴豆醬通常是用來搭配中東的口袋餅（pita）食用，不過當作生菜沙拉的沾醬也很適合。製作時也有人加入芝麻醬（tahini），可增添香氣。

Salade de haricots cocos et pois chiches, pistou d'herbes

白豆與鷹嘴豆沙拉佐香草醬

材料（4 人份）

乾的白豆 150 公克｜¾ 杯
鷹嘴豆 150 公克｜¾ 杯
紅（紫）洋蔥 2 顆
熟透的蕃茄 2 顆
大蒜 4 瓣
百里香 2 枝
月桂葉 1 片
雞清高湯（參照 p.10）1 公升｜1 夸特
山蘿蔔 4 枝
平葉巴西里 4 枝
羅勒 2 枝
細香蔥 ½ 把
油漬蕃茄（參照 p.16）8 瓣
珍珠洋蔥 1 顆
• 橄欖油、鹽、現磨黑胡椒

AD／如果要冷食這道沙拉，記得別放入冰箱，否則豆子會變硬，讓人難以下嚥。可以搭配簡單的烤花枝，再擠幾滴檸檬一起食用。

PN／這道沙拉的營養相當豐富，而且多吃也沒關係，因為富含碳水化合物、植物性蛋白質、纖維素、維生素、礦物鹽和抗氧化劑。

1. 將白豆、鷹嘴豆放入碗裡，加水浸泡 12 小時（一晚）。

2. 紅洋蔥剝除外皮。熟透蕃茄放入滾水中以小火汆燙，當蕃茄的表面出現大塊的裂痕，撈出泡冷水後撕除外皮，去籽，全切成瓣。大蒜拍碎。
3. 白豆、鷹嘴豆瀝乾水分後放入醬汁鍋，加入紅洋蔥、蕃茄、百里香、月桂葉、大蒜和雞清高湯，持續控制在快要沸騰的狀態下煮至白豆變軟，大約 1 小時～ 1 小時 30 分鐘，然後加入些許鹽。煮豆子的水不要倒掉。

4. 山蘿蔔、平葉巴西里和羅勒洗淨後擦乾，摘下葉子，然後放入食物調理機中，一邊攪打一邊慢慢加入 6 大匙橄欖油、2 大匙煮豆子的水，攪打至滑順均勻的泥狀，以鹽、現磨黑胡椒調味。

5. 細香蔥切 2 ～ 3 公分（1 吋）的段。油漬蕃茄切對半。珍珠洋蔥剝除外皮後切片。
6. 將白豆、鷹嘴豆瀝乾水分放入碗裡，挑出百里香和月桂葉，放入容器中，加入香草醬、做法 5. 充分拌勻，倒入沙拉盅裡。可以溫食，也可以冷食享用。

Memo...

這是一道地中海風味的豆類沙拉，喜愛豆類特殊咀嚼感的人不容錯過。這裡乾的白豆可以選用小橢圓形豆。

Ragoût de cocos aux coques

白豆燉海扇

AD／如果買不到當令的新鮮白豆，可以使用乾的白豆。前一晚泡水，烹調時要煮久一點。

PN／這道佳餚的營養成分豐富均衡，有低升糖指數的碳水化合物、纖維素和植物性與動物性蛋白質。這一餐不用準備肉類或魚類食物，只要再一盤綠色沙拉、幾片乳酪和一些水果即可。

材料（4 人份）

乾的白豆 200 ～ 280 公克｜1 ～ 1½ 杯

胡蘿蔔 1 根

洋蔥 1 顆

鼠尾草葉 1 枝

小枝迷迭香 1 枝

海扇（海瓜子亦可）1 公斤｜2 磅

紅蔥 3 顆

白酒 200 毫升｜1 杯

油漬蕃茄（參照 p.16）8 瓣

酸豆 1 大匙

檸檬 1½ 顆

平葉巴西里 8 ～ 10 枝

• 橄欖油、鹽、現磨黑胡椒

做法

處理白豆和海扇

1. 前一天先將白豆放入碗裡，加水浸泡 12 小時（一晚）。
2. 當天將浸泡好的白豆放入大鍋中，倒入水淹過白豆。胡蘿蔔縱切對半，洋蔥切對半。將胡蘿蔔、洋蔥、鼠尾草葉和迷迭香加入大鍋，持續控制在快要沸騰的狀態下煮至白豆變軟，大約 1 小時 30 分鐘，加入些許鹽。取出調味蔬菜，將白豆浸泡在煮豆水中放涼。
3. 煮白豆時，將海扇洗淨。2 顆紅蔥剝除外皮，切薄片。大醬汁鍋燒熱，倒入 1 小匙橄欖油，等油熱了放入紅蔥片，以小火炒 3 分鐘，不要炒到變色。接著放入海扇、白酒翻炒，蓋上蓋子煮。等海扇的殼全開後，倒入大碗。其中幾顆海扇只要拿掉一片殼，其他的殼則全拿掉。
4. 用細孔篩網過濾煮海扇的湯汁，備用。

煮白豆

5. 油漬蕃茄切碎塊。取一個碗，舀入 5 大匙煮海扇的湯汁，備用。
6. 深煎鍋燒熱，倒入 1 小匙橄欖油，倒入剩下的海扇湯汁，煮（濃縮）至水分只剩一半的量，加入瀝乾的白豆、油漬蕃茄和酸豆，以小火燉煮至白豆入味。
7. 將 2 大匙橄欖油加入做法 5. 裝海扇湯汁的碗裡，一邊加一邊攪拌，倒入 ½ 顆份量的檸檬汁，撒點現磨黑胡椒拌勻成醬汁。

完成

8. 剩下的紅蔥切圓薄片。1 顆檸檬的皮削乾淨，撕掉內膜，果肉切小丁。摘下平葉巴西里的葉子，切碎。將上述材料加入做法 6. 的鍋中，以鹽和現磨黑胡椒調味。把連殼的海扇擺在上面，淋上醬汁，可以直接把深煎鍋端上桌，或分裝至盤子裡享用。

Memo...

海扇（法文 coques，英文 cockles）又叫鷹蛤，外殼上面有直條紋路，和血蛤很像。此外，這裡乾的白豆可以選用中型白豆。

Salade de lentilles aux champignons vinaigrés

扁豆沙拉佐醋漬什菇

材料（4～6 人份）

綠扁豆 400 公克｜2 杯

大根胡蘿蔔 1 根

洋蔥 1 顆

金針菇 100 公克｜3 盎司

水 1 公升｜1 夸特

白酒醋 100 毫升｜½ 杯

平葉巴西里 3～4 枝

雪利酒醋適量

• 橄欖油、鹽、現磨黑胡椒

AD／金針菇的學名是 flammulina（指「小火」）velutipes（指「天鵝絨足」）。在歐洲是一種生長於榆樹的野生金錢菌，在日本、台灣則被大量栽種與出口。買不到金針菇的話，可以改用小洋菇。

PN／扁豆富含低升糖指數的碳水化合物、蛋白質、纖維素、維生素 B 群和礦物鹽（包括鐵質和鎂質），十分營養，是健康餐桌上的常客。

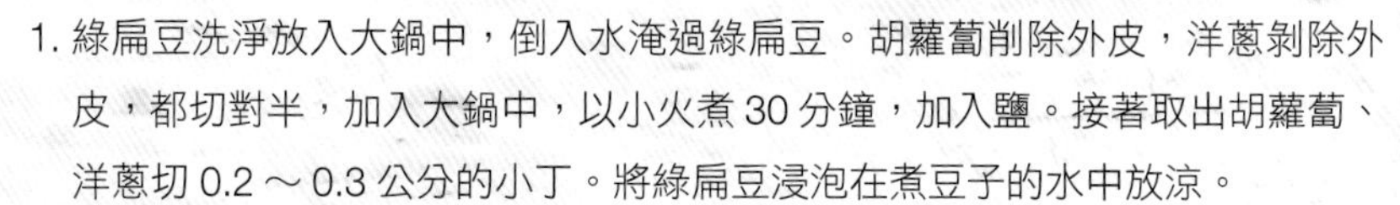

1. 綠扁豆洗淨放入大鍋中，倒入水淹過綠扁豆。胡蘿蔔削除外皮，洋蔥剝除外皮，都切對半，加入大鍋中，以小火煮 30 分鐘，加入鹽。接著取出胡蘿蔔、洋蔥切 0.2～0.3 公分的小丁。將綠扁豆浸泡在煮豆子的水中放涼。
2. 金針菇切掉梗部，洗淨，先取 20 根放在小碗裡，備用。
3. 鍋中倒入水、白酒醋煮滾，加入剩下的金針菇煮 3 分鐘，取出瀝乾水分。
4. 平葉巴西里洗淨後擦乾，摘下葉子，切碎。
5. 等綠扁豆放涼了，瀝乾水分，裝入沙拉盅或深盤子裡，加入胡蘿蔔、洋蔥、平葉巴西里和做法 3.。淋入 1 小匙橄欖油、雪莉酒醋、鹽和現磨黑胡椒調味，輕輕攪拌，以免弄傷金針菇。
6. 將 1 小匙橄欖油淋入預留的金針菇上，再撒入鹽、現磨黑胡椒調味，最後放在做法 5. 上面即可享用。

Memo...

做法 1. 中，用胡蘿蔔、洋蔥等調味蔬菜烹調綠扁豆之後，取出丟掉很可惜，建議切成小丁一起拌沙拉。

Soja jaune étuvé et champignons de Paris

煮黃豆拌蘑菇

材料（4 人份）

乾的黃豆 130 公克｜ 4 盎司
蘑菇 300 公克｜ 10 盎司
帶著長葉子的小洋蔥 2 顆
平葉巴西里 8 枝
大蒜 1 瓣
鹽漬檸檬（參照 p.15）½ 顆
咖哩粉 1 小匙
水 500 毫升｜ 2 杯
檸檬汁 1 顆份量
• 橄欖油、鹽

AD／在雞油菌盛產的季節，可以用很小朵的雞油菌代替蘑菇，用金針菇也很美味。

PN／黃豆是唯一含有所有重要胺基酸的豆類，而且含量極高，所以這一餐不用再準備肉類或魚類食物，因為你已經攝取足夠的份量，此外還有礦物鹽和纖維素。加上蘑菇，這道菜餚可是健康得不得了。

1. 將黃豆放入碗裡，加水浸泡 12 小時（一晚）。
2. 黃豆瀝乾水分，切細碎。鍋中倒入水煮滾，輕輕地撒入黃豆，蓋上蓋子，持續控制在快要沸騰的狀態下煮 20 ～ 30 分鐘，然後加入些許鹽。
3. 蘑菇切掉蒂頭，洗淨後切片。小洋蔥剝掉最外面一層，切碎。平葉巴西里洗淨後擦乾，摘下葉子。大蒜去膜後切末。將上述材料全部放入沙拉盅裡。
4. 鹽漬檸檬的皮切絲，加入沙拉盅裡，再加入咖哩粉、3 大匙橄欖油，最後加入 3 撮鹽、檸檬汁調味，整個拌勻，最後加入黃豆拌勻，立即上桌。

Memo...

帶點咖哩風味，加上黃豆的特殊咀嚼感，如沙拉般清爽美味。

在奧普市集（marché d'Aups）。
杜卡斯手上拿的是蘑菇，蘑菇左邊的是連枝蕃茄

Galettes moelleuses de pommes de terre

馬鈴薯鬆餅

AD ／馬鈴薯一定要趁熱剝皮。可以稍微放涼，或者用乾淨毛巾把手裹起來操作。

PN ／份量足夠的香草沙拉（參照 p.153）搭配馬鈴薯鬆餅，就是完美的一餐。馬鈴薯和雞蛋能提供蛋白質。吃完後再來份優格或其他乳製品（乳酪除外，因為鮮奶油的脂肪含量已經很高），並吃些水果。

材料（4 人份）

大顆馬鈴薯 600 公克｜ 1½ 磅

低筋麵粉 60 公克｜ ½ 杯

全蛋 3 顆

法式鮮奶油（crème fraîche épaisse）或酸奶油 100 公克｜ 3½ 盎司

蛋白 3 顆份量

• 橄欖油、鹽、現磨黑胡椒

做法

準備麵糊

1. 馬鈴薯洗淨。將鹽、水（比例是水 200：鹽 1）倒入鍋中煮滾，放入馬鈴薯煮至芯變得柔軟，以刀尖檢查熟度，熟了的話很容易刺入果肉。煮好後瀝乾水分，趁馬鈴薯還熱剝掉外皮，以壓泥器或叉子壓成泥，裝入大碗裡。
2. 依低筋麵粉、全蛋、法式鮮奶油的順序加入馬鈴薯泥中，充分拌勻。
3. 取一個乾淨、沒有沾到水、油的鋼盆，放入蛋白，以打蛋器攪打至濕性發泡，然後一點一點地將蛋白霜加入做法 2.，以刮刀將麵糊由底部往上翻拌輕輕混勻，以免蛋白霜消泡。以鹽、現磨黑胡椒調味。

煎鬆餅

4. 不沾平底鍋燒熱，倒入些許橄欖油，等油熱了，用小杓子或大湯匙舀入麵糊至鍋面，煎成小鬆餅，每一片形狀可以不同，每一面各煎 2 分鐘。麵糊一次煎不完的話，可以分批煎。把煎好的鬆餅盛入盤子裡，立即享用。

Memo...

將蛋白霜加入麵糊時動作要輕柔，以刮刀將麵糊由底部往上翻拌混勻，才能完成口感輕柔的鬆餅。打發蛋白霜時，鋼盆不可沾有一丁點水、油。做法 3. 中的濕性發泡是指，用打蛋器舀起蛋白霜檢視時，蛋白霜整體都呈下垂狀（滴垂下來）。一般若只以蛋白打發而未加入砂糖，雖仍可以打發，但打發後蛋白霜的狀態不穩，易蛋水分離，所以要盡快和其他食材拌勻。

Pommes de terre écrasées a là fourchette

馬鈴薯泥

AD／這道菜可以單吃，也可以加幾片浸在橄欖油裡的羅勒葉（把羅勒鋪在盤子上，再刷上橄欖油），或者撒幾粒黑橄欖搭配。還有一種更棒的吃法：將松露磨碎後撒在馬鈴薯上，融合奢華滋味和純樸食材，美味無比。

PN／這道料理能攝取碳水化合物、橄欖油的不飽和脂肪酸，還有比這更棒的嗎？享用這道馬鈴薯時，可以搭配幾片風乾火腿或生火腿、一盤沙拉，飯後再吃些優格和水果，就是營養均衡、樸實簡單的一餐。

材料（4 人份）

馬鈴薯（夏洛特、皇后等皮薄、肉厚，適合水煮的品種）8 顆

粗鹽 1 大匙

• 橄欖油、鹽之花（頂級海鹽）

做法

烹調馬鈴薯

1. 馬鈴薯徹底洗淨，去掉附著的沙土，可以用刷子刷。
2. 將馬鈴薯放入大鍋中，倒入水淹過馬鈴薯，加入粗鹽，持續控制在快要沸騰的狀態下煮 20 分鐘，以刀尖檢查熟度，熟了的話很容易刺入果肉。
3. 將等一下要盛裝馬鈴薯的大盤子或小盤子保持溫度。
4. 馬鈴薯瀝乾水分，放在廚房紙巾上，趁馬鈴薯還熱，用叉子固定馬鈴薯，把廚房紙巾折成四折，隔著紙小心剝掉外皮。

盛盤

5. 在每個小盤子裡各放 2 顆馬鈴薯（大盤子的話全部放上去），用叉子壓碎成泥。淋上 1 小匙橄欖油，撒入 1 撮鹽之花。馬鈴薯一定要趁熱吃才美味，立刻享用吧！

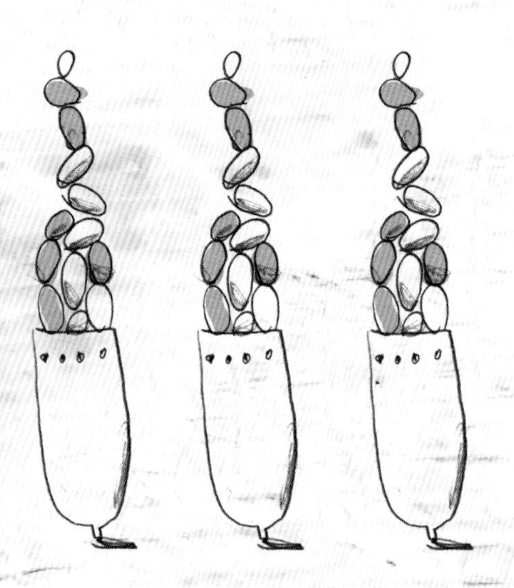

Memo...

夏洛特（charlotte）品種的馬鈴薯是法國布列塔尼地區的特產，外皮薄、果肉比較厚，適合蒸、水煮，不會過於軟爛。此外，白皮長圓形馬鈴薯、紅皮圓形馬鈴薯、皇后馬鈴薯等皆可。

Pommes de terre en papillotes
錫箔紙烤馬鈴薯

材料（4 人份）

馬鈴薯（艾德華國王品種馬鈴薯或小顆馬鈴薯）800 公克｜ 2 磅
粗鹽適量
大蒜 4 瓣
百里香或迷迭香 4 枝
水 4 大匙
• 橄欖油、鹽之花（頂級海鹽）、現磨黑胡椒

1. 將 1 杯水、粗鹽倒入容器中，放入馬鈴薯搓掉部分的薯皮，但不要削皮。
2. 烤箱預熱至最高溫 240 ～ 250℃（500 ℉）。
3. 取 4 個耐熱小碗，撕下 4 大張錫箔紙，每個碗鋪一張，小心不要讓指甲劃破底部。
4. 把馬鈴薯分裝至小碗裡，分別在每個碗裡放入大蒜、百里香或迷迭香，淋入 1 大匙水、1 小匙橄欖油。
5. 把錫箔紙從四角往中間拉起來成圓錐狀，緊密封口，放入烤箱中烘烤 30 ～ 35 分鐘。
6. 從烤箱取出後直接上桌，可視個人口味，以鹽之花、現磨黑胡椒調味。

AD／艾德華國王（King Edward VII）馬鈴薯是英國品種的馬鈴薯，可以追溯至 1902 年，曾有一陣子乏人問津，不過現在又漸漸受到歡迎。薯皮是紅色紋路，果肉相當細緻。也可以改用其他的小顆馬鈴薯製作。

PN／用這種方式烹調的馬鈴薯好吃又低脂，可以直接享用原味，不過加些含鹽奶油（別加太多！）更美味！

Memo...
鹽之花（fleur de sel）是頂級的海鹽，採用天然製鹽法，以法國給宏得（Guérande）產的最為知名。

Pommes de terre au four

烤馬鈴薯角

AD ／除了大蒜，你也可以用其他香料，如匈牙利甜椒粉、辣椒粉或喜歡的口味。馬鈴薯烤好後，加 ½ 把山蘿蔔葉也不錯。

PN ／再準備一盤香草沙拉（參照 p.153）、一片冷盤的肉、一份乳酪或優格和一片水果，就成了營養均衡、省時省力的一餐。

材料（4 ～ 8 人份）

中型馬鈴薯 1 公斤 | 2 磅

大蒜 3 ～ 4 瓣

百里香 1 枝

迷迭香 1 枝

油漬蕃茄（參照 p.16）10 瓣

• 橄欖油、鹽

做法

處理食材

1. 馬鈴薯放在流水下方，用刷子徹底刷洗乾淨，不要削皮，然後切成 4 ～ 6 瓣（馬鈴薯角），一邊切一邊放入大碗裡，加入未去膜的大蒜、百里香和迷迭香。
2. 在做法 1. 中加入 3 大匙橄欖油，撒入些許鹽。手洗淨後將所有食材混合均勻，讓馬鈴薯角全部沾裹到油，然後鋪放在大烤盤上。

烘烤

3. 烤箱設定至 200℃（400 ℉），不用預熱。將烤盤放入烤箱中烘烤約 30 分鐘，烘烤過程中必須時常翻拌馬鈴薯，等馬鈴薯烤至呈金黃香脆即可，建議用刀尖確認一下熟度。
4. 加入油漬蕃茄，和馬鈴薯混勻，再放回烤箱中烘烤 5 分鐘加熱。上菜時直接把盤子端上桌，即可享用。

Memo...

相較於油炸馬鈴薯，烤馬鈴薯用的油少，比較健康。此外，烤箱未經預熱直接放入馬鈴薯角烘烤，可以烤得外表酥脆，內部柔軟的口感。

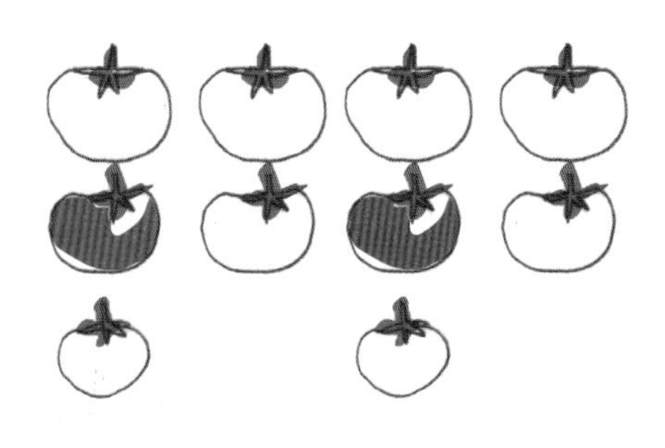

Pommes Darphin

馬鈴薯絲餅

AD ／此外，你還可以將 1 ～ 2 顆洋蔥切丁，也可以把香草切碎，或把胡蘿蔔、西洋芹或櫛瓜刨成絲，在調味時加到馬鈴薯裡，變化做法，口味更豐富。

PN ／做這道菜時，一定要準備好的平底鍋，否則就得用很多油，吃起來會太油膩。吃馬鈴薯絲餅時可以搭配一盤綠色沙拉、一片火腿或其他冷盤的肉，飯後來一份優格和水果，就是簡單迅速又營養均衡的一餐。

材料（4 ～ 6 人份）

馬鈴薯 1 公斤｜ 2 磅

- 橄欖油、鹽、現磨黑胡椒

做法

處理食材

1. 馬鈴薯削除外皮後洗淨，瀝乾水分，用刨絲器刨成絲，或者用菜刀切絲。雙手捏擠馬鈴薯，放在乾淨的毛巾上。以鹽、現磨黑胡椒調味，用手混勻，讓調味料充分拌勻。

煎馬鈴薯絲餅

2. 不沾平底鍋燒熱，倒入 1 大匙橄欖油，等油熱了放入馬鈴薯，用鍋鏟或刮刀壓扁成圓形、厚度均一的圓餅狀，以中火煎 15 分鐘。
3. 在不沾平底鍋上放一個大圓盤，把鍋子倒扣，讓馬鈴薯絲餅掉到盤子上。
4. 不沾平底鍋刷一點點橄欖油，把馬鈴薯絲餅放回去，另一面以中火再煎 12 ～ 15 分鐘。
5. 將煎好的馬鈴薯絲餅倒扣回圓盤，撒些現磨黑胡椒即可享用。

Memo...

一般在法國是用刨絲器刨好烹煮，不過，也可以用菜刀切成約 0.2 公分的細絲，成品會比較漂亮。外表煎的酥脆，內部鬆軟，是深受大家喜愛的一道料理。

Pommes de terre et tomates au four

香烤蕃茄馬鈴薯

材料（4 人份）

新生長出來的小馬鈴薯（雞蛋大小，普通馬鈴薯亦可）10 個
熟透的蕃茄 5 顆
大蒜 5 瓣
百里香或奧勒岡的花（鮮嫩百里香葉亦可）適量
• 橄欖油、鹽、現磨黑胡椒

AD ／百里香的花非常適合這道菜，但很難買，也可以用鮮嫩的百里香葉。酸甜的蕃茄搭配甘甜的馬鈴薯，真是美味極了。

PN ／馬鈴薯的碳水化合物和蕃茄烹調後釋放的茄紅素可以讓人更有活力，預防老化。可以搭配烤肉、煎魚或蒸魚。

1. 烤箱預熱至 210℃（425 ℉）。
2. 小馬鈴薯用刷子仔細洗淨，每個縱切成 4 等份，清洗後小心地用毛巾或廚房紙巾擦乾。蕃茄洗淨擦乾，切掉蒂頭，然後切大瓣。
3. 烤盤上抹少許橄欖油，排入馬鈴薯和未去膜的大蒜，再將蕃茄撒滿烤盤。淋入 2 ～ 3 大匙橄欖油和些許鹽，用刮刀或手拌勻。
4. 將烤盤放入烤箱中烘烤約 40 分鐘。馬鈴薯會吸收蕃茄的湯汁，烘烤過程中必須時常翻拌，讓湯汁均勻散佈。以刀尖檢查馬鈴薯的熟度，熟了的話很容易刺入果肉。
5. 撒入百里香或奧勒岡的花，繼續烘烤約 5 分鐘。
6. 取出烤盤。用刮刀小心刮一下黏在烤盤上的精華汁液，撒些現磨胡椒，即可享用。

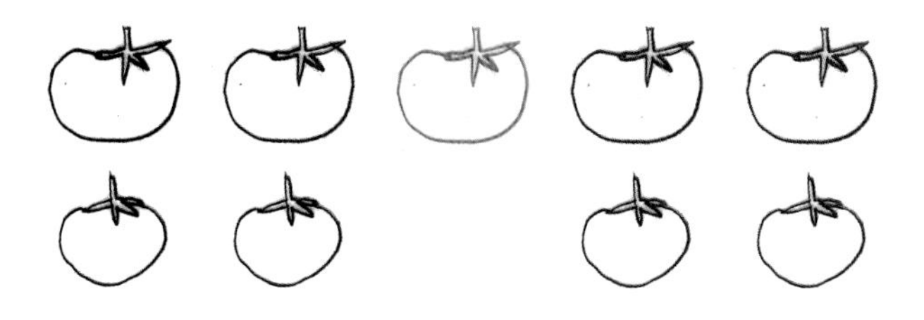

Memo...
食材中的馬鈴薯（new potato）是指新生長出來的小馬鈴薯，可以包含各個品種的馬鈴薯。其特色是皮很薄、口感質地脆，很適合整個烹調食用。

海鮮 Mer

229 白酒煮綜合貝類與馬鈴薯
Coquillages et pommes de terre à la marinière

230 扇貝佐水芹菜醬汁
Coquilles Saint-Jacques au bouillon de cresson

231 蟹肉沙拉佐小黃瓜、芒果與木瓜
Salade de crabe, concombre, mangue et papaye

232 檸檬風味烤小螯蝦
Langoustines rôties au citron

234 扇貝燉綠甘藍
Coquilles Saint-Jacques au chou vert fumé

238 水煮龍蝦佐馬其頓風味蔬菜
Homard poché, macédoine de légumes

242 鮟鱇魚佐青醬風味白豆
Lotte, haircots cocos au pistou

243 牛奶煮圓鱈佐皮奎洛紅甜椒醬
Cabillaud poché, coulis de piquillos

245 鹽烤海藻鯛魚佐蒔蘿醬
Daurade royale en cro□te de sel et d'algues, sauce à l'aneth

246 鱈魚佐燉橙汁菊苣
Cabillaud et marmelade d'endives à l'orange

249 烤紙包圓鱈與煮白菜紫萵苣
Lieu jaune en papillote de chou chinois et trévise

250 海藻蒸牙鱈與炒蔬菜
Merlan à la vapeur d'algues, légumes verts sautés à cur

252 杏仁裹鹽醃鱈魚佐蒜香白豆
Morue en croûte d'amandes et haircots à l'ail confit

253 海魴佐煮茴香與沙拉
Saint -pierre et fenouil cuit et cru

255 酸豆櫛瓜烤羊魚
Filets de rouget, courgettes à la tapenade

256 香烤沙丁魚佐薄荷香草醬汁
Sardines grillées, condiment chermoula

259 醃漬鮭魚佐小馬鈴薯和芝麻葉沙拉
Gravlax de saumon, pommes de terre nouvelles et riquette

260 韃靼鰹魚佐香草沙拉
Tartare de bonite aux herbes

261 香煎椒鹽鮪魚佐茄汁醬
Pavé de thon blanc au poivre, condiment tomaté

262 白蘑菇番茄烤舌比目魚
Filets de sole, tomates et champignons

264 醃烏魚薄片佐涼拌咖哩鮮蔬
Mulet noir en fines tranches marinées, tartare de légumes au curry

267 橙汁醃鯖魚
Maquereaux marinésà l'orange

268 燉鱸魚佐香草鮮奶油醬
Bar poché, crème aux fines herbes

270 香煎鮭魚佐白芝麻玉米糕
Saumon grillé, fingers de polenta au sésame

272 韃靼粉紅鱒魚佐涼拌蕃茄丁
Tartare de truite rose et ses condiments

阿朗・杜卡斯（AD）__
大海一年四季都賜予我們豐富多樣、容易烹調的食材，像是貝類、蝦蟹類和鮮魚。重點是要用心烹調，簡單調味。

寶莉・內拉（PN）__
有些海鮮含有珍貴的 Omega 3 不飽和脂肪酸，而每種海鮮都有對人體不可缺的碘和蛋白質。建議每週至少食用 3 次海鮮，才能獲得足夠的養分。

Mer

海鮮

Coquillages et pommes de terre à la marinière

白酒煮綜合貝類與馬鈴薯

材料（4 人份）

養殖的貽貝 750 公克｜ 1½ 磅
海扇 750 公克｜ 1½ 磅
海瓜子 750 公克｜ 1½ 磅
剃刀蛤 1 把
小馬鈴薯（皇后馬鈴薯亦可）600 公克｜ 1¼ 磅
紅蔥 2 顆
小顆球莖茴香 1 顆
大蒜 4 瓣
平葉巴西里 16 枝
無鹽奶油 20 公克｜ 1½ 大匙
不甜的白酒 100 毫升｜ ¾ 杯
• 橄欖油、粗鹽、鹽、現磨黑胡椒

1. 準備 4 鍋粗鹽水（比例是水 100：粗鹽 3），將 4 種貝類分別放入鹽水中，移到陰暗、寧靜處吐沙 2 小時，然後挑出殼破損或已經開口的貝類。
2. 用粗鹽搓揉小馬鈴薯，清洗（使用皇后馬鈴薯的話切一口大小）。將鹽、水（比例是水 200：鹽 1）倒入鍋中，放入馬鈴薯煮約 15 分鐘。
3. 紅蔥剝除外皮，球莖茴香剝掉最外面一層，都切末。大蒜去外膜，其中 2 瓣切末，另 2 瓣拍扁。平葉巴西里洗淨擦乾，摘下葉子，留下 20 片，其他切碎。
4. 大耐熱深鍋燒熱，加入 2 大匙橄欖油、無鹽奶油，等油熱了加入紅蔥、球莖茴香、蒜末和拍扁的大蒜，炒約 3 分鐘。
5. 貝類完全瀝乾水分，放入做法 4.，倒入白酒，蓋上蓋子，以大火煮 4 ～ 5 分鐘，常常翻拌，讓所有貝類開口，關火。用漏杓撈出貝類和拍扁的大蒜，盛入盤子裡保溫。
6. 將耐熱深鍋裡剩下的湯汁和料倒入食物調理機中，加入平葉巴西里碎，攪打至滑順均勻，然後倒回鍋中，放回貝類和拍扁的大蒜，加入瀝乾水分的馬鈴薯，均勻拌開。
7. 最後撒一些現磨黑胡椒，放上平葉巴西里葉片，直接把耐熱深鍋端上桌，即可享用。

AD／貝類海鮮可以前一天先買，浸泡在一盆鹽水裡，並遠離光源，這樣它們就會吐沙，也可以節省時間，烹調前只要用清水洗淨即可。

PN／真是一道營養均衡的佳餚！可以攝取到豐富的礦物鹽（貝類富含這種營養素）、蛋白質與馬鈴薯提供的碳水化合物。夏洛特馬鈴薯是首選，買不到的話，可以改用美味的諾穆提島（Île de Noirmoutier）或雷島（Île de Ré）馬鈴薯，風味更佳。

Memo...

粗鹽可在一般傳統市場的雜貨店購買。如果買不到材料中的特殊貝類，可用其他貝類代替，但須控制所有貝類總重約 2.5 公斤（5 磅）。

Coquilles Saint-Jacques au bouillon de cresson

扇貝佐水芹菜醬汁

AD／艾魯加（avruga）是一種煙燻鯡魚卵。醬汁一定留到最後做，因為先煮好的話就得保持滾燙，等到做法 7. 汆燙扇貝時色澤就暗沉了。

PN／在所有綠色蔬菜中，水芹菜和菠菜含有最多的礦物質、抗氧化劑和維生素。富含鐵質和葉酸的水芹菜算是一種天然補藥，再加上扇貝的碘，真教人食指大動呀！

材料（4 人份）

扇貝 12 顆

水芹菜 10 枝

菠菜 400 公克 | ⅘ 磅

大蒜 1 瓣

鮮奶油 2 大匙

檸檬汁 ½ 顆份量

艾魯加鯡魚魚子醬（avruga）或鮭魚卵 1 小罐 | 55 公克

胡桃麵包 4 片

• 橄欖油、鹽、現磨黑胡椒

做法

處理食材

1. 可以請魚販代為處理扇貝，僅留下貝柱。
2. 水芹菜摘下葉子，菠菜去梗，洗淨後擦乾水分。保留幾片水芹菜葉當作裝飾用。大蒜去膜。
3. 扇貝貝柱橫切成 4 等份，用檸檬汁和 1 小匙橄欖油調味，排在湯盤中。接著撒入魚子醬或鮭魚卵、裝飾用的水芹菜葉。
4. 胡桃麵包上刷一點橄欖油，放入烤箱或利用烤吐司機稍微烤酥，切成兩半，放在小籃子裡。
5. 將鹽、水（比例是水 200：鹽 1）倒入鍋中煮滾，放入水芹菜、菠菜和大蒜拌勻，煮至葉子用手指一捏就碎，用漏杓撈出（不要倒掉煮菜的水），然後倒入食物調理機中，加入鮮奶油、一點煮菜的水攪打成泥，讓泥（醬汁）呈現絲綢般的滑順感。

完成

6. 將做法 5. 倒入鍋中，以鹽、現磨黑胡椒調味，然後煮滾。
7. 把麵包籃和做法 3. 的盤子擺在桌上，淋入滾燙的做法 5. 的醬汁，用醬汁的熱度把扇貝燙熟。

Memo...

由於最後是用滾燙的水芹菜醬汁淋上生扇貝，所以扇貝的口感並非生冷，但也不會肉質過老，口感極佳。

Salade de crabe, concombre, mangue et papaye

蟹肉沙拉佐小黃瓜、芒果與木瓜

AD／想讓沙拉排盤更立體好看的話，可以把直徑 7 公分（3 吋）的中空模型擺在盤子中間，填入蟹肉沙拉，約模型的四分之三高度，再脱膜。周圍鋪上蔬菜沙拉，最後在蟹肉上放幾顆小蕃茄。

PN／光吃這道沙拉，就能攝取到一餐需要的營養，包括豐富的礦物鹽、維生素抗氧化劑。蟹肉也可以用煮熟的螯肉。

材料（4 人份）

蟹肉沙拉

冷凍蟹肉（雪場蟹、松葉蟹肉亦可）300 公克｜10 盎司

大蒜 1 瓣

薄荷 2 片

芫荽 2 枝

薑 5 公分長｜2 吋長

鮮奶油 1 大匙

杜卡斯特製蕃茄醬（參照 p.22）1 大匙

無蠟且無農藥萊姆 1 顆

無蠟且無農藥檸檬 1 顆

甜椒粉適量

• 鹽、現磨黑胡椒

蔬菜和水果

青蔥 4 ～ 6 根

紅甜椒 1 個

中型小黃瓜 1 根

芒果 1 個

木瓜 1 個

羅勒葉 4 片

薄荷葉 2 片

芫荽 1 枝

小蕃茄數顆

• 鹽、現磨黑胡椒

做法

製作蟹肉沙拉

1. 將蟹肉解凍，充分瀝乾水分。
2. 大蒜去膜後切末。薄荷、芫荽摘下葉子後切末。薑削皮後磨泥。
3. 將蟹肉、大蒜、薄荷、芫荽和薑倒入大容器中，加入鮮奶油、杜卡斯特製蕃茄醬拌勻。萊姆、檸檬刨下些許皮茸（參照 p.197 的 memo），將皮茸連同萊姆汁、檸檬汁也一起倒入大容器中拌勻，以甜椒粉、鹽、現磨黑胡椒調味，放入冰箱冷藏一下。

製作蔬果沙拉

4. 青蔥去除不要的部分，洗淨。紅甜椒、小黃瓜、芒果和木瓜削除外皮。將蔬菜切小塊，水果切薄片，都放入小容器中。
5. 將羅勒葉、薄荷葉和芫荽葉切碎，倒入做法 4. 中，以鹽、現磨黑胡椒調味、拌勻，放入冰箱冷藏一下。

盛盤

6. 把沁涼的蟹肉沙拉盛入盤子中間，周圍鋪上冰涼的蔬果沙拉，放幾顆小蕃茄點綴，冰冰涼涼最好吃。

Memo...

芒果和木瓜建議不要選果肉太熟，以免太軟濕、出水，口感不佳。此外，除了可以使用匈牙利甜椒粉、西班牙甜椒粉之外，若能買到法國埃斯普雷特辣椒粉（piment d'Espelette）更佳。

Langoustines rôties au citron

檸檬風味烤小螯蝦

AD／這道菜只要烤 2 分鐘就好，否則小螯蝦的肉質會過於乾澀。食用時附上鉗子，讓大家吃蝦肉時不傷牙。

PN／很難找到比這道更簡單清爽的佳餚了！你可以根據小螯蝦的大小來決定份量，體型較大的話，一人準備 4 尾就夠了。和其他蝦蟹一樣，小螯蝦富含碘和礦物鹽。

材料（4 人份）

中型小螯蝦 24 尾

青蔥 2 根

檸檬百里香約 10 枝

無蠟且無農藥檸檬 1 顆

埃斯普雷特辣椒粉（piment d'Espelette）或甜椒粉（paprika）少許

- 橄欖油、鹽之花（頂級海鹽）

做法

處理食材

1. 小螯蝦從背部縱切對半，挑去腸泥和蝦頭的沙囊，或者請魚販代為處理。
2. 烤箱以上火燒烤（broil）功能設在最高溫 240 ～ 250℃（500 ℉）。
3. 青蔥去除不要的部分，洗淨後切末。摘下檸檬百里香的葉子。檸檬切對半。

烘烤

4. 將切對半的小螯蝦併排在耐烤容器中或烤盤上，頭尾相接排好，撒上蔥末和檸檬百里香葉子。
5. 放入烤箱烘烤 2 分鐘。取出後，刨一點檸檬皮茸撒上，淋些橄欖油、擠好的檸檬汁，再加一點鹽之花和埃斯普雷特辣椒粉或甜椒粉，立刻享用。

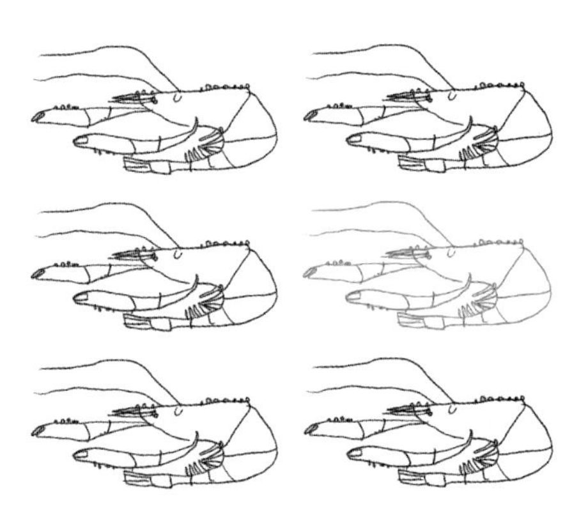

Memo...

刨檸檬皮茸的方法可參照 p.197 的 memo。以高溫迅速烤過小螯蝦，更可釋出甘甜味。

Coquilles Saint-Jacques au chou vert fume

扇貝燉綠甘藍

AD ／完美的海陸組合！剛開始燉綠甘藍時不要加太多鹽，因為黑線鱈就有鹹度，最後煮好後再調整鹹淡即可。

PN ／扇貝沒有太多脂肪，且富含碘和礦物鹽！如果很大顆（大家的食量也普通），一個人準備 3 顆的份量，就能攝取到足夠的蛋白質。

材料（4 人份）

扇貝 16 顆

綠甘藍 1 顆

胡蘿蔔 1 根

洋蔥 1 顆

西洋芹 2 根

小根韭蔥 1 根

黑線鱈（其他煙燻魚肉亦可）
100 公克｜ 4 盎司

杜松子 2 顆

雞清高湯（參照 p.10）或
水 200 毫升｜ ¾ 杯

• 橄欖油、鹽、現磨黑胡椒

做法

處理食材

1. 可以請魚販代為處理扇貝，僅留下貝柱。綠甘藍洗淨，剝下葉子。將鹽、水（比例是水 200：鹽 1）倒入鍋中煮滾，放入綠甘藍的葉子煮 2 分鐘。取出瀝乾水分，切 1 公分（½ 吋）寬。
2. 胡蘿蔔、洋蔥去除外皮，西洋芹洗淨，全部切成小丁。韭蔥切下蔥綠，和黑線鱈也一起切成小丁。

完成

3. 耐熱深鍋燒熱，倒入 2 大匙橄欖油，等油熱了放入做法 2. 的蔬菜丁，以小火炒 2 ～ 3 分鐘，不要炒到變色。加入綠甘藍，輕輕翻炒 2 分鐘。
4. 加入杜松子，倒入雞清高湯，蓋上蓋子，一邊攪拌一邊以小火煮 30 分鐘。
5. 加入黑線鱈翻拌一下，再放上扇貝貝柱，蓋上蓋子，以極小火煮 3 分鐘就好，以鹽、現磨黑胡椒調味。
6. 將綠甘藍盛入盤中，中間排入扇貝貝柱，再淋入湯汁即可享用。

Memo...

買不到黑線鱈的話，可以改用培根或燻鮭魚；又或者不加入黑線鱈，僅以這些蔬菜燉煮，食材釋放天然甘甜，也有一番滋味。

上圖是黃色、橘色的帶葉迷你胡蘿蔔，以及紅、白、黃三色蕪菁；右圖則是龍蝦。

Homard poché macédoine de légumes

水煮龍蝦佐馬其頓風味蔬菜

AD／龍蝦一定要選生猛的，而且螯要用橡皮筋捆緊。放入滾水後，鍋子要蓋上蓋子，才不會水花四濺。

PN／龍蝦肉的脂肪含量極低，而且富含蛋白質。蔬菜不僅低卡，維生素豐富，還淋上營養的優格醬汁，真是一道非常低脂的豐盛料理！

材料（4 人份）

龍蝦（布列塔尼的龍蝦為佳）1 尾，600 公克｜ 1½ 磅

迷你胡蘿蔔 2 根或普通胡蘿蔔 1 根

小的蕪菁 3 個或大的 1 個

四季豆 60 ～ 80 公克｜約 1 杯

碗豆莢 1 把

白酒 200 毫升｜ 1¾ 杯

青蔥 2 根

希臘式優格（乳脂肪 0%的新鮮白乳酪 fromage blanc 亦可）150 公克｜ ½ 杯

無蠟且無農藥檸檬 1 顆

水 3 公升｜ 3 夸特

埃斯普雷特辣椒粉（piment d'Espelette）或甜椒粉（paprika）1 撮

黑胡椒圓粒 10 顆

• 鹽、現磨黑胡椒

做法

準備蔬菜

1. 胡蘿蔔、蕪菁削除外皮後洗淨。四季豆洗淨，撕去老筋。將胡蘿蔔、蕪菁和四季豆切成豌豆仁的大小，從豌豆莢中取出豌豆仁。
2. 準備一盆冰水備用。另外將鹽、水（比例是水 200：鹽 1）倒入鍋中煮滾。
3. 將做法 1. 放入沸騰的鹽水中煮約 4 分鐘。取出瀝乾水分，浸入冰水裡，再瀝乾水分，放入容器中。

處理龍蝦

4. 取一個大鍋子，倒入水、白酒，放入黑胡椒圓粒後煮滾，接著放入龍蝦，蓋上蓋子，等煮滾後再煮 5 分鐘。
5. 取出龍蝦，等龍蝦不燙手立刻剝掉尾部、肘部和螯的殼，挑掉黑腸，拿掉蝦頭的沙囊，並且把蝦卵收集起來。頭尾的殼縱切對半，洗淨擦乾，蝦肉切小塊，放入做法 3. 中。

完成

6. 檸檬刨下些許皮茸（參照 p.197 的 memo），擠好檸檬汁。青蔥去除不要的部分，洗淨後切蔥末，放入小碗中，然後加入蝦卵、希臘式優格、檸檬汁和檸檬皮茸、埃斯普雷特辣椒粉或甜椒粉，以鹽、現磨黑胡椒調味成優格醬汁。
7. 將做法 6. 的醬汁倒入裝了蔬菜、龍蝦肉的碗裡，輕輕攪拌，然後填入切對半的蝦頭和蝦尾。擺好盤，上桌前要保持冰涼。

Memo...

這道料理如同沙拉般，比較適合冷食。希臘式優格的介紹可參照 p.167 的 memo。

Lotte, haricots cocos au pistou

鮟鱇魚佐青醬風味白豆

AD／鮟鱇魚是產於大西洋和地中海的大型魚，買的時候通常看不到魚頭，因為這種魚的頭又大又可怕，故又稱為「青蛙魚」，甚至是「海妖」。

PN／冬天可以改用乾的白豆（記得前一晚要泡水），兩者具有相同的營養價值，都富含礦物鹽、纖維素和低升糖指數的優質碳水化合物。鮟鱇魚沒什麼脂肪，青醬富含促進身體健康的營養素，美味又健康。

材料（4 人份）

鮟鱇魚片 4 片，每片 100 公克｜4 盎司

連著豆莢的新鮮白豆（浸泡過水的乾白豆、白豆水煮罐頭亦可）800 公克｜1¾ 磅

洋蔥 1 顆

細的胡蘿蔔 2 根

法式香草束 1 束

青醬（參照 p.36）50 公克｜2 盎司

皮奎洛紅甜椒（pimientos del piquillo）4 片

羅勒 2 枝

鮮奶油 150 毫升｜¾ 杯

• 鹽

做法

處理食材

1. 從豆莢中取出白豆。洋蔥、胡蘿蔔去除外皮後切小塊。將白豆、洋蔥、胡蘿蔔放入鍋中，加入法式香草束，倒入水淹過材料。
2. 一邊撈除浮沫，一邊以小火煮 45 分鐘，再加入鹽。
3. 將鮟鱇魚片排入另一深煎鍋，舀入 1 杓煮白豆的水，以小火煮約 10 分鐘。
4. 皮奎洛紅甜椒切條。羅勒摘下葉子，切細絲。

完成

5. 白豆瀝乾水分，放入容器中，加入四分之三量的青醬、鮮奶油和羅勒葉輕輕拌勻，然後舀入大盤子或數個小盤子裡。排上鮟鱇魚，以畫線般淋上剩下的青醬，加入皮奎洛紅甜椒，趁熱食用。

Memo...

皮奎洛紅甜椒為深紅色果肉，是將紅甜椒以碳火或送入直火烤箱中烤過，剝離果肉後再水煮，市售常見的是罐裝、瓶裝商品。此外，如果買的是乾的白豆，可在烹調前一天，將白豆放入冷水中浸泡 12 小時，第二天瀝乾水分後使用。

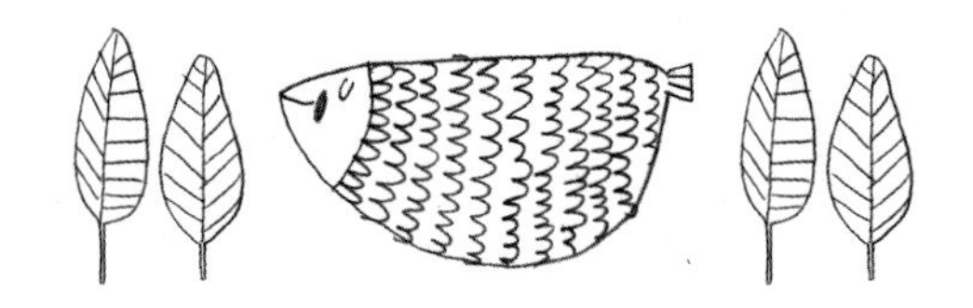

Cabillaud poché, coulis de piquillos

牛奶煮圓鱈佐皮奎洛紅甜椒醬

AD／皮奎洛紅甜椒是巴斯克料理的瑰寶之一，有罐裝也有瓶裝，使用前務必瀝乾水分。

PN／皮奎洛紅甜椒是彩椒的一種，不僅提供大量能促進心血管健康的類胡蘿蔔素，還有維生素C。在冬天因為很難攝取到這些營養素，所以享用這道菜對身體更顯得有幫助。

材料（4 人份）

圓鱈 600 公克｜ 1½ 磅

洋蔥 1 顆

皮奎洛紅甜椒（pimientos del piquillo）12 片

烤蕃茄片（參照 p.21）250 公克｜ 9 盎司

鮮奶油 100 毫升｜ ½ 杯

迷你美生菜（sucrine，蘿蔓生菜亦可）4 顆

低脂牛奶 750 毫升｜ 3 杯

大蒜 2 瓣

百里香 1 枝

月桂葉 1 片

埃斯普雷特辣椒粉（piment d'Espelette）或甜椒粉（paprika）1 撮

• 橄欖油、鹽之花（頂級海鹽）、粗鹽

做法

處理圓鱈

1. 盤子裡撒一些粗鹽，放入圓鱈，再撒些粗鹽，醃約 15 分鐘，然後洗淨，切成 4 份。

製作皮奎洛紅甜椒醬

2. 醃圓鱈時，洋蔥剝除皮後切丁，取 4 片皮奎洛紅甜椒切小片。
3. 深煎鍋燒熱，倒入 1 小匙橄欖油，放入洋蔥，以小火炒香 3 分鐘，不要炒到變色。接著加入烤蕃茄片、皮奎洛紅甜椒，以小火炒 5 分鐘，關火。倒入鮮奶油拌勻，整個倒入食物調理機中，攪打成滑順的醬汁，調味後保溫。

烤美生菜和紅甜椒

4. 迷你美生菜洗淨後瀝乾水分，縱切對半（蘿蔓生菜的話則切 4 瓣），放入烤箱以上火燒烤（broil）功能兩面各烤 1 分鐘，剩下的 8 片皮奎洛紅甜椒也以相同方法烤。

完成

5. 大蒜不去膜，以刀背壓扁。鍋中倒入低脂牛奶、大蒜、百里香和月桂葉煮滾，立刻關火，加入圓鱈，煮至用牙籤可以輕鬆插入肉。
6. 取出圓鱈，放在廚房紙巾上吸乾水分，盛入大盤子或數個小盤子裡，淋上皮奎洛紅甜椒醬。周圍交叉排入迷你美生菜、皮奎洛紅甜椒，顏色要相間。最後撒些許鹽之花、埃斯普雷特辣椒粉或甜椒粉，立刻享用。

Memo...

皮奎洛紅甜椒的介紹，可參照 p.242 的 memo。

Daurade royale en croûte de sel et d'algues, sauce à l'aneth

鹽烤海藻鯛魚佐蒔蘿醬

材料（4 人份）

鯛魚 1 尾，約 1.5 公斤｜ 3½ 磅

紅蔥 1 顆

無蠟且無農藥檸檬 1 顆

蒔蘿 18 枝

乾茴香（也可以省略）2 根

水 90 毫升｜ 6 大匙

紅酒醋 90 毫升｜ 6 大匙

冰的無鹽奶油 60 公克｜ 4½ 大匙

鮮奶油 1 大匙

新鮮白乳酪（fromage blanc，乳脂肪 0%）200 公克｜ 7 盎司

粗鹽（布列塔尼地區給宏得產為佳）1 公斤｜ 2 磅

綜合海藻乾（以水浸泡變軟後切小片）200 公克｜ 7 盎司

蛋白 3 顆份量

• 鹽、現磨黑胡椒

做法

烘烤鯛魚

1. 先處理鯛魚。從魚鰓取出內臟，以剪刀剪掉堅硬的背鰭，但記得不要刮掉魚鱗。也可以請魚販代為處理。
2. 烤箱預熱至 180℃（350 ℉）
3. 檸檬切片。摘下蒔蘿的葉子，莖不要丟掉，備用。
4. 將蒔蘿的莖、乾茴香塞入鯛魚的嘴巴，檸檬片塞入魚鰓。
5. 取一個大碗，放入粗鹽、綜合海藻和蛋白用力拌勻，然後塗抹整個烤盤，放上鯛魚，包裹整尾魚，放入烤箱烘烤 30 分鐘。

製作蒔蘿醬

6. 烤鯛魚時，將蒔蘿葉切碎，紅蔥剝除外皮後切末。
7. 小醬汁鍋中放入紅蔥、水和紅酒醋，煮（濃縮）至液體剩三分之一的量。無鹽奶油切小丁，一邊攪拌一邊放入滾燙的液體中，再加入鮮奶油、蒔蘿葉，關火，等冷卻後再加入新鮮白乳酪，邊用攪拌器拌勻。以鹽、現磨黑胡椒調味。

完成

8. 取出烤箱中的鯛魚，放涼 20 分鐘。打碎且剝掉所有的鹽塊和海藻塊，取出烤鯛魚，放在大盤子上，淋上蒔蘿醬，立刻享用。

AD／你也可以讓鯛魚連同鹽塊、海藻塊一起端上桌，吃時再打碎。這樣的話，不妨搭配一塊糕點當作裝飾，醬汁則裝在醬汁盅。

PN／鯛魚有很多品種，金鯛肉質細嫩，在法國稱為「皇鯛」，膽固醇極低。

Memo...

蒔蘿（法文 aneth，英文 dill）又叫洋茴香或刁香，外型與茴香類似，與魚類料理極為搭配，因此有「魚之香草」的美稱。

Cabillaud et marmelade d'endives à l'orange

鱈魚佐燉橙汁菊苣

AD／我都挑選包心緊的新鮮白菊苣，不需清洗，只要剝掉外層的葉子。如果不喜歡底部粗硬處的淡淡苦味，可以切掉。

PN／菊苣能提供有益身體健康的纖維素，但維生素含量不多，幸好有最後添加的新鮮柳橙所提供的維生素 C。鱈魚是膽固醇很低的魚類，所以這是一道相當低脂的佳餚。

材料（4 人份）

鱈魚片 4 片，每片 100 ～ 120 公克｜ 4 盎司

紅蔥 3 顆

菊苣 12 個

柳橙 4 顆

無鹽奶油 15 公克｜ 1 大匙

• 橄欖油、鹽、現磨黑胡椒、粗粒黑胡椒

做法

處理食材

1. 紅蔥剝除外皮後切片。取 10 個菊苣剝除外層的葉子，切成片。另外 2 個菊苣的葉子剝除，切掉葉子底部的白色部分，保留葉尖，其餘部分也切片。

烹調橙汁菊苣

2. 取 2 顆柳橙榨汁，裝在玻璃杯裡，另外 2 顆柳橙去皮去膜，把柳橙瓣放在盤子裡。
3. 耐熱深鍋燒熱，倒入 1 小匙橄欖油，等油熱了放入紅蔥、2 撮粗粒黑胡椒，用小火炒至紅蔥呈透明，加入菊苣炒 2 分鐘 ，以鹽調味，再接著倒入柳橙汁充分拌勻，以小火煮至水分快要收乾，這時菊苣應該煮軟了。

煎鱈魚

4. 不沾平底鍋燒熱，倒入 1 小匙橄欖油，等油熱了，先將魚皮那面朝鍋面放入煎，然後翻面將魚肉煎熟，魚肉要煎至有點透明，大約 1 分鐘，以鹽、現磨黑胡椒調味。

完成

5. 將無鹽奶油加入做法 3. 中拌勻，以鹽、現磨黑胡椒調味，再加入柳橙瓣。
6. 將做法 5.、預留的菊苣葉尖盛入大盤子裡或分成小盤，擺上鱈魚立刻享用。

Memo...

加入些許無鹽奶油，可使醬汁更濃郁，並且讓菊苣不那麼苦。

Lieu jaune en papillote de chou chinois et trévise

烤紙包圓鱈與煮白菜紫萵苣

AD／這種簡單的摺法方便你可以稍微打開紙包來確認鱈魚的熟度，可以用刀尖戳看看熟度。

PN／鱈魚的膽固醇很低，肉質香甜又少刺，很適合給小孩子吃。

材料（4 人份）

圓鱈（只要是鱈魚皆可）4 片，每片 120 公克｜4 盎司

醬油 2 大匙

小顆白菜 1 顆或普通大小的 ½ 顆

紫萵苣 1 顆

平葉巴西里 4 枝

芫荽 4 枝

白芝麻 1 小匙

大蒜 1 瓣

紅酒醋 3 大匙

• 橄欖油、鹽、粗粒黑胡椒

做法

處理食材

1. 鱈魚撕掉魚皮，放在盤子裡，淋上醬油醃約 15 分鐘。
2. 白菜、紫萵苣剝掉外層葉子後洗淨，挑掉葉脈較粗硬的外層葉子，其他的葉子切片。大蒜去膜後以刀背壓扁。
3. 深煎鍋燒熱，倒入 2 大匙橄欖油，等油熱了放入白菜、紫萵苣和大蒜，加入鹽翻炒，蓋上蓋子，燜煮 5 分鐘至食材變軟。接著倒入紅酒醋，繼續煮約 10 分鐘，關火。
4. 平葉巴西里、芫荽洗淨，擦乾水分，摘下葉子後切碎，放入容器中。然後放入白芝麻、1 小匙粗粒黑胡椒拌勻成香料。在鱈魚兩面都均勻裹上香料。
5. 烤箱預熱至 160℃（325℉）。裁剪 4 張 40×40 公分（16×16 吋）的烘焙紙，每一張烘焙紙上面都舀入四分之一量的做法 3.，再擺上 1 片鱈魚。

烘烤

6. 將烘焙紙左右兩端往中間拉，各有一半的紙會重疊，把鱈魚包起來，再摺起，然後將烘焙紙上下兩端各摺 2 次，封好紙口。整個擺在烤盤上，放入烤箱烘烤 10～12 分鐘即可。

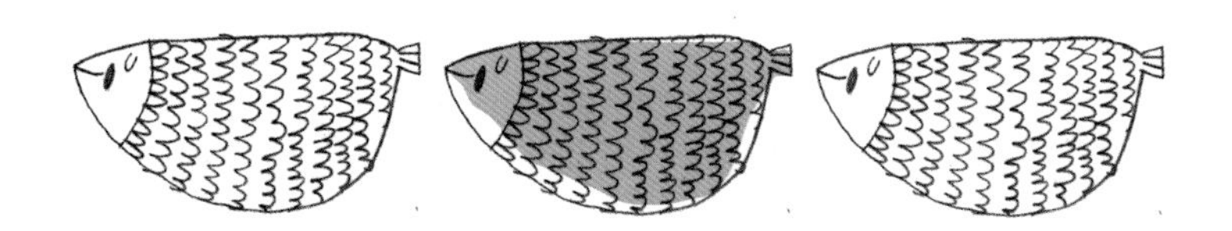

Memo...

這裡是用煮蔬菜取代醬汁來搭配鱈魚，不僅可以攝取到大量營養素，而且熱量更低。

Merlan à la vapeur d'algues, légumes verts sautés à cru

海藻蒸牙鱈與炒蔬菜

AD／豌豆醬和蔬菜可以事先烹調好，然後裝在容器裡，用保鮮膜封好，放在冰箱冷藏保存。

PN／牙鱈是低膽固醇的魚。蔬菜因烹煮的時間較短，可以留住維生素。這道佳餚相當清爽，毫無負擔。

材料（4 人份）

牙鱈（只要是鱈魚皆可）4 片，每片 120 公克｜ 4 盎司

連著豆莢的新鮮豌豆 600 公克｜ 1¼ 磅

砂糖 1 撮

細的綠蘆筍 8 根

小的櫛瓜 1 個

嫩菠菜約 30 公克｜ 1 盎司

小顆蘿蔓生菜 1 顆

四季豆約 8 根

海藻乾 1 把

小顆蠶豆仁 100 公克｜ 3¾ 盎司

• 橄欖油、鹽之花、鹽、現磨黑胡椒

做法

製作豌豆醬

1. 新鮮豌豆去豆莢，挑出最小顆的備用，豆莢撕去老筋，稍微切一下。
2. 耐熱深鍋燒熱，倒入 1 大匙橄欖油，等油熱了放入豆莢、較大顆的豌豆仁、1 撮鹽和 1 撮砂糖，以小火翻炒 2 分鐘，不要炒到變色。倒入熱水（大約淹過材料），以大火迅速煮滾，然後轉小火，持續控制在快要沸騰的狀態下煮 4 分鐘。
3. 準備一盆冰水備用。將做法 2. 倒入食物處理機中，攪打至滑順，以鹽、現磨黑胡椒調味，再倒入沙拉盅，再放入冰水裡迅速冷卻。

處理蔬菜

4. 從綠蘆筍尖（嫩端）切 8 公分（3 吋）一段，再縱切成 4 片。櫛瓜洗淨，切成圓薄片。嫩菠菜、蘿蔓生菜洗淨後瀝乾，蘿蔓生菜切對半。四季豆洗淨，切成 1 公分（½ 吋）段。

烹調牙鱈

5. 將牙鱈的魚刺挑除。海藻乾以水浸泡變軟，切成易入口的大小。取北非蒸米鍋（蒸鍋、蒸籠亦可），煮一鍋滾水。

蒸煮、完成

6. 大炒鍋或平底鍋燒熱，倒入 2 大匙橄欖油，放入預留的小豌豆仁，以及蘆筍尖、櫛瓜、四季豆和小顆蠶豆仁，撒入鹽，炒約 3 分鐘。然後加入嫩菠菜、蘿蔓生菜翻炒，關火，盛入盤中，淋上加熱的豌豆醬。
7. 將牙鱈放在蒸鍋、蒸籠的上層，撒上鹽之花，鋪上海藻，蒸 1 ～ 2 分鐘即可，取出排在蔬菜上，立刻享用。

Morue en croûte d'amandes et haricots à l'ail confit

杏仁裹鹽醃鱈魚佐蒜香白豆

AD ／要去除鹽醃鱈魚的所有鹽分一點也不簡單！用這種方式去鹽的話，因為鹽會沉入盆底，可以確定至少不會太鹹，但用其他方法去鹽就很難說。如果不是豆子的盛產季節，就改用乾的白豆，然後在前一天先浸泡水再使用。

PN ／鹽醃鱈魚是低脂肪高蛋白質的食材，再加上白豆和杏仁提供低升糖指數的碳水化合物、纖維素和礦物質，這道清爽佳餚是營養均衡的絕佳示範。

材料（4 人份）

鹽醃鱈魚 500 公克｜ 1 磅

新鮮白豆（已從豆莢取出，白豆水煮罐頭亦可）200 公克｜ 7 盎司

大蒜 1 瓣

百里香 2 枝

迷迭香 1 枝

帶皮杏仁 80 公克｜ ½ 杯

鹽漬檸檬（參照 p.15）1 顆

無鹽奶油 10 公克｜ ¾ 大匙

油封蒜（參照 p.12）4 個

• 橄欖油、鹽、現磨黑胡椒

做法

鹽醃鱈魚泡水

1. 將鹽醃鱈魚放在篩網上，再將篩網放入一盆水中浸泡，大約浸泡 24 小時，期間至少換 4 次水。

處理白豆

2. 大蒜不去膜，以刀背壓扁。
3. 將白豆、大蒜和 1 枝百里香放入醬汁鍋，倒入水淹過材料，以小火煮約 40 分鐘至白豆軟透，再加入鹽。

烹調鹽醃鱈魚

4. 杏仁切碎。1 枝迷迭香和 1 枝百里香摘下葉子，切碎。將上述材料都放入小碗，混合均勻。
5. 將醃漬檸檬的皮切細丁。鹽醃鱈魚瀝乾水分，擦乾，切成 4 等份。
6. 平底鍋燒熱，倒入 1 小匙橄欖油，等油熱了放入鹽醃鱈魚，迅速將魚肉兩面煎黃，瀝乾油分後盛入盤子裡。接著把做法 4. 倒入平底鍋中，翻炒至杏仁稍微變色，再加入無鹽奶油和鹽漬檸檬皮充分拌勻，取出。

完成

7. 白豆瀝乾水分，再次放回醬汁鍋，以極小火加熱，加入油封蒜。
8. 將做法 6. 的平底鍋再加熱，放回鹽醃鱈魚，以湯匙在魚肉上鋪上一層做法 6. 的香草檸檬杏仁，然後用刮刀或鍋鏟將鹽醃鱈魚連同料，一起盛入大盤子裡或分成小盤，白豆放在旁邊，撒上現磨黑胡椒即可享用。

Memo...

鹽醃鱈魚比較鹹，適當去除鹽分可以讓這道菜口味更清爽。魚肉上的香草檸檬杏仁，除了帶來香氣，更能增加咀嚼感。

Saint-pierre et fenouil cuit et cru

海魴佐煮茴香與沙拉

材料（4 人份）

海魴（saint -pierre）2 尾，每尾約 500 公克｜1 磅

小顆球莖茴香 4 顆

青蔥 4 根

雞清高湯（參照 p.10）200 毫升｜⅘ 杯

番紅花絲 10 根

蒔蘿 4 枝

羅勒 4 枝

去籽黑橄欖 1 大匙

檸檬汁 ½ 顆份量

油漬蕃茄（參照 p.16）4 片

• 橄欖油、鹽

AD ／球莖茴香沙拉已經加入黑橄欖，還有蒔蘿和羅勒增添香氣，所以不必再加鹽。

PN ／好主意！我們攝取太多鹽分了。魴魚的膽固醇很低，但缺少能促進身體健康的 Omega-3 脂肪酸，不過球莖茴香富含各種抗氧化劑，還有豐富的維生素與礦物鹽，所以還是能提供足夠的營養。

做法

處理食材

1. 將海魴切成 3 片（切除魚頭，以中間的魚骨為中心，片切魚身兩側的魚肉），剝除魚皮。也可以請魚販代為處理。
2. 球莖茴香剝掉最外面一層後洗淨，其中 2 顆切對半，其他備用。青蔥去除不要的部分，洗淨。

煮球莖茴香

3. 耐熱深鍋燒熱，倒入 2 大匙橄欖油，等油熱了放入切對半的球莖茴香，切面朝下，然後加入青蔥。撒入鹽，蓋上蓋子，加蓋後煎 3 分鐘，煎至呈棕色。倒入雞清高湯，撒入番紅花絲，再蓋上蓋子，以小火持續控制在快要沸騰的狀態下煮 15 分鐘。

製作沙拉

4. 將剩下的 2 顆球莖茴香刨成薄片，放入沙拉盅。
5. 蒔蘿、羅勒洗淨，擦乾水分後摘下葉子。去籽黑橄欖切片。將上述材料加入做法 4. 中混合，加入 2 大匙橄欖油、檸檬汁調味。

完成

6. 做法 3. 的球莖茴香煮熟後（用刀尖刺入確認熟度），放入海魴煮約 1 分鐘，如果雞清高湯煮乾可以斟酌加入。
7. 將煮球莖茴香和海魴盛入盤裡，上面排放青蔥，淋上做法 3. 鍋中的湯汁，撒上油漬蕃茄。沙拉放在另外的容器中，立刻享用。

Memo...

海魴（法文 saint -pierre，英文 john dory）又叫魴魚、多利魚，是肉質比較細緻的白肉魚，口感較鱈魚 Q，煮、乾煎是常見的烹調方式。

Filets de rouget, courgettes à la tapenade

酸豆櫛瓜烤羊魚

材料（4 人份）

羊魚（rouget，竹莢魚、沙丁魚亦可）4 尾，每尾 200 ～ 250 公克｜8 盎司

中型櫛瓜 6 根

羅勒 3 枝

酸豆橄欖醬（參照 p.40）2 大匙

小枝百里香 1 枝

大蒜 1 瓣

• 橄欖油、鹽、現磨黑胡椒

做法

處理食材

1. 將羊魚頭部、魚鰓切除，剖開魚腹，去除（剪掉）背鰭、胸鰭，以及中間和腹部的魚骨。也可以請魚販代為處理。確實挑出魚刺，放入冰箱冷藏。
2. 櫛瓜洗淨，瀝乾水分後縱切對半，挖掉籽，削成細長薄片。羅勒洗淨，擦乾水後摘下葉子，切粗碎。

煎櫛瓜

3. 不沾平底鍋燒熱，倒入些許橄欖油，等油熱了放入櫛瓜，煎 1 分鐘即可，撒入鹽、現磨黑胡椒，加入羅勒、酸豆橄欖醬輕輕拌勻。

烤羊魚

4. 開啟烤箱的上火燒烤（broil）功能。
5. 將鹽、現磨黑胡椒抹在魚身，魚皮那一面朝上，放在烤盤上，摘下百里香的葉子撒在羊魚上，放入烤箱只要烘烤 1 ～ 2 分鐘，或者用高溫 280℃（540℉）烤 2 分鐘，讓魚皮那面烤上色即可。

盛盤

6. 大蒜去膜，用切面塗抹在 4 個小盤子上，盛入櫛瓜，再放上羊魚，撒些現磨黑胡椒，立刻享用。

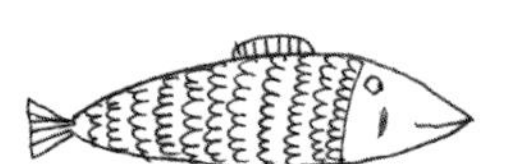

AD／魚販和廚師有專門挑魚刺的特殊鉗子，如果你沒有這種工具，可以用小鑷子代勞，但要先徹底洗淨。

PN／用平底鍋煎櫛瓜時不要放太多橄欖油，否則菜會太油膩，讓這道可以充分提供飽足感的佳餚，失去了應有的清爽風味。

Memo...

羊魚又叫鯔魚、緋鯉，香港則叫地中海紅線魚，如果買不到，可用竹莢魚、沙丁魚取代。此外在這道食譜中，櫛瓜若切成 1.3 公分（1/2 吋）厚，烹調時間約為 1 分鐘。

Sardines grillées, condiment chermoula

香烤沙丁魚佐薄荷香草醬汁

AD／烤沙丁魚時不需要加百里香等香草，因為沙丁魚本身就風味十足，添加其他香草的話反而畫蛇添足。除了烤架，也可以用電烤盤或一般烤爐來烤。

PN／沙丁魚富含 Omega-3 脂肪酸，能促進心臟和神經系統的健康！它的價格親民，對在推動健康的均衡飲食運動上功不可沒，可以常吃……只是燒烤時的味道可能挺重的，最好把窗戶打開！

材料（4 人份）

新鮮沙丁魚 16 尾
大蒜 2 瓣
芫荽 3 枝
薄荷 3 枝
埃斯普雷特辣椒粉（piment d'Espelette）
或甜椒粉（paprika）2 撮
小茴香籽 1 小匙
檸檬 1 顆
檸檬汁 1 顆份量
• 橄欖油、鹽、現磨黑胡椒

做法

處理沙丁魚

1. 沙丁魚刮掉魚鱗，去掉魚鰓，再從魚鰓處將內臟挖掉。也可以請魚販代為處理。放在流動的水下方洗淨後放入冰箱冷藏保存。

製作薄荷香草醬汁

2. 大蒜去膜。芫荽、薄荷洗淨後擦乾，摘下葉子。
3. 將大蒜、1 撮鹽、埃斯普雷特辣椒粉或甜椒粉放入研磨缽裡搗碎，加入小茴香籽、芫荽葉和薄荷葉，加強力道搗成泥，然後一點一點地加入檸檬汁、5 大匙橄欖油拌勻。
4. 將做法 3. 舀入小醬汁鍋，以小火加熱，不要讓醬汁沸騰，慢慢攪拌至散發香氣，放涼。

烤沙丁魚

5. 在沙丁魚的兩面都輕輕撒點鹽，放在烤架上，兩面都以大火烤約 2 分鐘，再撒上些許現磨黑胡椒。
6. 將沙丁魚盛入大盤子裡，搭配切片檸檬，薄荷香草醬汁可另外裝入容器中一起上桌。也可依個人喜好，刨一點檸檬皮茸（參照 p.197 的 memo。）撒在魚上，增添風味。

Memo...

薄荷香草醬汁（chermoula）是摩洛哥、阿爾及利亞、突尼西亞等地料理中常用的醬汁，一般會加入像大蒜、芫荽、薄荷、檸檬汁、小茴香籽和辣椒粉等製作，用來搭配烤魚、烤肉非常對味。

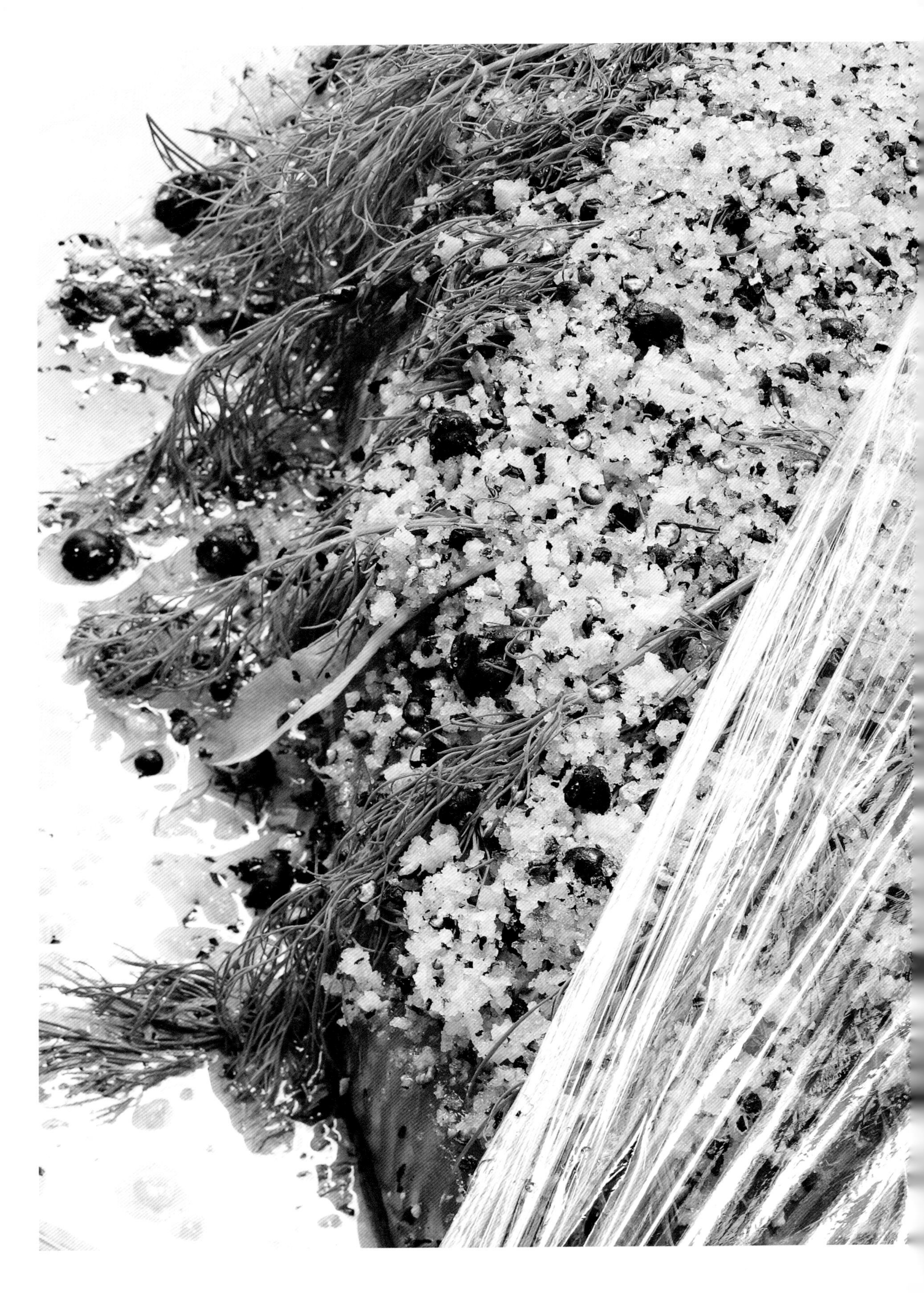

Gravlax de saumon, pommes de terre nouvelles et riquette

醃漬鮭魚佐小馬鈴薯和芝麻葉沙拉

材料（4 人份）

醃漬鮭魚

鮭魚排（蘇格蘭產，連刺和皮的為佳）750 公克｜1½ 磅

粗鹽（法國給宏得產為佳）150 公克｜½ 杯

細鹽 150 公克｜½ 杯

砂糖 100 公克｜½ 杯

粗粒黑胡椒 20 公克｜3 大匙

壓碎的杜松子 15 公克｜1½ 大匙

蒔蘿 16 枝

無蠟且無農藥檸檬 2 顆

配菜

新生長出來的小馬鈴薯 1 公斤｜2 磅

芝麻葉 4 把

山蘿蔔 1 束

- 橄欖油、粗鹽、鹽之花（頂級海鹽）、鹽、現磨黑胡椒

做法

24 小時前準備醃漬鮭魚

1. 取一個大碗，放入粗鹽、細鹽、砂糖、粗粒黑胡椒和壓碎的杜松子混勻。
2. 摘下蒔蘿的葉子，刨好 1 顆檸檬皮茸（參照 p.197 的 memo），全都加入做法 1. 中，充分混勻成醃料。取一個烤盤或大盤子，倒入一半醃料鋪平，放入鮭魚排，再倒入剩下的醃料整盤鋪平，放入冰箱冷藏（醃漬）約 24 小時。

當天

3. 取出鮭魚排放在流動的水下方迅速洗淨，挑除魚刺，斜切成薄片。
4. 將水、粗鹽倒入容器中，放入小馬鈴薯搓掉部分的薯皮。檸檬榨汁。
5. 將鹽、水（比例是水 200：鹽 1）倒入鍋中，放入小馬鈴薯煮約 15 分鐘，以刀尖檢查熟度。
6. 芝麻葉洗淨，瀝乾水分，加入一半檸檬汁、1 小匙橄欖油和少許鹽之花調味，即成芝麻葉沙拉。山蘿蔔切碎。
7. 小馬鈴薯瀝乾水分，立刻切對半，放入盤子裡，淋上 5 大匙橄欖油、剩下的檸檬汁，撒入山蘿蔔、現磨黑胡椒拌一下。
8. 將芝麻葉沙拉、鮭魚鋪在小馬鈴薯上面，立刻享用。

AD／小馬鈴薯不在產季的話，可以改用拉特（ratte）或夏洛特（charlotte）馬鈴薯。醃料可以提升海鮮的風味，而且做法簡單且省時、迅速，很適合當作招待朋友的晚餐料理。

PN／醃料不會破壞鮭魚的豐富營養（富含 Omega-3 脂肪酸和優質蛋白質），再加上有馬鈴薯提供的碳水化合物，以及芝麻葉的纖維素、維生素，是一道營養相當均衡的佳餚。

Memo...

深海魚（鮭魚、海魴）的魚油中富含 Omega-3 脂肪酸，有助於減少心血管疾病，但因為人體不會自行製作這種重要且必要的脂肪酸，所以必須藉由食用深海魚肉攝取。

Tartare de bonite aux herbes

韃靼鰹魚佐香草沙拉

AD／鰹魚（bonite）又名「煙仔鮪魚」，是鮪魚家族的成員之一。紅色的肉宛如紅鮪魚，這是一種因濫捕而瀕臨絕種的魚類。

PN／鰹魚富含 Omega-3 脂肪酸，油漬蕃茄和香草沙拉則含大量的維生素、抗氧化劑和礦物鹽，對身體健康都相當有益！

材料（4 人份）

鰹魚片 400 公克｜ 12 盎司
小黃瓜 1 根
紅（紫）洋蔥 1 顆
油漬蕃茄（參照 p.16）8 片
全穀或全麥麵包薄片 4 片
羅勒 3 枝
薄荷 3 枝
平葉巴西里 6 枝
塔巴斯科辣椒醬 2 ～ 3 滴
• 橄欖油、鹽、現磨黑胡椒

做法

製作韃靼鰹魚

1. 將小黃瓜切成 0.2 ～ 0.3 公分的小丁，撒入鹽，放在篩網中讓小黃瓜出水。紅洋蔥剝除外皮後切碎。去除鰹魚片的皮和油脂，也切成 0.2 ～ 0.3 公分的小丁，輕輕撒入些許鹽。油漬蕃茄切碎。將上述材料全部放入容器中，加入 3 大匙橄欖油、鹽、現磨黑胡椒和塔巴斯科辣椒醬拌勻成韃靼鰹魚。

製作香草沙拉

2. 將薄薄的全穀或全麥麵包放入烤箱或者利用烤吐司機烤酥，切成小麵包丁，放入沙拉盅。
3. 羅勒、薄荷、平葉巴西里洗淨，小心擦乾，摘下葉子放入沙拉盅，然後淋入 1 小匙橄欖油拌勻。

盛盤

4. 將韃靼鰹魚分裝到小盤子裡，舀入香草沙拉，然後撒上麵包丁裝飾，好菜上桌囉！

Memo...

這道口味清爽的料理，是前菜或沙拉的最佳選擇。香草沙拉除了一般淋入醬汁的吃法，這裡用了韃靼鰹魚，獨特的吃法令人躍躍欲試。

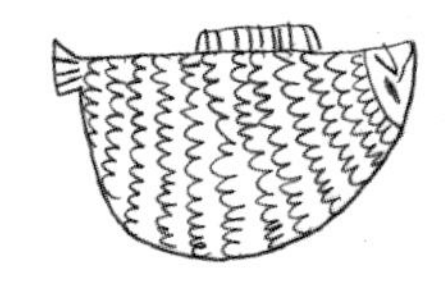
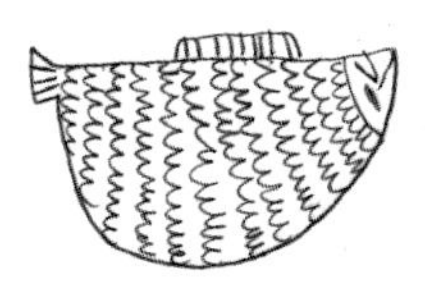
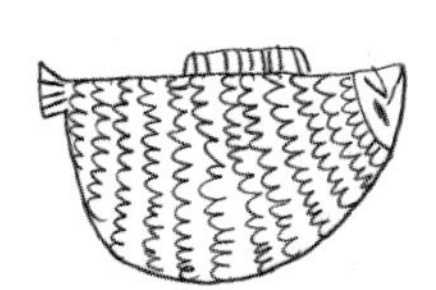

Pavé de thon blanc au poivre, condiment tomaté

香煎椒鹽鮪魚佐茄汁醬

材料（4 人份）

鮪魚排 4 片，每片約 120 公克｜4 盎司
紅蔥 2 顆
紅酒醋適量
酸豆 2 大匙
去籽黑橄欖 2 大匙
烤蕃茄片（參照 p.21）6 大匙
• 橄欖油、鹽、粗粒黑胡椒

AD ／鮪魚只要稍微加熱就好，否則肉質會乾澀。你可以撒入不同種類的胡椒粒（黑色、白色或粉紅色）在鮪魚上，創造更有意思的風味。水芹菜沙拉、煎蕃茄（參照 p.156）和烤馬鈴薯角（參照 p.222）和香烤蕃茄馬鈴薯（參照 p.225）都很適合當作配菜。

PN ／這種油脂豐富的魚類所含的 Omega-3 脂肪酸和維生素 A，居所有魚類之冠，因此深受營養師喜愛。白肉鮪魚又名「長鰭青花魚」（法文 germon，英文 albacore），生活在比斯開灣和大西洋。

1. 可以請魚販將鮪魚排片成 1.5 公分（¾ 吋）厚。烹煮前 1 小時，從冰箱拿出鮪魚排退冰。

2. 紅蔥剝除外皮，切碎，然後放入醬汁鍋中，倒入紅酒醋淹過紅蔥，以極小火煮至水分完全乾掉，大約 10 分鐘。
3. 將酸豆和去籽黑橄欖切碎，等做法 2. 煮好再加入。接著加入烤蕃茄片、1 大匙橄欖油拌勻。

4. 將鮪魚排放入盤子裡，撒一些鹽和粗粒黑胡椒。
5. 不沾平底鍋燒熱，倒入 1 小匙橄欖油，等油熱了放入鮪魚排，兩面各煎 30 秒即可。
6. 將鮪魚排盛入大盤子裡或分成小盤，茄汁醬倒入碗裡或醬汁盅，不要直接淋在鮪魚排上，立刻享用。

Memo...

茄汁醬與鮪魚十分契合，再加上顆粒黑胡椒的滋味，更加令人垂涎欲滴。這道鮪魚新吃法，做法不難又不花時間，是忙碌的人犒賞自己的最佳海鮮料理。

Filets de sole, tomates et champignons

白蘑菇蕃茄烤舌比目魚

／可以使用其他種身體扁平的魚片，例如鰈魚（turbot）、小鰈魚（limande）或河鰈（carrelet），後面兩種價格較低。宴客時可以把這道菜先準備好，最後再放入烤箱烘烤。

／舌比目魚的膽固醇很低，而且這份食譜的烹調方式並不會影響它的低脂特色。蕃茄、白蘑菇和嫩菠菜提供了各種維生素、抗氧化劑和礦物鹽，非常有益健康！

舌比目魚 2 尾，每尾 500 公克 | 1 磅

白蘑菇 350 公克 | 12 盎司

嫩菠菜 6 把

大蒜 2 瓣

帶著長葉子的小洋蔥 4 顆

烤蕃茄片（參照 p.21）5 大匙

• 橄欖油、鹽、現磨黑胡椒

做法

處理食材

1. 可以請魚販把舌比目魚片成魚片，每片再切成 3 塊。
2. 白蘑菇去掉柄，蕈傘洗淨擦乾，每個切成 3 ～ 4 片。嫩菠菜洗淨，瀝乾水分。大蒜去膜，1 瓣用叉子插起來，另 1 瓣以刀背壓扁。小洋蔥剝掉最外面一層，切圓薄片。

燒烤

3. 烤箱預熱至 180℃（350 ℉）。
4. 平底鍋燒熱，倒入 1 小匙橄欖油，等油熱了放入 1 把嫩菠菜，用插著大蒜的叉子翻拌，炒至嫩菠菜變軟，加入鹽、現磨黑胡椒調味，盛入盤子裡。重複以上步驟將所有嫩菠菜煎好。
5. 擦拭平底鍋上的油，再次倒入 1 小匙橄欖油，等油熱了放入白蘑菇、小洋蔥和壓扁的大蒜，以大火快炒 3 分鐘，加入鹽、現磨黑胡椒調味。
6. 取耐熱的大容器，依序層疊鋪上烤蕃茄片、嫩菠菜、白蘑菇、舌比目魚和小洋蔥，放入烤箱中烘烤 10 分鐘。
7. 取出撒入些許現磨黑胡椒，直接把盤子端上桌食用。

Memo...

如果家中沒有烤蕃茄片，可以用新鮮蕃茄或蕃茄泥來製作。

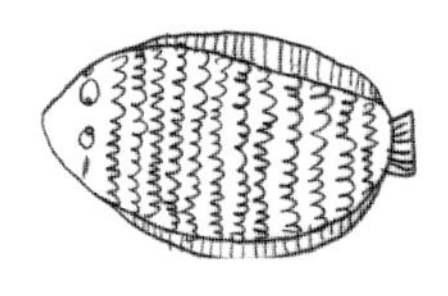
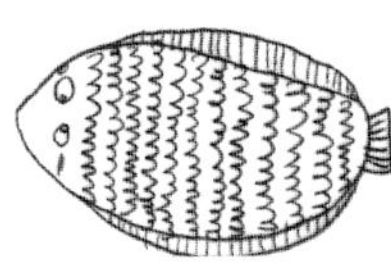
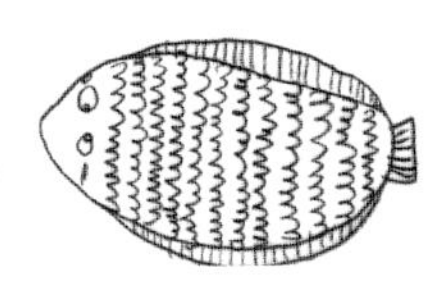
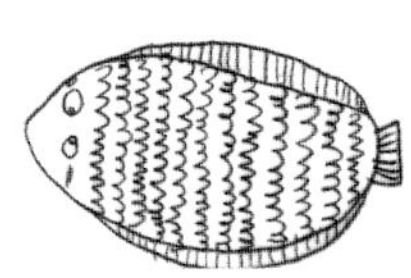

Mulet noir en fines tranches marinées, tartare de légumes au curry

醃烏魚薄片佐涼拌咖哩鮮蔬

AD／片烏魚片前先把刀子磨利，或請魚販代勞片成極薄的生魚片。

PN／烏魚富含魚類少有的豐富維生素 B6，加上含有益健康的 Omega-3 不飽和脂肪酸，所以被視為「富含油脂」的海鮮。

烏魚片（鱸魚片亦可）300 公克｜10 盎司

無蠟且無農藥萊姆 1 ½ 顆

青蔥 2 根

細的胡蘿蔔 1 根

小顆球莖茴香 1 顆

小黃瓜 1 根

櫻桃蘿蔔 10 個

綠蘆筍 3 根

大蒜 ½ 瓣

羅勒 2 枝

平葉巴西里 1 枝

芫荽 1 枝

希臘式優格（乳脂肪 0%的新鮮白乳酪 fromage blanc 亦可）150 公克｜½ 杯

黃色咖哩粉 2 撮

埃斯普雷特辣椒粉（piment d'Espelette）或甜椒粉（paprika）少許

• 橄欖油、鹽之花（頂級海鹽）、鹽

做法

醃烏魚

1. 將烏魚片片成極薄片，排在大盤子裡。
2. 取 1 顆萊姆刨好皮茸（參照 p.197 的 memo）。青蔥去除不要的部分，切蔥花。
3. 1 顆萊姆榨汁，倒入容器中，加入 4 大匙橄欖油、鹽之花、埃斯普雷特辣椒粉或甜椒粉，萊姆皮茸和蔥花，拌勻成醃料。接著將醃料塗在烏魚片上，放在冰箱醃 20 分鐘。

製作涼拌咖啡鮮蔬

4. 胡蘿蔔、小黃瓜和櫻桃蘿蔔削除外皮，洗淨。球莖茴香剝掉最外面一層，洗淨。綠蘆筍削除硬皮，洗淨。小黃瓜縱切對半，用小湯匙去籽。綠蘆筍從尖嫩端切 8 ～ 10 公分（3 ～ 4 吋）一段。將上述材料全部切小塊。
5. 大蒜去膜後切末。羅勒、平葉巴西里和芫荽洗淨，摘下葉子後切碎。
6. 將做法 4. 放入食物調理機中，以間歇（瞬動）模式打碎，但避免把食物打太碎而出汁。
7. ½ 顆萊姆榨汁，倒入容器中，加入希臘式優格、大蒜、咖哩粉、香草碎和 2 大匙橄欖油，用打蛋器充分拌勻。接著加入做法 6. 的蔬菜，輕輕攪拌，加入鹽調味。

盛盤

8. 將涼拌咖哩蔬菜盛入 4 個小盤子裡，再鋪上醃烏魚片，涼涼地享用。

Memo...

希臘式優格的介紹可參照 p.167 的 memo。

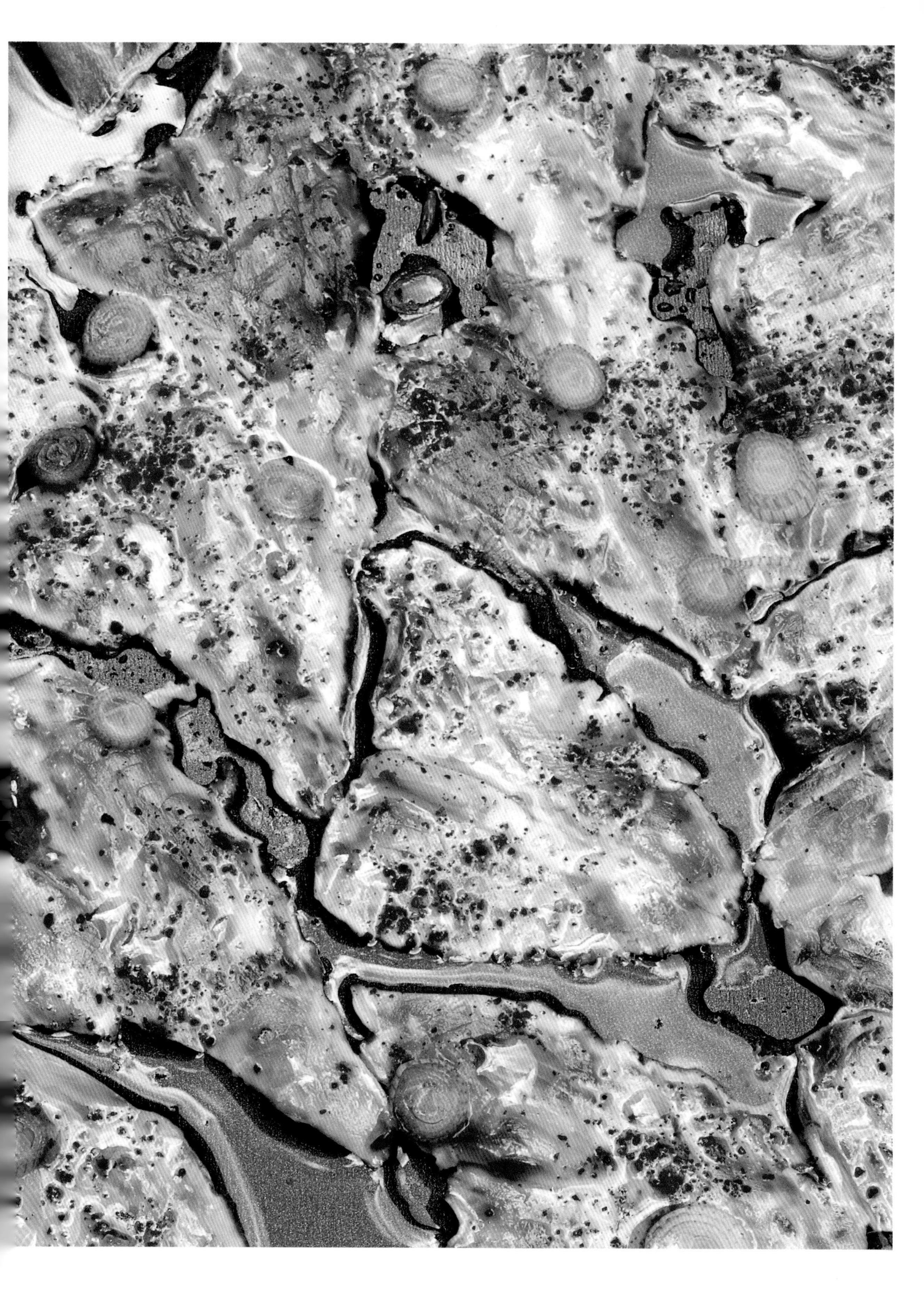

Maquereaux marinés à l'orange

橙汁醃鯖魚

AD／鯖魚是用柳橙汁的熱氣蒸（燜）熟，這樣一來更能保持美味緊實的口感。如果請魚販切魚片，記得確認是否殘留魚刺。

PN／鯖魚是「富含油脂」的海鮮，有豐富的不飽和脂肪酸（多數是 Omega–3）、維生素 A 和礦物鹽。此外，橙汁有維生素 C，而且比一般慣用的白酒健康。

材料（4 人份）

鯖魚（小尾且魚身較薄的）2 尾，每尾 400 公克｜1 磅

無蠟且無農藥柳橙 2 顆

珍珠洋蔥 4 顆

迷你球莖茴香 4 顆

芫荽籽 1 小匙

芫荽葉 12 片

• 橄欖油、鹽、粗粒黑胡椒

做法

處理食材

1. 清除鯖魚的內臟，片成魚片，挑除所有魚刺，也可以請魚販代為處理，然後排放在耐熱烤皿裡。
2. 柳橙洗淨，其中 1 顆削皮後切成細絲，放入滾水中汆燙，瀝乾後冰鎮。這道程序要重複 2 次，以去除柳橙皮絲的苦澀味。2 顆柳橙榨汁，備用。
3. 珍珠洋蔥剝除外皮，球莖茴香剝掉最外面一層，洗淨，都切薄片。芫荽籽磨碎。
4. 耐熱深鍋燒熱，倒入 1 小匙橄欖油，等油熱了放入珍珠洋蔥、球莖茴香翻炒 1 分鐘，輕撒入一點鹽、芫荽籽和粗粒黑胡椒。接著倒入柳橙汁，一邊攪拌一邊煮 5 分鐘。

醃鯖魚

5. 將做法 4. 淋入鯖魚，立刻用保鮮膜覆蓋，密封保持熱度。讓鯖魚浸在其中，放在室溫下 1 小時放涼。

盛盤

6. 芫荽葉切碎，連同柳橙皮絲一起撒在鯖魚上，直接把盤子端上桌享用。

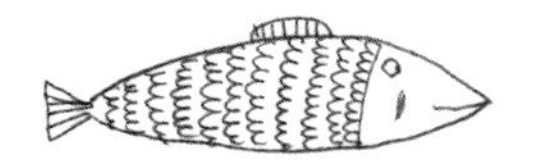 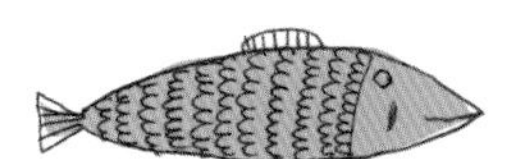 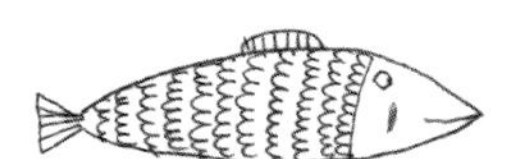

Memo...

常用來調味的「粗粒黑胡椒」自己製作很簡單，可以將圓顆粒黑胡椒倒在大盤子裡，以菜刀背將黑胡椒壓成碎粒即可使用。

Bar poché entier, crème aux fines herbes

燉鱸魚佐香草鮮奶油醬

AD／拿牙籤插入靠近背鰭的地方來確認鱸魚的熟度。在餐桌上切魚肉時，可以準備一個碗或盤子裝碎屑。

PN／鱸魚（bar 或 loup）是肉質細緻、低膽固醇的海鮮，再搭配一種蔬菜就能當主菜，也可以當前菜。雖然這道菜沒有含很多油脂，但因為搭配了鮮奶油醬，所以甜點適合選低脂的乳製甜品，例如優格，而非乳酪。

材料（4 人份）

鱸魚 1 尾，1.3 公斤 | 3 磅

無蠟且無農藥檸檬 3 顆

迷你胡蘿蔔 2 根或
普通胡蘿蔔 1 根

洋蔥 2 顆

平葉巴西里 6 枝

蒔蘿 4 枝

月桂葉 1 片

粗粒黑胡椒 1 大匙

芫荽籽 1 大匙

水 3 公升 | 3 夸特

白酒 200 毫升 | 1½ 杯

鮮奶油 3 大匙

• 橄欖油、現磨黑胡椒

做法

處理食材

1. 可以請魚販代為處理內臟、刮掉魚鱗。
2. ½ 顆檸檬削皮後切成 2 片，½ 顆檸檬榨汁，剩餘的 2 顆檸檬切半圓片。胡蘿蔔、洋蔥去除外皮後洗淨，切成 0.7 ～ 0.8 公分的薄片。
3. 平葉巴西里、蒔蘿洗淨，擦乾水分，摘下葉子切碎，莖不要丟掉。將香草莖、月桂葉用線綁好，做成香草束。

烹調鱸魚

4. 將水倒入深鍋中加熱，加入檸檬片、胡蘿蔔、洋蔥、粗粒黑胡椒、芫荽籽、白酒、1 撮鹽和香草束煮，等沸騰後，放入鱸魚，改以小火，持續控制在快要沸騰的狀態下煮 6 分鐘，關火，鱸魚留在鍋裡，用餘溫浸泡約 10 分鐘。

製作香草鮮奶油醬

5. 煮鱸魚時製作香草鮮奶油醬。將鮮奶油倒入碗或醬汁盅裡，加入檸檬汁稀釋、拌勻，再加入平葉巴西里葉、蒔蘿葉，撒入鹽、現磨黑胡椒充分拌勻。

盛盤

6. 用網杓撈出鱸魚，放在盤子裡，擺上半圓片檸檬，香草鮮奶油醬另外裝在碟子裡一起上桌。

Memo...

法文中的「poché」，是指將食材放在即將沸騰的液體中煮熟。

Saumon grillé, fingers de polenta au sésame

香煎鮭魚佐白芝麻玉米糕

AD／你可以前一天先做好白芝麻玉米糕。這種糕點可以在冰箱存放至少 24 小時。

PN／芝麻油跟鮭魚一樣，富含不飽和脂肪酸。要營養均衡的話，別忘了來一道以蔬菜為主的前菜和水果做的甜品。玉米糕提供鈣質，所以不需要再準備乳酪或其他乳製品。

材料（4 人份）

生鮭魚排或片 500 公克｜1 磅

粗鹽 40 公克｜2½ 大匙

砂糖 20 公克｜1½ 大匙

白芝麻玉米糕

白芝麻 2 大匙

低脂牛奶 1.5 公升｜6 杯

芝麻油 3 大匙

粗粒玉米粉（semole de maïs，玉米糕專用）200 公克｜10 盎司

檸檬 2 顆

- 橄欖油、鹽之花（頂級海鹽）、現磨黑胡椒

做法

處理生鮭魚

1. 生鮭魚排挑除魚刺。先將粗鹽、砂糖混合，然後將一半倒入大盤子裡，放入生鮭魚排，再撒入剩下一半混合好的粗鹽、砂糖，鋪平，放入冰箱中醃 1 小時（過程中可數次取出翻面再放回）。

製作白芝麻玉米糕

2. 平底鍋不用加油，放入白芝麻炒香，放在廚房紙巾上吸掉餘油。
3. 將低脂牛奶、芝麻油和 2 撮鹽倒入醬汁鍋中，煮滾後撒入粗粒玉米粉，以打蛋器用力攪拌，一邊攪拌一邊煮，大約煮 6 分鐘，然後加入白芝麻拌勻。
4. 在盤子上先鋪一張耐熱保鮮膜，倒入白芝麻玉米糊，再鋪蓋一張耐熱保鮮膜，將玉米糊壓至約 2 公分（1 吋）厚，然後整盤放入冰箱冷藏。

完成

5. 將烤盤燒熱。
6. 取出鮭魚排，放在流動的水下方洗淨，再切成 4 等份，擦乾水分，每一面都刷上少許橄欖油。
7. 將做法 4. 的白芝麻玉米糕切成 12 個長方形。平底鍋燒熱，倒入 1 小匙多的橄欖油，等油熱了放入白芝麻玉米糕，將每一面都煎成褐色，放在廚房紙巾上吸掉餘油，保溫。
8. 把鮭魚排放在烤盤上，每面煎 1 ～ 2 分鐘。
9. 將鮭魚排盛入大盤子裡或分成小盤，撒入些許海鹽，周圍擺上白芝麻玉米糕。檸檬切半月形，放到盤子上，再撒上足夠的現磨黑胡椒後即可享用。

Memo...

被義大利人當作主食的玉米糕、玉米粥（polenta），是將粗粒玉米粉（semoule de maïs）加入沸騰的水中，一邊用力攪拌一邊煮成類似粥狀的食品。

與穆斯提耶屋舍（La Bastide de Moustiers）廚師威爾費德·霍逵特（Wilfrid Hocquet）。

Tartare de truite rose et ses condiments

韃靼粉紅鱒魚佐涼拌蕃茄丁

AD ／這道菜無論是鮭鱒（truite saumonée）或海鱒（truite de mer），魚如其名，和鱒魚都來自同一家族。這種魚在秋季會逆游回法國西部的沿海河川，但也能在魚塭繁殖。魚肉相當細緻。

PN ／粉紅鱒魚（truite rose）是鮭魚的近親，營養價值也類似，能提供不飽和脂肪酸，包括赫赫有名的 Omega-3。

材料（4 ～ 6 人份）

粉紅鱒魚（可生食用）1 片，約 450 克 | 1 磅

埃斯普雷特辣椒粉（piment d'Espelette）或甜椒粉（paprika）適量

涼拌蕃茄丁

蕃茄 2 顆

小條的酸黃瓜 6 ～ 8 條

青蔥 4 根

茴陳蒿約 1 枝

巴薩米可醋適量

- 橄欖油、鹽之花（頂級海鹽）

做法

處理粉紅鱒魚

1. 粉紅鱒魚去皮，挑除魚刺，切成 0.5 公分的小丁，放入大盤子裡，放入冰箱冷藏。

製作涼拌蕃茄丁、盛盤

2. 蕃茄放入滾水中以小火汆燙，當蕃茄的表面出現大塊的裂痕，撈出泡冷水後撕除外皮，切成 4 等份，去籽，果肉切成 0.2 ～ 0.3 公分的細丁。酸黃瓜切小薄片。青蔥去除不要的部分，洗淨後斜切蔥花。茴陳蒿摘下葉子切碎。將上述材料全部倒入大碗裡拌勻，放入冰箱冷藏。
3. 粉紅鱒魚用海鹽、埃斯普雷特辣椒粉或甜椒粉和 1 小匙橄欖油調味，分盛至小的盤子裡，灑入幾滴巴薩米可醋。周圍擺上涼拌蕃茄丁，趁冰涼享用。

Memo...

加入了酸黃瓜，讓涼拌蕃茄丁的酸味更獨特且具層次，可以促進食慾。

肉類 Terre

276 羊肚菌風味烤半熟蛋
Oeufs cocotte aux morilles

278 巴斯克風味烤雞蛋
Oeufs au plat à la basquaise

280 煎千層歐姆蛋餅
Crespeou d'omelettes froides

282 蕪菁煮鴨肝
Foie gras poché aux navets

285 香煎兔肉佐烤蘋果
Sauté de lapin aux pommes

286 甘藍烤珠雞
Pintade au chou

287 香烤優格雞胸肉炒蔬菜
Blanc de poulet au yaourt, légumes sautés au wok

290 冬令蔬菜燉乳鴿湯
Pigeonneau et légumes d'hiver au bouillon anisé

293 香草烤全雞
Poulet rôti aux herbes

294 烤雛鴨佐黑橄欖醬
Canard aux olives

297 嫩兔肉凍佐黑橄欖醬
Lapereau en gelée à la pulpe d'olives noires

298 橙香燉煮雞肉佐杜蘭小麥
Volaille jaune des Landes et semoule de blé dur aux agrumes

300 兔肉醬
Rillettes de lapereau

301 香煎椒鹽鴨胸佐法式橙醬
Magrets de canard aux poivres, sauce bigarade

304 蔬菜烤法式豬腿肉
Rouelle de porc et l'egumes rôtis au four

305 法式燉牛肉蔬菜鍋
Pot-au -feu

307 烤鼠尾草風味羊肉佐小薏仁
Agneau confit à la sauge, orge perlé

308 煎小牛肝佐巴西里醬與菊芋片
Foie de veau de lait persillé, copeaux de topinambours

309 清蒸芝麻牛肉丸佐椰子醬
Bouchées de boeuf vapeur au sésame, condiment coco

310 紅小扁豆燉蹄膀
Jarret de cochon aux lentilles corail

312 紅酒燉牛肉
Daube de boeuf

315 法式白醬燉小牛肉與春令時蔬
Blanquette de veau aux légumes primeurs

316 庫斯庫斯風味蔬菜小羊肉丸
Angeau de lait en boulettes, légumes d'un couscous

318 菠菜烤蕃茄香煎小牛排
Grenadins de veau, épinards en branches et tomates au four

319 橙橘香草風味小牛肉佐鮪魚醬
Vitello tonnato gremolata

320 鼠尾草風味米蘭小牛排佐燜蒜香胡蘿蔔
Piccata de veau de lait à la sauge, carottes étuvées

322 栗子燉野豬肉
Épaule de sanglier confite aux châtaignes

323 香煎鹿肉炒野菇
Noisettes de chevreuil et champignons des bois sautés

阿朗・杜卡斯（AD）__
雞蛋、家禽、羔羊、牛、豬、小牛肉和野味，這些都是我熱愛的食材，而且每一季都會根據在蘭迪斯（Landes）的孩提回憶，激盪出新的創作料理。

寶莉・內拉（PN）__
不過攝取的量要節制！除了家禽和野味，其他肉類都含過量的「飽和」脂肪，對身體並不好。所有食譜都把肉類的份量壓得很低，而且必須搭配有益健康的蔬菜一起食用才行。

Terre

肉類

Œufs cocotte aux morilles

羊肚菌風味烤半熟蛋

AD／新鮮羊肚菌很難買的話，可以改用乾貨，但必須事先用溫水，換好幾次水泡軟。這道食譜也可以改用香菇、鴻禧菇、金針菇或杏鮑菇等其他菇類。

PN／從胺基酸的角度來看，雞蛋提供了最優質平衡的蛋白質，被視為營養組成的標竿。

材料（4 人份）

雞蛋 4 顆

新鮮羊肚菌（乾羊肚菌、香菇、鴻禧菇、金針菇或杏鮑菇亦可）150 公克 | 5 盎司

青蔥 1 根

雞清高湯（參照 p.10）250 毫升 | 1 杯

嫩菠菜 2 把

大蒜 1 瓣

鮮奶油 1 大匙

- 橄欖油、鹽之花（頂級海鹽）、鹽、粗粒黑胡椒

1. 新鮮羊肚菌去掉柄，呈皺褶網狀的蕈傘（蕈蓋）則以溫水清洗數次，直到將附著在上面的沙土都洗淨，然後以沙拉脫水器甩乾水分。如果是大朵羊肚菌的話，則切對半。青蔥去除不要的部分，斜切蔥末。大蒜去膜。
2. 耐熱深鍋燒熱，倒入些許橄欖油，等油熱了放入羊肚菌、青蔥，迅速翻拌讓食材沾到橄欖油，再以小火炒 3 分鐘，不要炒到變色。倒入雞清高湯，煮至羊肚菌變軟，大約 20 分鐘。
3. 烤箱預熱至 170℃（350 ℉）。
4. 煮羊肚菌時，嫩菠菜摘下葉子，莖和葉子都洗淨，瀝乾水分。
5. 取 4 個耐熱烤杯，先刷一層橄欖油，再用大蒜塗抹。
6. 將嫩菠菜加入做法 2. 中混合拌勻，然後將料平均分配到每個烤杯（湯汁不要倒掉），在食材中間挖一個洞，每個烤杯打入 1 顆雞蛋。
7. 將烤杯放入深烤盤中，注入熱水至烤杯的三分之一高，放入烤箱烘烤 10 分鐘至蛋白凝固；或者蛋黃以牙籤刺個小洞，微波 30 秒～ 1 分鐘，又或以小烤箱烘烤約 4 分鐘。
8. 將剛才留下的湯汁煮滾，加入鮮奶油拌成滑順的醬汁。取出烤杯，立刻淋入醬汁，撒入些許粗粒黑胡椒、鹽之花，立刻享用。

Memo...

如果買不到嫩菠菜，可以買一般菠菜，摘下菜葉使用即可。而嫩菠菜則葉和莖皆可直接使用。此外，也可以用 1 顆珍珠洋蔥取代 1 根青蔥，只要將珍珠洋蔥剝除外皮，切末或磨碎後和羊肚菌一起入鍋烹調即可。

Œufs au plat à la basquaise

巴斯克風味烤雞蛋

AD／切幾片新鮮的全麥或全穀麵包，搭配這道巴斯克風味烤雞蛋。沒有耐熱大盤子的話，可以改用適合上桌的平底鍋。

PN／買不到西班牙生火腿的話，可以改用義大利醃火腿，切絲前要先切掉肥肉。甜椒、洋蔥和蕃茄所含的抗氧化劑可多著呢！

材料（4 人份）

雞蛋 8 顆

紅甜椒、黃甜椒、青椒各 1 個

洋蔥或白洋蔥 2 顆

蕃茄 4 顆

小的大蒜 2 瓣

生火腿（西班牙產為佳）100 公克｜ 4 盎司

羅勒 1 ～ 2 枝

埃斯普雷特辣椒粉（piment d'Espelette）或甜椒粉（paprika）適量

• 橄欖油、鹽、鹽之花（頂級海鹽）

做法

處理食材

1. 紅甜椒、黃甜椒和青椒削除外皮，挖掉籽和囊，和洋蔥一起切絲。蕃茄切 4 等份，去籽後果肉切絲。大蒜去膜後切末。
2. 耐熱深鍋燒熱，倒入 1 小匙橄欖油，等油熱了放入洋蔥、紅甜椒、黃甜椒和青椒，蓋上蓋子，煮 5 分鐘至變軟，但不要煮到變色。接著加入蕃茄、大蒜，不加蓋子，以小火輕輕翻炒至蔬菜出的水分完全乾掉。
3. 生火腿切絲。摘下羅勒的葉子，切細絲。
4. 等做法 2. 蔬菜煮好後，加入生火腿和羅勒葉拌勻，以鹽、埃斯普雷特辣椒粉或甜椒粉調味。

完成

5. 準備一個可以直火加熱的耐熱大盤子，層疊鋪上做法 4.，整平盤面，盤中疊的蔬菜約 4 公分（1½ 吋）高。在層層疊疊的蔬菜中挖 8 個小洞，打入 8 顆雞蛋，或者像 p.279 圖片中，準備 4 個焗烤盤，每個盤中打入 2 顆雞蛋。以小火加熱至蛋白凝固，但蛋黃仍可流動。
6. 撒入些許鹽之花，或再加入些許羅勒葉和甜椒粉，即可上桌。

Memo...

做法 2. 中蔬菜出的水分一定要完全炒至乾掉，不然打入雞蛋後，蛋白會難以凝固。

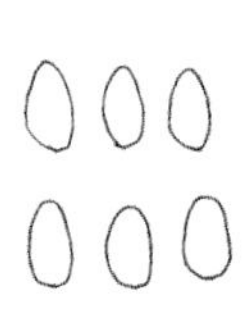

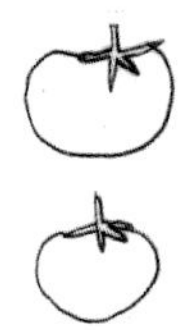

Crespeou d'omelettes froides

煎千層歐姆蛋餅

AD／千層歐姆蛋餅（crespeou）源自普羅旺斯，是用看起來像可麗餅的薄蛋皮堆疊成蛋餅，因此得名。喜歡的話還可以淋一點巴薩米可醋。搭配香草沙拉（參照 p.153）享用。

PN／每一種口味的歐姆蛋餅都可以單獨煎來吃！香草蛋餅富含維生素，蕃茄口味的有豐富的抗氧化劑，酸豆橄欖醬的則提供有益健康的不飽和脂肪酸。

材料（4 人份）

香草歐姆蛋餅

雞蛋 4 顆

百里香 2 枝

香薄荷 2 枝

細香蔥 20 根

馬郁蘭 2 枝

茵陳蒿 2 枝

平葉巴西里 5 枝

羅勒 5 枝

• 鹽、現磨黑胡椒

蕃茄歐姆蛋餅

雞蛋 4 顆

烤蕃茄片（參照 p.21）100 公克｜ 4 盎司

• 鹽、現磨黑胡椒

酸豆橄欖歐姆蛋餅

雞蛋 4 顆

酸豆橄欖醬（參照 p.40）50 公克｜ 2 盎司

• 橄欖油、鹽之花（頂級海鹽）、現磨黑胡椒

做法

這道料理必須事先準備蛋液。

準備香草歐姆蛋餅的蛋液

1. 摘下百里香、香薄荷、馬郁蘭、茵陳蒿、平葉巴西里和羅勒的葉子，連同細香蔥都切末，放入容器，打入雞蛋，攪散拌勻，加入鹽、現磨黑胡椒調味。

準備蕃茄歐姆蛋餅的蛋液

2. 烤蕃茄片瀝乾水分，放入另一個容器，打入雞蛋，攪散拌勻，加入鹽、現磨黑胡椒調味。

準備酸豆橄欖歐姆蛋餅的蛋液

3. 將雞蛋、酸豆橄欖醬放入另一個容器，攪散拌勻，調味。

組合千層歐姆蛋餅

4. 取直徑 20 公分（8 吋）的平底鍋燒熱，倒入 1 小匙橄欖油加熱。
5. 等油熱了先舀入 1 小杓做法 2. 的蛋液，煎成一片薄薄的歐姆蛋餅，煎好後盛入盤子裡。
6. 用同樣方式舀入 1 小杓做法 3. 的蛋液，煎成一片薄薄的歐姆蛋餅；再舀入 1 小杓做法 1. 的蛋液，煎成一片薄薄的歐姆蛋餅。每一片煎好後就疊在前一片上面。
7. 繼續煎，直到蛋液完全用完為止，煎好的蛋餅一層層疊起。用烘焙紙將千層歐姆蛋餅蓋起來，上面壓塊重物，放入冰箱，食用前再取出。可以直接上桌，也可以切小塊分裝到小盤子裡。可加些許鹽、現磨黑胡椒享用。

Memo...

烤蕃茄片必須完全瀝乾水分後再和蛋液攪拌，不然無法煎出成功且好口味的蛋餅。這道料理品相優雅，很適合切成小塊當作前菜、點心招待客人。

右圖是常用在料理上的牛蕃茄。

2€80Kg.

Foie gras poché aux navets

蕪菁煮鴨肝

AD／用幾種不同的蕪菁來做這道菜的話會更美味，如果買得到 boule d'or 這種品種的黃蕪菁，千萬不要錯過，果肉鮮美無比。

PN／蕪菁的營養價值並非特別亮眼，但含有據說能抗癌的硫化合物。鴨肝則跟鴨肉一樣，能提供有益健康的不飽和脂肪酸。

材料（6 人份）

新鮮鴨肝 1 個
蕪菁（連著葉子為佳）10 ～ 12 個
蜂蜜 1 小匙
紅酒醋 3 大匙
雞清高湯（參照 p.10）500 毫升｜ 2 杯
四香粉（quatre épices）3 撮
巴薩米可醋少許
粗粒黑胡椒適量
• 橄欖油、鹽、現磨黑胡椒

做法

處理蕪菁

1. 蕪菁削除外皮，如果是連著葉子，保留約 0.5 公分的蒂頭後切掉，挑出 3 個最小顆的備用，其他全都切成 4 瓣，再把每瓣切成 0.2 公分的薄片。
2. 耐熱深鍋燒熱，倒入 2 大匙橄欖油，等油熱了放入蕪菁片，以鹽調味，用小火翻炒 2 分鐘，不要炒到變色，然後加入蜂蜜，煮成褐色。接著倒入紅酒醋，刮一下黏在鍋面焦化的湯汁，使能充分溶於汁液中，煮（濃縮）至紅酒醋剩一半的量。
3. 煮好後加入雞清高湯，以四香粉和鹽調味，再煮 10 分鐘，讓蕪菁保留扎實口感。
4. 煮蕪菁時，將預留的 3 個小蕪菁削成薄片。

烹調鴨肝

5. 刀子浸泡在熱水中或放在流動的熱水下，將新鮮鴨肝切成約 2 公分（¾ 吋）的塊狀，並迅速去掉肥邊、神經與血管，放入做法 3. 中，以小火持續控制在水微微沸騰的狀態下煮 3 分鐘。
6. 用漏杓撈出鴨肝、蕪菁，湯汁用細孔篩網過濾，以鹽、現磨黑胡椒調味。

盛盤

7. 將鴨肝和蕪菁盛入大盤子裡或分成小盤，在鴨肝上撒些許粗粒黑胡椒，舀入湯汁，淋上少許巴薩米可醋。最後撒上蕪菁片，立即享用。

Memo...

四香粉是以白胡椒、薑粉、肉豆蔻和丁香等 4 種香料混合而成的調味料。此外，右圖成品照片中是使用了 bould d'or 黃蕪菁烹調而成。

Sauté de lapin aux pommes

香煎兔肉佐烤蘋果

材料（4 ～ 6 人份）

新鮮兔肉或冷凍兔肉 1 隻，1.6 公斤｜ 3½ 磅；或者春雞 1 隻、珠雞 1 隻、豬肩里脊肉 500 公克｜ 1 磅

小顆紅蘋果、青蘋果共 6 顆

檸檬汁 ½ 顆份量

帶著長葉子的小洋蔥 6 根

細的胡蘿蔔 2 根

大蒜 2 瓣

蘋果醋 3 大匙

不甜蘋果酒（cidre extra-brut）750 毫升｜ 3 杯

黑胡椒圓粒 10 粒

• 橄欖油、鹽、現磨黑胡椒

AD ／可以把兔肉改為雞肉或珠雞、春雞。紅蘋果有很多選擇，可購買盛產的品種，例如舵手橘蘋果（cox orange）、五爪蘋果、愛達爾蘋果（idared）和阿利亞尼蘋果（ariane）。青蘋果則一年四季都有。

PN ／有句諺語說：「一天一顆蘋果可以遠離病痛」，入菜烹調是一種多吃蘋果的好方法，畢竟蘋果是經科學研究證實能促進健康的食材。

做法

處理食材

1. 可以請肉販代為將兔肉剁小塊，使用春雞或豬肩里脊肉的話，剁大塊。
2. 紅蘋果、青蘋果洗淨，削皮時留幾條（直的）果皮不要削，切瓣，挖掉果核，淋上檸檬汁，放入沙拉盅。蘋果的果皮不要丟掉，留著做醬汁。
3. 小洋蔥保留 3 公分（1½ 吋）的蔥葉，其他切掉。胡蘿蔔洗淨後削皮，切成 0.7 ～ 0.8 公分厚的斜片。大蒜不去膜，以刀背壓扁。

烹煮、完成

4. 將肉抹上鹽。耐熱深鍋燒熱，倒入 1 大匙橄欖油，等油熱了放入肉煎至微微金黃，盛入盤子。原鍋放入胡蘿蔔、小洋蔥和大蒜，以小火翻炒 3 分鐘，不要炒到變色。
5. 接著倒入蘋果醋，刮一下黏在鍋面焦化的湯汁，使能充分溶於汁液中，煮（濃縮）至蘋果醋剩一半的量，再倒入蘋果酒煮至沸騰。仔細撈除浮沫，再把肉放回去，續入蘋果皮和黑胡椒圓粒，蓋上蓋子，以小火燉煮 40 分鐘。如果是用豬肉的話，需煮 2 小時。
6. 烤箱預熱 220℃（425 ℉）。在蘋果上撒些許鹽。準備一個耐熱盤子，淋入 1 小匙橄欖油，排入蘋果，並翻面讓果肉全裹到橄欖油。
7. 將蘋果放入烤箱中，烤至蘋果香軟，大約 12 分鐘。
8. 將做法 5. 煮好的肉盛入盤中，排上胡蘿蔔、小洋蔥。
9. 將做法 5. 鍋中的蘋果皮壓碎，讓湯汁更濃稠，以鹽、現磨黑胡椒調味，還可依個人喜好加入些許蘋果醋（材料量以外）。
10. 用細孔篩網過濾好湯汁，淋在肉上，周圍擺上蘋果，趁熱享用。

Memo...

做法 5. 燉煮肉時，需不時撈除湯汁表面的浮沫。紅蘋果可選台灣當季的品種即可。

Pintade au chou
甘藍烤珠雞

AD／這份食譜也適用於雉雞。珠雞不是白肉，比較像野味的紅肉。這種家禽具有野性，不適合高密度養育。

PN／珠雞是脂肪最低的家禽。這道菜有蔬菜提供的維生素、纖維素和礦物質，再加上超級健康的甘藍，可說是低脂、營養均衡、每一口都是健康的美味佳餚！

珠雞或雞 1 隻
綠甘藍 1 顆
胡蘿蔔 2 根
洋蔥 1 顆
西洋芹 4 根
雞清高湯或水 500 毫升 | 2 杯
黑胡椒圓粒 5 粒
杜松子 5 顆
馬鈴薯（皇后或夏洛特品種）8 個
• 橄欖油、鹽、現磨黑胡椒

做法

處理食材

1. 將珠雞剁成 8 塊，保留所有掉落的碎肉和油脂等。
2. 綠甘藍剝掉最外層的葉子，去芯，切成 4 瓣，洗淨。鍋中倒入冷水、綠甘藍煮滾，瀝乾水分後放涼，然後盡量擠掉多餘的水分，切粗絲。 胡蘿蔔、洋蔥和西洋芹削皮後洗淨，刨成薄片。

烹煮、完成

3. 烤箱預熱至 160℃（325 ℉）。
4. 珠雞抹上鹽。取一個蓋上蓋子後可放入烤箱中的耐熱鍋，燒熱，倒入 2 大匙橄欖油，等油熱了放入珠雞煎至金黃，取出。原鍋放入綠甘藍、胡蘿蔔、洋蔥、西洋芹、碎肉和油脂炒香，時時翻炒，大約 3 分鐘，不要炒到變色。接著放回珠雞，倒入雞清高湯、黑胡椒圓粒和杜松子煮滾。蓋上蓋子，放入烤箱中烘烤約 20 分鐘。
5. 烘烤的時候，削除馬鈴薯的外皮，洗淨。
6. 烤好後取出耐熱鍋，先拿出肉塊，改放入馬鈴薯，再放入烤箱中烘烤約 30 分鐘。
7. 以鹽、現磨黑胡椒調味，取出碎肉和油脂，把肉塊放回深鍋，直接上桌即可享用。

Memo...

皇后、夏洛特品種的馬鈴薯很適合奶油乾煎或水煮。在台灣可選擇含水量適中的淡黃皮馬鈴薯。這道料理中，由於燉煮雞肉和蔬菜時會釋出甜美湯汁，所以不使用雞清高湯，僅用水製作也無損美味。

Blanc de poulet au yaourt, légumes sautés au wok

香烤優格雞胸肉炒蔬菜

材料（4 人份）

雞胸肉 4 片
胡蘿蔔 2 根
綠蘆筍 10 根
菊苣 2 顆
香菇 8 朵
白花椰菜 1 顆
豆芽菜 100 公克｜ 3 ½ 盎司
醬油 3 大匙
• 橄欖油、鹽、現磨黑胡椒

醃料

芫荽 5 枝
薑 5 公分長｜ 2 吋長
紅辣椒 1 根
無糖原味優格 125 公克｜ ½ 杯
新鮮白乳酪（fromage blanc）3 大匙
鮮奶油 3 大匙
肉豆蔻粉 ½ 小匙
甜椒粉 1 撮

AD／買不到肉豆蔻粉，就用一點磨碎的豆蔻代替。肉豆蔻是豆蔻的外膜，味道比較細緻。此外，若能接受紅菊苣的話，一定要用！可以為整鍋的蔬菜添加一抹色彩。

PN／這道佳餚能吃到滿滿一鍋的冬令蔬菜和健康的雞胸肉耶！醃料用的優格和白乳酪無法為你提供足夠的鈣質，所以這一餐需要再準備乳製品或乳酪。

做法

前一天先醃雞肉

1. 芫荽摘下葉子，薑削除外皮，紅辣椒去籽，全部都切碎。
2. 將做法 1.、無糖原味優格、新鮮白乳酪、鮮奶油、肉豆蔻粉和甜椒粉倒入容器中，充分拌勻成醃料。雞胸肉抹上鹽，均勻沾裹醃料，用保鮮膜包起來，放入冰箱冷藏 24 小時。

當天處理蔬菜

3. 胡蘿蔔削除外皮。綠蘆筍切掉根部的粗硬纖維，削除硬皮後洗淨。菊苣剝掉最外面一層，縱切對半，取出苦澀的芯。香菇、白花椰菜和豆芽菜洗淨。
4. 將胡蘿蔔、綠蘆筍、菊苣和香菇刨成薄片。白花椰菜切成小朵。
5. 烤箱預熱至 220℃（425 ℉）。

烹調雞胸肉、蔬菜

6. 取出雞胸肉擦拭醃料，雞皮朝下，放在耐熱容器或烤網上，煎 5 分鐘至呈金黃色，取出雞胸肉移入烤盤，放入用烤箱烘烤約 3 分鐘即可。烤好後取出，要保溫。
7. 中式炒鍋燒熱，倒入 1 大匙橄欖油，等油熱了放入做法 4.，以大火快炒，加入些許鹽調味，再放入豆芽菜，繼續翻炒 2 分鐘，炒至稍微上色，倒入醬油，刮一下黏在鍋面焦化的湯汁，使能充分溶於汁液中。
8. 雞胸肉切片，盛入大盤子裡或分成小盤，旁邊鋪上快炒蔬菜。撒上現磨黑胡椒即刻上桌。

Memo...

菊苣又叫苦苣，略帶苦味，經烹調變軟後苦味會降低。此外蔬菜的量看起來很多，但炒過之後分量變得剛剛好。

Pigeonneau et légumes d'hiver au bouillon anisé

冬令蔬菜燉乳鴿湯

AD／剩下的湯汁可以盛入杯子裡喝，或冷凍起來留到下次使用。燉湯時要常常撈除湯汁表面的浮沫，雖然費工，但肉湯才會清澈美味。

PN／食量不大的話，一個人準備半隻鴿子或小土雞就可以了，還有很多蔬菜可以吃。鴿子肉不僅低脂，而且富含蛋白質和鐵質。

材料（4～8 人份）

乳鴿或小土雞 4 隻，
每隻約 450 公克｜1 磅

小根韭蔥 1 根

細的胡蘿蔔（連著葉子為佳）8 根

西洋芹（使用下半部分）½ 根

小顆球莖茴香 2 顆

蕪菁（連著葉子為佳）8 個

綠甘藍 ½ 顆

雞清高湯（參照 p.10）或
水 2 公升｜2 夸特

八角 3 個

蒔蘿 2 枝

山蘿蔔 2 枝

粗鹽 1 撮

• 鹽、鹽之花（頂級海鹽）、
現磨黑胡椒

做法

處理食材肉

1. 請雞販代將鴿子或小土雞的內臟去除、拔除毛，切下鴿腿或雞腿，分開胸部和背部（胸肉上仍保留骨頭），翅膀用線捆起來，架骨不要丟掉，備用。
2. 韭蔥、球莖茴香和綠甘藍剝掉最外面一層，胡蘿蔔、西洋芹和蕪菁削除外皮，全部都洗淨。

燉煮

3. 將做法 2. 的蔬菜、腿部和架骨放入大的耐熱深鍋中，倒入雞清高湯，加入粗鹽、八角煮滾，一邊撈除湯汁表面的浮沫，一邊燉煮 1 小時。關火，加入胸肉，在湯中浸約 4 分鐘。
4. 先用漏杓撈出所有蔬菜、肉，再以細孔篩網過濾湯汁，以鹽、現磨黑胡椒調味。蔬菜切成 2～3 公分（1 吋）大塊，放入預先加熱好、要放成品的湯鍋裡，舀入 2 杓湯汁，再放入胸肉和腿肉，以鹽之花、現磨黑胡椒調味。摘下蒔蘿、山蘿蔔的葉子後撒入，趁熱享用。

Memo...

不管是養殖的鴿肉或野鴿，都不是很容易買，可以改用小土雞來烹調。

Poulet rôti aux herbes

香草烤全雞

材料（4 ～ 6 人份）

土雞或放山雞 1 隻

平葉巴西里 10 枝

山蘿蔔 12 枝

茵陳蒿 4 枝

大蒜（粉紅蒜球為佳）2 個

新鮮白乳酪（fromage blanc）或
無糖原味優格 100 公克｜ 4 盎司

百里香 4 枝

迷迭香 4 枝

水 50 毫升｜⅕ 杯

• 橄欖油、鹽、現磨黑胡椒

AD ／一定要挑選優質的土雞，確定雞在宰殺前曾在陽光下有一定的活動空間，肉質更美味。

PN ／香草沙拉（參照 p.153）和這道烤雞十分對味，又能提供豐富的維生素和礦物質，是最棒的配菜。

做法

處理食材

1. 請雞販代將小土雞的毛拔除，剁掉雞腳和雞翅末端，沿著背骨切開，翻過面來壓住雞胸，將整隻雞肉攤平，取出背骨，雞脖子也剁掉。
2. 烤箱預熱至 200℃（400 ℉）。
3. 平葉巴西里、山蘿蔔和茵陳蒿洗淨，擦乾水分，摘下葉子，莖不要丟掉，葉子切碎倒入小碗中。大蒜切掉蒂頭，取 2 瓣大蒜去膜後切碎，也放入小碗中，然後加入新鮮白乳酪、現磨黑胡椒，撒入鹽，充分拌勻成香料。
4. 從雞脖子的切口（洞口）將香料放入雞皮和雞肉之間，用指頭將雞胸和雞腿都抹滿香料，然後在雞的內側（雞皮的另一面）抹鹽。
5. 在烤盤上鋪百里香、迷迭香和預留的香草莖，把雞的內側（雞皮的另一面）朝盤子平放，周圍鋪上雞內臟的雜碎和大蒜。

烘烤

6. 雞肉刷上 2 大匙橄欖油，放入烤箱先烘烤 20 分鐘，然後調至 180℃（350 ℉），取出大蒜，繼續烘烤 20 ～ 30 分鐘。烘烤的過程中，要不時澆淋湯汁刷雞肉。烘烤的時間需視雞的大小調整。
7. 等雞烤熟後，盛入盤子裡，蓋上錫箔紙，靜置 10 分鐘。
8. 烤雞靜置時，趁烤盤仍熱，倒入些許水，刮一下黏在烤盤上焦化的湯汁，使能充分溶於汁液中。將烤雞盛入大盤子裡或分成小盤，淋入烤雞醬汁，趁熱享用。

Memo...

做法 1. 中處理土雞時，最難的步驟是取背骨，可請雞販代為處理。如果是以嫩雞製作的話，可先用 200℃（400 ℉）烘烤 20 分鐘，再改成 180℃（350 ℉）烘烤 10 ～ 15 分鐘。由於雞肉中放入香料，使得肉質軟嫩且帶有淡淡香草的香氣。

備料時間｜15 分鐘＋ 10 分鐘（鴨烤好靜置的時間）  烹調時間｜1 小時

Canard aux olives

烤雛鴨佐黑橄欖醬

AD ／去籽黑橄欖本身就鹹，所以醬汁不用再加太多鹽，記得一定要先試試味道再調味。

PN ／鴨是脂肪偏高的禽類，不過是對身體好的不飽和脂肪酸，能促進心血管健康。鴨的脂肪成分其實和橄欖油類似。這道佳餚的橄欖提供豐富健康的脂肪酸。

材料（4 ～ 6 人份）

雛鴨 1 隻
胡蘿蔔 2 根
西洋芹 2 根
洋蔥 1 顆
小顆球莖茴香 1 顆
大蒜 3 瓣
百里香 1 枝
去籽黑橄欖 100 公克｜ 4 盎司
紅寶石波特酒 2 大匙
雞清高湯（參照 p.10）或水 100 毫升｜ ½ 杯
紅酒醋 1 小匙
• 橄欖油、鹽、現磨黑胡椒

做法

處理食材

1. 請雞販代將雛鴨處理好，在雛鴨外側和內側（鴨皮的另一面）抹鹽。烤箱預熱至 180℃（350 ℉）。
2. 胡蘿蔔、西洋芹削除外皮，洋蔥剝除外皮，球莖茴香剝掉最外面一層，全部都洗淨後切薄片。大蒜不去膜，以刀背壓扁。
3. 取一個蓋上鍋蓋後可放入烤箱中的耐熱鍋，燒熱，倒入 1 大匙橄欖油，等油熱了放入鴨肉，以中火將鴨肉每一面都煎上色，等煎成漂亮的金黃色，瀝乾油分。

烘烤

4. 耐熱鍋的油倒掉，放入胡蘿蔔、西洋芹、洋蔥、球莖茴香、大蒜和百里香，撒入些許鹽，放回鴨肉，蓋上蓋子，放入烤箱烘烤 30 ～ 50 分鐘，烘烤的時間需視鴨的大小調整。
5. 取出耐熱鍋，拿出鴨肉放在盤子上，蓋上錫箔紙，靜置 10 分鐘。取出百里香和大蒜外膜。
6. 將去籽黑橄欖、波特酒加入做法 5. 的耐熱鍋中，刮一下黏在鍋面上焦化的湯汁，使能充分溶於汁液中。倒入雞清高湯拌勻，煮（濃縮）至湯汁剩一半的量，變成如糖漿般的濃稠，以鹽、現磨黑胡椒調味，倒入紅酒醋拌勻成黑橄欖醬。
7. 切下鴨胸和鴨腿肉，擺在盤子上，淋上黑橄欖醬，立刻享用。

Memo...

耐熱鍋蓋上蓋子放入烤箱烘烤，鴨肉會比較快熟。此外，將蔬菜和鴨肉一起烤，可使鴨肉充分吸收蔬菜的鮮甜，輕鬆提升料理美味度。

右圖為本書料理的示範克里斯多弗・聖阿涅（Christophe Saintagne），目前為Alain Ducasse au Plaza Athenee的廚師。

Lapereau en gelée à la pulpe d'olives noires

嫩兔肉凍佐黑橄欖醬

材料（6～8 人份，容量約 0.9 公升的模型 1 個）

嫩兔 1 隻或雞腿肉 1 公斤｜2 磅
中型洋蔥 2 顆
細的胡蘿蔔 2 根
小顆球莖茴香 1 顆
大蒜 5 瓣
白酒 500 毫升｜2 杯
雞清高湯（參照 p.10）或水 1 公升｜1 夸特
百里香 1 枝
迷迭香 5 枝
吉利丁片 10 片
平葉巴西里 3 枝
山蘿蔔 3 枝
羅勒 3 枝
茵陳蒿 1 枝
酸豆橄欖醬（參照 p.40）3 大匙
• 橄欖油、鹽、現磨黑胡椒

AD／用刀子切兔肉時，容易產生很多碎骨片，這時一定要清除碎骨片，不然之後很難剔除。可在前一天把肉凍做起來，第二天一定就有漂亮的成品。

PN／這道肉凍料理可以搭配醃黃瓜、醃洋蔥和一盤美味的香草沙拉（參照 p.153）或蒲公英沙拉。兔肉的脂肪含量很低，屬於周邊脂肪，烹調時會融化，只要讓高湯完全冷卻就能撈除。

做法

前二天

1. 請肉販將整隻嫩兔各部位切開。
2. 胡蘿蔔削除外皮，洋蔥剝除外皮，球莖茴香剝掉最外面一層，全部都洗淨後切 1 公分（½ 吋）的小丁。大蒜不去膜，以刀背壓扁。
3. 烤箱預熱至 180℃（350 ℉）。
4. 取一個蓋上蓋子後可放入烤箱中的耐熱鍋，燒熱，倒入 1 小匙橄欖油，等油熱了放入兔肉塊煎至金黃色，然後放入洋蔥、胡蘿蔔、球莖茴香和大蒜，加入些許鹽，一邊翻炒一邊以中火煮 5 分鐘，倒入白酒，煮（濃縮）至湯汁剩一半的量，再倒入雞清高湯煮沸，仔細撈除湯汁表面的浮沫，續入百里香、迷迭香，蓋上蓋子，放入烤箱烘烤 2 小時 30 分鐘。
5. 取出深鍋，拿出所有兔肉和蔬菜。細孔篩網鋪著毛巾過濾好湯汁，放入冰箱冷藏 12 小時，冷藏完成後刮掉湯汁表面凝固的油脂。

前一天

6. 吉利丁片放入冷水中泡軟、發脹。將做法 5. 舀入醬汁鍋（如果鍋底有些微雜質，小心不要攪拌到），煮至即將沸騰，加入擠乾水分的吉利丁片，煮至溶化，即成凍汁。
7. 等凍汁冷卻期間，將兔肉去骨，小心挑掉細骨頭，把肉切碎，放入大碗裡。平葉巴西里、山蘿蔔、羅勒和茵陳蒿洗淨，擦乾水分，摘下葉子，也放入兔肉中，續入酸豆橄欖醬輕輕拌勻，以鹽、現磨黑胡椒調味。
8. 將做法 7. 倒入模型中，再倒入凍汁，蓋上保鮮膜，放入冰箱冷藏至完全凝固成肉凍。可依喜好加入適量細香蔥（材料量以外）。

Memo...

可用 1 公斤（2 磅）雞腿肉取代製作這道肉凍。吉利丁必須先以冷水泡軟，擠乾水分再加入，不可直接加入湯汁中，而且不可以使用溫熱水來泡。

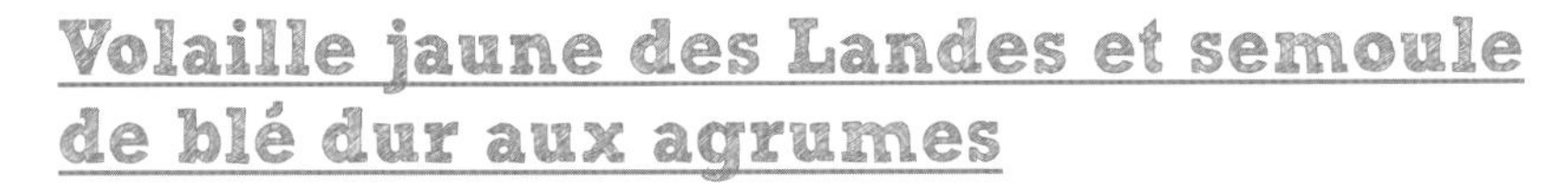

橙香燉煮雞肉佐杜蘭小麥

AD／產於蘭迪斯的放山雞品質可靠，長久以來都有法國紅標的認證。這種雞食用蘭迪斯地區的玉米，所以雞肉呈黃色。

PN／另外準備一道以蔬菜為主的前菜，或者一盤野苣加乳酪的豐盛沙拉，餐後再吃些水果，營養才會均衡。

材料（6 人份）

放山雞或土雞（蘭迪斯的放山雞為佳）1 隻，約 1.2 ～ 1.8 公斤｜ 2 ～ 4 磅

無蠟且無農藥柳橙 4 顆

無蠟且無農藥檸檬、萊姆和葡萄柚各 1 顆

砂糖 35 公克｜ 2 大匙

帶著長葉子的小洋蔥 3 ～ 6 顆

小顆球莖茴香 1 顆

芫荽籽 1 撮

小荳蔻籽 2 粒

杜蘭小麥 300 公克｜ 2 杯

羅勒 1 ～ 2 枝

水 50 毫升＋ 450 毫升｜⅕ 杯＋ 1 ⅘ 杯

甜椒粉適量

粗粒黑胡椒適量

• 橄欖油、鹽

做法

處理雞、柑橘類和蔬菜

1. 將雞分成雞胸、雞腿、二節翅、小雞腿，雞腿從關節部分切開，切成大塊，雞胸切成 2 ～ 3 等份。也可以請雞販代為處理。
2. 各刨好 5 片柳橙、檸檬、萊姆和葡萄柚表皮（顏色部分），然後把這些皮切成 0.4 公分的細絲，放入醬汁鍋，倒入冷水淹過材料，煮滾，瀝乾水分放涼，這道手續要重複 2 次。將 2 顆柳橙、萊姆、½ 顆葡萄柚榨汁後加入，放入砂糖，以小火煮 2 小時。
3. 將檸檬、剩下的 2 顆柳橙、½ 顆葡萄柚削皮並去內膜後，一瓣瓣剝好，再以刀子取出果肉。小洋蔥的蔥綠切蔥花，鱗莖（球）縱切對半。球莖茴香剝掉最外面一層，切小丁。

放入烤箱

4. 烤箱預熱至 180℃（350 ℉）。
5. 芫荽籽、小荳蔻籽切碎。雞肉都抹好鹽。耐熱深鍋燒熱，倒入 2 大匙橄欖油，等油熱了放入雞肉煎成金黃色，取出雞肉。原鍋放入小洋蔥、球莖茴香炒約 3 分鐘，不要炒到變色，加入柑橘果肉、粗粒黑胡椒、芫荽籽、小荳蔻籽，放回雞肉，倒入 50 毫升（⅕ 杯）的水，刮一下黏在鍋面焦化的湯汁，使能充分溶於汁液中，蓋上蓋子，放入烤箱烘烤。
6. 烤 16 分鐘後，先取出雞胸、二節翅和小雞腿，雞腿再烤 20 分鐘。取出小荳蔻籽、雞腿和小洋蔥，把鍋裡剩下的食材用叉子壓碎。接著加入一半做法 2. 和蔥綠，試味道，把雞肉、小洋蔥放回鍋裡翻拌，整個鍋子要保溫。

燜煮小麥、完成

7. 將小麥倒入碗裡，加入剩餘的做法 2.、些許鹽、1 撮甜椒粉和 5 大匙橄欖油，用手拌勻。
8. 將 450 毫升（1 ⅘ 杯）的滾水澆在小麥上，用保鮮膜把碗封起來，燜 10 分鐘。摘下羅勒的葉子，切細絲後加入。用叉子把小麥弄鬆。將雞肉裝在耐熱深鍋，小麥另外盛盤一起上桌。

Rillettes de lapereau
兔肉醬

AD／前一天做好的話，肉醬風味會更佳，也可以當成烤全麥麵包或全穀麵包的抹醬，或當作前菜，搭配野苣或蒲公英葉沙拉一起享用。

PN／這道菜非常健康！因為洋蔥富含能促進身體健康的分子，鵝和鴨則含不飽和脂肪酸。再搭配野苣沙拉的話，營養更滿點！

材料（6～8 人份，容量約 0.9 公升的模型 1 個）

嫩兔 ½ 隻或豬肩肉 500 公克｜1 磅
洋蔥 5 顆
大蒜 3 瓣
百里香 2 枝
迷迭香 2 枝
不甜的白酒 500 毫升｜2 杯
鴨油或鵝油 60 公克｜2 盎司
埃斯普雷特辣椒粉（piment d'Espelette）或甜椒粉（paprika）2～3 撮
• 橄欖油、鹽、現磨黑胡椒

做法

前一天

1. 請肉販將整隻嫩兔各部位切開。洋蔥剝除外皮，切片。
2. 耐熱深鍋燒熱，倒入 1 大匙橄欖油，等油熱了放入兔肉塊煎 2 分鐘至金黃色，然後放入洋蔥、未去膜的大蒜、百里香和迷迭香，倒入白酒，加入些許鹽，蓋上蓋子，不時翻拌，以小火煮 1 小時 30 分鐘。
3. 取出兔肉切成碎肉，小心剔除碎骨頭，放入大碗中。用圓錐形細孔網篩（chinois）過濾湯汁至醬汁鍋，加熱，讓醬汁煮（濃縮）至剩四分之三的量，倒入裝碎肉的大碗裡。
4. 用圓錐形細孔網篩撈出洋蔥、大蒜，大蒜要去膜，一起加入碎肉碗裡，拌勻。接著加入鴨油或鵝油，再拌勻，以鹽、現磨黑胡椒，埃斯普雷特辣椒粉或甜椒粉調味。

完成

5. 將做法 4. 倒入模型中，整平表面，蓋上保鮮膜，放入冰箱冷藏一晚即可。

Memo...

也可以用 500 公克（1 磅）豬肩肉取代兔肉製作，但在做法 2. 時必須以小火煮 2 小時。此外，加入了白酒，讓兔肉醬清爽而不膩。

Magrets de canard aux poivres, sauce bigarade

香煎椒鹽鴨胸佐法式橙醬

材料（4 人份）

鴨胸肉（用來做鵝肝的肥鴨為佳）2 片，共 350 公克｜12 盎司

3 色以上的綜合胡椒圓粒 2 大匙

雞清高湯（參照 p.10）200 毫升｜⅘ 杯

無蠟且無農藥柳橙 2 顆

砂糖 1 大匙

白酒醋 1 大匙

雪莉酒醋 1 小匙

• 鹽、現磨黑胡椒

做法

處理鴨胸肉

1. 鴨胸肉切掉三分之二的肥邊（油脂），用刀尖切菱形（十字）紋，但不要切到底。綜合胡椒圓粒壓碎，抹在有紋路的這面，用力將粗粒黑胡椒壓入紋路中。另一面撒些許鹽，先放在一旁。

製作法式橙醬

2. 將雞清高湯倒入醬汁鍋中，煮（濃縮）至剩四分之三的量。
3. 柳橙榨汁，但要留 1 顆果皮。
4. 另取一個小醬汁鍋，加入 1 大匙水（材料量以外）和砂糖，煮到變成琥珀色的焦糖，關火。倒入柳橙汁、白酒醋充分拌勻，再煮（濃縮）至剩四分之三的量。
5. 刨好 ¼ 顆柳橙的皮茸，加入醬汁鍋裡，再倒入做法 2.，充分拌勻再煮 5 分鐘，煮至醬汁變得滑順、濃稠。撒上現磨黑胡椒，淋些許雪利酒醋，保持醬汁溫熱。

煎鴨胸肉、完成

6. 平底鍋或深煎鍋燒熱，放入鴨胸肉（皮面朝下），煎 3～5 分鐘（依鴨肉厚度而定），翻面後再煎 3 分鐘。
7. 取出鴨胸肉後放在盤子或網架上，蓋上錫箔紙，放入預熱至 120℃（250℉）的烤箱，烤箱門不用關，靜置約 5 分鐘。
8. 取出鴨胸肉，把鴨胸肉切成 0.5 公分厚的薄片，盛入大盤子裡或分成小盤，法式橙醬可以直接淋在肉上，也可以另外裝在醬汁碗裡享用。

AD／把肉用錫箔紙蓋著靜置一會兒，可以讓肉質放鬆，吃起來更香嫩美味。依個人喜好決定鴨胸肉的烹煮時間，看要帶粉紅色（我個人覺得比較好吃）或熟一點。

PN／準備一盤蔬菜和馬鈴薯的碳水化合物來搭配鴨胸肉。鴨肉富含鐵質，是我們平常比較不會攝取到的營養素。

Memo...

做法 4. 煮糖時，記得先倒入水，再放入砂糖，以小火熬煮，等糖漿出現焦色才能攪拌，不然砂糖會結晶。

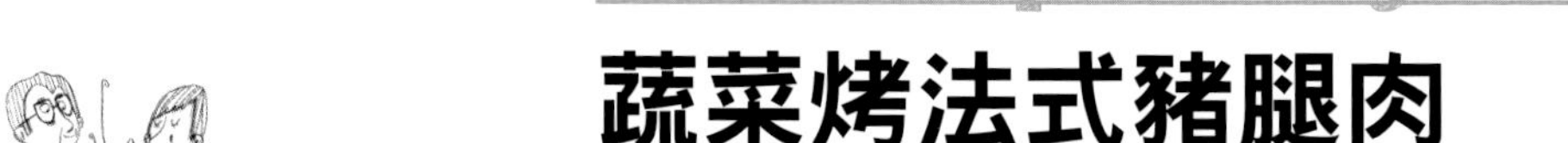

Rouelle de porc et légumes rôtis au four

蔬菜烤法式豬腿肉

AD ／用刀尖檢查蔬菜的熟度，已經熟的蔬菜就先拿出來保溫。帶骨豬腿肉片（rouelle de porc）是以豬後腿肉做成火腿，約 3 公分（1 吋）厚，買不到的話，可以改用約 400 公克（1 磅）的豬里脊肉片，料理前要切掉肥肉。

PN ／帶點粉紅色的豬肉安全無虞，可以放心食用。養豬場這 25 年從未出現旋毛蟲，所以豬肉也不必再因長時間烹煮而變得又乾又澀。

材料（4 人份）

帶骨豬腿肉片或帶骨豬里脊肉 1 片，約 400 公克｜ 14 盎司

菊苣 4 顆

小的胡蘿蔔（連著葉子為佳）4 根

蕪菁（連著葉子為佳）4 個

小的黑蘿蔔（白蘿蔔亦可）1 根

小蘋果（酸甜味的）4 顆

大蒜 2 瓣

雞清高湯（參照 p.10）或水 1 小杓

雪莉酒醋 5 大匙

粗粒黑胡椒適量

- 橄欖油、鹽、鹽之花（頂級海鹽）、現磨黑胡椒

做法

處理食材

1. 菊苣的底部切掉，洗淨後擦乾，縱切對半。胡蘿蔔、蕪菁和黑蘿蔔削除外皮，黑蘿蔔切成 4 等份，蘋果洗淨後切成 4 等份，去掉果核。大蒜不去膜，以刀背壓扁。
2. 烤箱預熱至 200℃（400 ℉）。
3. 用刀尖在豬腿肉表面平均劃幾刀，然後以鹽、粗粒黑胡椒調味。

烘烤豬腿肉

4. 在大烤盤上淋些許橄欖油，放上豬腿肉，放入烤箱烘烤 15 分鐘，然後加入蔬菜、蘋果和大蒜，撒入鹽，再烘烤 15 分鐘。
5. 將烤箱溫度調至 170℃（325 ℉），加入雞清高湯，再烘烤 15 分鐘至豬腿肉柔軟，過程中需不時用湯汁淋肉，讓肉質保持甜嫩。
6. 取出烤盤，先取出豬腿肉、蔬菜、蘋果和大蒜。 用錫箔紙封住豬腿肉，再放回烤盤上，烤箱門半開，放回烤箱靜置 10 分鐘。烤盤上倒入雪利酒醋，刮一下黏在烤盤上焦化的湯汁，使能充分溶於汁液中。

盛盤

7. 靜置 10 分鐘後，豬腿肉（使用豬里脊肉要切厚片）盛入大盤子裡或分成小盤，排入蔬菜，淋上肉汁，最後撒入幾粒鹽之花和一些現磨黑胡椒即可享用。

Memo...

黑蘿蔔可以改用普通的白蘿蔔。豬肉可能會有其他寄生蟲，最好加熱後再食用。

法式燉牛肉蔬菜鍋

AD／剩下的湯汁可以過濾後放入冰箱冷藏，隔天撈掉表面凝固的油脂，再冷凍起來，以後可以拿來製作醬汁。

PN／沒錯，這鍋燉菜很費時間，但卻是相當健康的冬令佳餚！你可以拆成兩個階段來做：前一天先燉肉（高湯冷卻後更方便撈除油脂），隔天燉菜時再用小火把肉加熱即可。

材料（4 人份）

牛肩胛肉 500 公克｜1 磅
牛肩肉 500 公克｜1 磅
牛腱 500 公克｜1 磅
牛尾 500 公克｜1 磅
韭蔥 8 根
百里香 1 枝
月桂葉 1 片
洋蔥 3 顆
丁香 2 顆
小的蕪菁 1 公斤｜2 磅
細的胡蘿蔔 8 根
西洋芹（使用下半部分）1 根
中型馬鈴薯 1 公斤｜2 磅
辣根 3 公分長｜1 吋長
小條的酸黃瓜 6 條
醃洋蔥（將洋蔥放入煮沸騰的醋裡面醃漬亦可）適量
粗粒黑胡椒適量
• 粗鹽、鹽之花（頂級海鹽）、現磨黑胡椒

1. 將牛肩胛肉、牛肩肉、牛腱和牛尾分別用棉線綑綁起來，線頭要留長一點，大約是做法 4. 中使用的鍋子的深度。也可以請肉販代為處理。
2. 韭蔥剝掉最外面一層後洗淨，切下蔥綠，連同百里香、月桂葉用線綁好，做成香草束，蔥白備用。
3. 洋蔥剝除外皮，將丁香塞入其中 2 顆洋蔥裡（每顆塞 1 個）。
4. 將所有的肉放入深鍋中，加入水淹過肉，煮滾，取出肉瀝乾水分，再用流水清洗。
5. 深鍋中的煮肉水倒掉，將肉放回來，繩子綁在其中一個鍋子的把手，加水淹過肉，再放入香草束、洋蔥和 1 大匙粗鹽煮，等煮滾後調成小火，不時撈除湯汁表面的浮末，慢慢煮約 2 小時 15 分鐘。
6. 蕪菁、胡蘿蔔、西洋芹和馬鈴薯削除外皮，洗淨，放入做法 5. 的鍋中，加入蔥白續煮 45 分鐘。以刀尖檢查蔬菜的熟度。
7. 蔬菜煮好後關火，靜置 10 分鐘。用小杓子撈除湯汁表面的浮末，香草束丟掉。取出燉肉，拆掉綁線後切成厚片。
8. 將肉片放在已加熱的大盤子裡，撈出所有蔬菜，放在燉肉旁。在湯汁中加入鹽之花、現磨黑胡椒調味，磨入些許辣根泥，盛入湯碗中。
9. 用數個小碟子裝鹽之花、粗粒黑胡椒、酸黃瓜和醃洋蔥，再將肉、蔬菜和湯汁一起上桌，立刻享用。

Memo...

辣根（法文 raifort，英文 horseradish）又叫西洋山葵。新鮮的辣根外型像山藥，削皮後裡面是白色，帶刺鼻的香辣味，市售常見的有辣根醬。

Agneau confit à la sauge, orge perlé

烤鼠尾草風味羊肉佐小薏仁

材料（4 ～ 6 人份）

羔羊肩肉（帶骨為佳，無骨肩肉亦可）1 片，約 400 ～ 500 公克｜約 1 磅

細的胡蘿蔔 4 根

細的西洋芹 2 根

中型紅（紫）洋蔥 4 顆

大蒜 3 瓣

鼠尾草葉 12 片

黑胡椒圓粒 8 粒

紅酒 250 毫升｜ 1 杯

雞清高湯（參照 p.10）或水 250 毫升｜ 1 杯

小薏仁（大麥仁）160 公克｜ ¾ 杯

杏仁（新鮮的為佳）12 顆

• 橄欖油、鹽、現磨黑胡椒

AD ／如果羊肉鍋裡的湯汁看起來太多了，放回瓦斯爐上開火再多收掉（濃縮）一些湯汁。

PN ／小薏仁的外皮已經去掉，因此雖然富含碳水化合物，但大部分的維生素和礦物鹽都已經流失了。不過，那些蔬菜正彌補這個不足。

1. 將羔羊肩肉的肥邊、油脂切掉。胡蘿蔔、西洋芹削除外皮後洗淨，切薄片。紅洋蔥剝除外皮，切小瓣。大蒜不去膜，以刀背壓扁。
2. 烤箱預熱至 140℃（300 ℉）。
3. 取一個蓋上鍋蓋後可放入烤箱中的耐熱鍋，燒熱，倒入 1 小匙橄欖油，等油熱了放入羔羊肩肉，每一面都煎成金黃色，取出羔羊肩肉，把油倒掉。用廚房紙巾將鍋擦乾淨，再燒熱，加入 1 小匙橄欖油，等油熱了放入一半胡蘿蔔、西洋芹和洋蔥，翻炒 2 ～ 3 分鐘，不要炒到變色。接著加入大蒜、鼠尾草葉和黑胡椒圓粒充分拌勻，放回羔羊肩肉。
4. 倒入紅酒，煮（濃縮）至剩一半的量，再倒入雞清高湯，蓋上蓋子，放入烤箱烘烤 2 小時 30 分鐘，烘烤過程中必須不時用湯汁刷抹羊肉。
5. 從烤箱取出耐熱深鍋，拿出羔羊肩肉，用錫箔紙包起來保溫，鍋中的湯汁不要倒掉。
6. 當羔羊肩肉快煮好時，將小薏仁放入冷水中浸泡大約 10 分鐘。
7. 另取一個耐熱深鍋燒熱，倒入 1 小匙橄欖油，等油熱了放入剩下的胡蘿蔔、西洋芹和洋蔥，翻炒 2 分鐘。接著加入瀝乾的小薏仁充分拌勻，撒入鹽，炒 1 ～ 2 分鐘。
8. 接著舀入 1 杓做法 5. 的湯汁，讓小薏仁吸收湯汁，等湯汁完全吸收後，再倒入一點湯汁繼續煮，一共需煮 15 ～ 20 分鐘。等小薏仁快煮好時，加入杏仁，再淋入 1 小匙橄欖油翻拌，調味。
9. 將羔羊肩肉切成大塊，放回做法 5. 的鍋中，加入做法 8.，撒些許現磨黑胡椒，直接整鍋端上桌享用。

Memo...

紅洋蔥又叫紫洋蔥，它所含的水分比一般白洋蔥多，口感較清脆，很適合當作生菜沙拉。可以到大一點的傳統市場或大型進口超市，或者較多外國人居住區附近的超市購買。

Foie de veau de lait persillé, copeaux de topinambours

煎小牛肝佐巴西里醬與菊芋片

AD／綠捲鬚萵苣沙拉和這道菜非常對味。肉販切小牛肝時，厚度一定要一致，並且把所有血管清乾淨。

PN／小牛肝富含鐵質和維生素，尤其是維生素 A。雖然膽固醇很高，但除非你罹患這方面的相關疾病，否則不需因噎廢食而不吃。

材料（4 人份）

小牛肝（牛肝亦可）4 片，每片 120 公克 ×1 公分厚｜ 4 盎司 ×½ 吋厚

菊芋（topinambour）500 公克｜ 1 磅

大蒜 2 瓣

平葉巴西里 10 枝

無鹽奶油 15 公克｜ 1 大匙

紅酒醋 2 大匙

• 橄欖油、鹽、現磨黑胡椒

做法

處理食材

1. 菊芋削除外皮後洗淨，切薄片。大蒜去膜，1 瓣以刀背壓扁，剩下的切末。平葉巴西里洗淨，擦乾水分，摘下葉子後切細碎。

烹調菊芋和小牛肝

2. 不沾平底鍋燒熱，倒入 1 大匙橄欖油，等油熱了放入菊芋、拍碎的大蒜，以大火炒 5 分鐘，加入鹽。接著改成小火，加入無鹽奶油，炒 10 ～ 15 分鐘，直到菊芋的表面金黃，裡面香軟。
3. 小牛肝撒些鹽。平底鍋燒熱，倒入 1 小匙橄欖油，等油熱了放入小牛肝，喜歡吃生一點的話，每面煎約 1 分鐘 30 秒；半熟的話，每面煎 2 分鐘 30 秒，煎好盛入大盤子裡。
4. 將平葉巴西里、蒜末放入剛才煎小牛肝的平底鍋中，翻炒 20 秒，倒入紅酒醋拌勻成醬汁，將醬汁淋在小牛肝上。

盛盤

5. 在小牛肝上撒現磨黑胡椒，將菊芋排在小牛肝周圍，立刻享用。

Memo...

富含纖維的菊芋又叫洋薑，人類食用的歷史已相當久遠。它必須削除外皮後才能食用，但因為外表是一顆顆圓突起，很難削皮。此外，菜名中的「copeaux」原指木屑、碎木片，但這裡是指削成薄片的裝飾或配菜。

Bouchées de bœuf vapeur au sésame, condiment coco

清蒸芝麻牛肉丸佐椰子醬

材料（4 人份）

牛肉丸

瘦牛絞肉 400 公克｜ 1 磅

雞蛋 2 顆，共約 200 公克｜ 6 ½ 盎司

小顆白洋蔥 4 顆

青椒 1 個

馬郁蘭 3 枝

平葉巴西里 16 枝

白芝麻 50 公克｜ 1½ 盎司

黃芝麻 50 公克｜ 1½ 盎司

椰子醬

椰絲 125 公克｜ 1½ 杯

低脂牛奶 100 毫升｜ ½ 杯

薄荷 4 枝

芫荽 3 枝

胡桃 5 個

甜椒粉 3 撮

咖哩粉 4 撮

檸檬汁 1½ 顆份量

嫩菠菜 4 把

• 橄欖油、鹽、現磨黑胡椒

AD ／沒有蒸籠、蒸鍋的話，也可以用北非小米蒸鍋，或者將篩子架在裝了滾水的鍋子裡（鍋子不要放太多水，否則牛肉丸會泡到水）再加熱。

PN ／又一種享用牛絞肉的好方法！準備一盤蔬菜或香草沙拉（參照 p.153）搭配這些牛肉丸吧！椰子雖然富含飽和脂肪酸，但不是天天吃，偶一為之無妨。

做法

製作牛肉丸

1. 白洋蔥、青椒去皮，縱切成最細的細絲。深煎鍋燒熱，倒入 1 小匙橄欖油，等油熱了放入白洋蔥炒軟，約 1 分鐘，加入青椒翻炒，撒入鹽，炒至青椒熟軟。
2. 摘下馬郁蘭、平葉巴西里的葉子，切細碎。將瘦牛絞肉、雞蛋、馬郁蘭和平葉巴西里放入碗中拌勻，加入白洋蔥、青椒拌勻，以鹽、現磨黑胡椒調味成牛肉餡。
3. 白芝麻、黃芝麻混合。用湯匙挖 1 匙牛肉餡，放在手中搓揉成直徑 3 公分（1 吋）的丸子，裹上芝麻，其餘牛肉餡也用相同的方式處理，然後放入冰箱冷藏，烹煮時再取出。

製作椰子醬

4. 將椰絲、低脂牛奶倒入容器中拌勻，讓椰絲吸飽牛奶。摘下薄荷、芫荽的葉子。胡桃去殼後切粗碎。
5. 將做法 4.、甜椒粉和咖哩粉倒入食物調理機中，攪打至滑順均勻，然後倒入鍋中稍微加熱，一邊慢慢倒入 3 大匙橄欖油，一邊用力攪拌均勻，加入 ½ 顆份量的檸檬汁拌勻，以鹽、現磨黑胡椒調味，保溫。

完成

6. 嫩菠菜洗淨，瀝乾水分，放入容器中，加入 1 顆份量的檸檬汁、鹽和現磨黑胡椒調味。
7. 將牛肉丸排入蒸盤，等蒸鍋中的水煮滾，放入牛肉丸蒸約 5 分鐘。可將蒸鍋直接上桌，搭配嫩菠菜，椰子醬另外裝在碟子裡一起食用。

Memo...

「bouchée」是指食物一口的份量，這裡是指肉丸子。

Jarret de cochon aux lentilles corail

紅小扁豆燉蹄膀

AD／把剩餘的湯汁留下來，放入冰箱冷凍保存，之後可以取代雞清高湯使用。

PN／豬肉和蹄膀是很棒的食材！豬肉富含維生素 B1，營養師建議每週至少吃一次，以確保攝取足夠份量。而且蹄膀其實並不是很肥，尤其是前腿的部位。

材料（4 人份）

半鹹蹄膀 1 隻

月桂葉 1 片

迷你胡蘿蔔 3 根或普通胡蘿蔔 1 ～ 1½ 根

西洋芹 2 根

帶著長葉子的小洋蔥 4 根

紅小扁豆 250 公克｜ 1 杯

平葉巴西里 3 枝

茵陳蒿 1 枝

第戎芥末醬（moutarde de Dijon）2 大匙

• 橄欖油、鹽、現磨黑胡椒

做法

處理食材

1. 將半鹹蹄膀放入一盆水中浸泡，大約浸泡 2 小時，期間可以多換幾次水，才能去掉鹽分。
2. 取一個中等大小的耐熱深鍋，放入蹄膀，倒入水淹過蹄膀，煮滾，不時撈除湯汁表面的浮末，才能使湯汁清澈，然後加入月桂葉。
3. 胡蘿蔔、西洋芹削除外皮，小洋蔥剝除外皮後洗淨。胡蘿蔔切下蒂頭，西洋芹去掉根部，小洋蔥切掉葉子，全部切成薄片，然後將剩下的蒂頭、根部和葉子放入做法 2. 的鍋中，以小火持續控制在水微微沸騰的狀態下煮 2 小時。
4. 取出蹄膀鍋中的蔬菜、月桂葉。紅小扁豆洗淨，放入蹄膀鍋中，再煮 10 分鐘，直到紅小扁豆熟軟。
5. 煮紅小扁豆時，深煎鍋燒熱，倒入 1 小匙橄欖油，等油熱了放入胡蘿蔔片、西洋芹片、小洋蔥片、1 撮鹽，蓋上蓋子煮 4 分鐘。

完成

6. 平葉巴西里、茵陳蒿洗淨，摘下葉子後切細末。
7. 將煮好的蹄膀盛入盤中，蓋上錫箔紙保溫。紅小扁豆瀝乾，放入做法 5. 中，倒入 180 毫升（¾ 杯）做法 4. 的湯汁、第戎芥末醬、平葉巴西里和茵陳蒿拌勻。
8. 將紅小扁豆和其他蔬菜料盛在蹄膀周圍，撒入現磨黑胡椒粉，趁熱享用。

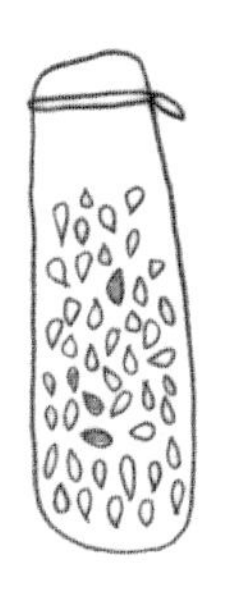

Daube de boeuf

紅酒燉牛肉

AD／醬汁太稀的話，就轉大火多收（濃縮）一些湯汁；如果太濃，可加入適量的雞清高湯稀釋。吃剩的燉肉可以用於其他料理，像紅酒燜牛肉花椰菜全麥麵盅（參照 p.84）。

PN／牛尾的脂肪含量很高，讓這道紅酒燉牛肉有無與倫比的香醇口感，但一定要瀝掉所有油脂。煮一道義大利麵（攝取碳水化合物）來搭配這道燉牛肉，還可以準備一道蔬菜來當前菜，畢竟這道料理裡沒什麼蔬菜。

牛尾 ½ 條，約 250 公克｜ ½ 磅
牛腱 500 公克｜ 1 磅
牛肩胛肉 500 公克｜ 1 磅
胡蘿蔔 4 根
西洋芹 3 根
白洋蔥 2 顆
大蒜 2 瓣
無蠟且無農藥柳橙 1 顆
黑胡椒圓粒 15 粒
百里香 2 枝
紅酒 750 毫升｜ 3 杯
低筋麵粉 3 大匙
雞清高湯（參照 p.10）或
水 1 ～ 1.5 公升｜ 4 ～ 6 杯
• 橄欖油、鹽

1. 先將牛尾、牛腱和牛肩胛肉切掉肥邊，再切成 2 ～ 3 公分（1 吋）的塊狀。可以請肉販代為處理。
2. 胡蘿蔔、西洋芹削外皮後洗淨，切斜圓片。白洋蔥剝除外皮，切小瓣。大蒜去膜，以刀背拍扁。柳橙整顆直接切片。將上述材料、做法 1. 都放入大容器中，放入黑胡椒圓粒、百里香，倒入紅酒，放入冰箱冷藏醃 48 小時。

3. 烤箱預熱至 150℃（300 ℉）。
4. 取出做法 2. 中的牛肉，瀝乾。把醃醬汁直接過濾到醬汁鍋裡，煮滾，讓酒精揮發 2 分鐘，再撈除浮沫。醃醬汁和調味蔬菜不要丟掉。
5. 取一個蓋上鍋蓋後可放入烤箱中的耐熱鍋，燒熱，倒入 1 小匙橄欖油，等油熱了放入牛肉，每一面都煎上色，用漏杓取出後，再加入除了柳橙之外的調味蔬菜翻炒 2 分鐘，撒入低筋麵粉，繼續翻炒。
6. 將牛肉放回做法 5. 的鍋中，加入柳橙，倒入酒精揮發的醃醬汁、雞清高湯，剛剛好淹過牛肉，撒入鹽，煮滾，不時撈除湯汁表面的浮末。蓋上蓋子，放入烤箱中烘烤 3 小時。可以直接將耐熱深鍋端上桌或盛入深碗裡享用。

Blanquette de veau aux légumes primeurs

法式白醬燉小牛肉與春令時蔬

材料（4 人份）

小牛腱 120 公克｜ 4 盎司

小牛肩胛肉 240 公克｜ 8 盎司

小牛大腿肉（小牛肩胛肉亦可）120 公克｜ 4 盎司

細韭蔥 2 根

西洋芹 2 根

迷你胡蘿蔔 4 ～ 6 根或普通胡蘿蔔 2 ～ 3 顆

帶著長葉子的小洋蔥 4 ～ 6 根

小的蕪菁 4 ～ 6 個或大的蕪菁 3 個

黑胡椒圓粒 5 粒

小朵白蘑菇 200 公克｜ 7 盎司

無鹽奶油 20 公克｜ 1½ 大匙

低筋麵粉 20 公克｜ 2 大匙

希臘式優格（乳脂肪 0%的新鮮白乳酪 fromage blanc 亦可）150 公克｜ ½ 杯

檸檬汁 ½ 顆份量

冷水 2 公升｜ 2 夸特

• 粗鹽、鹽、現磨黑胡椒

AD ／把剩下的小牛肉湯汁冷凍起來，之後可以用在很多料理。小牛肉一年四季都買得到，但春天的品質最佳。在其他季節做這道白醬燉小牛肉時，可以選擇當令蔬菜搭配。

PN ／這是不含蛋黃的白醬耶！有些人因膽固醇太高不能吃蛋，有些人會過敏，相信這道料理一定大受這些人歡迎。

1. 將小牛腱、小牛肩胛肉和小牛大腿肉切成每塊 40 公克（1 ⅓ 盎司），可請肉販代為處理。
2. 細韭蔥、西洋芹、胡蘿蔔和小洋蔥洗淨。細韭蔥縱切對半，西洋芹、胡蘿蔔切 6 公分（2 吋）長的斜段。小洋蔥保留 5 公分（2 吋）的蔥葉，鱗莖（球）縱切對半。蕪菁削除外皮，切對半（大的切 4 等份）。
3. 取一個耐熱深鍋，放入小牛肉，倒入冷水（材料量以外）剛剛好淹過小牛肉加熱，等水滾後繼續煮 3 分鐘，撈出小牛肉，倒掉滾水，以廚房紙巾擦乾深鍋。將小牛肉放在流動的水下清洗，再放回深鍋，倒入冷水，水煮滾後撈除湯汁表面的浮沫。
4. 接著放入做法 2. 的蔬菜和黑胡椒圓粒，撒入粗鹽，蓋上蓋子，一邊撈除湯汁表面的浮沫，以小火持續控制在水微微沸騰的狀態下燉煮 1 小時。
5. 白蘑菇洗淨，切成 4 等份，加入深鍋再煮 10 分鐘。撈出小牛肉和蔬菜、白蘑菇，放入盤子裡保溫。
6. 用細孔篩網過濾好做法 5. 燉肉的湯汁。耐熱深鍋擦乾淨，放入無鹽奶油加熱融化，撒入低筋麵粉拌勻，以小火炒約 1 分鐘，倒入 250 毫升（1 杯）燉肉的湯汁加熱。等煮滾後加入希臘式優格，以打蛋器攪拌，加入檸檬汁，以鹽、現磨黑胡椒調味。
7. 將小牛肉、蔬菜和白蘑菇放回深鍋中，直接把深鍋端上桌，趁熱享用。

Memo...

湯汁有點像奶油濃湯，但因為加入了帶點酸味的希臘式優格，讓這道料裡不會過於濃厚，口味清爽。

Agneau de lait en boulettes, légumes d'un couscous

庫斯庫斯風味蔬菜小羊肉丸

AD ／把刀子插入羊肉丸裡來檢查肉的熟度。羔羊胸線肉可以改以雞肝代替，烹調後一樣美味。

PN ／仔細看，有肉提供的蛋白質（但沒有太多），鷹嘴豆的低升糖指數的碳水化合物，還有所有食材的維生素與礦物鹽，只有一點油脂，還有哪一道佳餚比它更營養均衡呢？

材料（4 人份）

切掉肥邊、油脂的羔羊肉（肩肉或腿肉）350 公克｜ 12 盎司

羔羊胸腺肉（雞肝亦可）2 塊

鷹嘴豆 150 公克｜ ¾ 杯

小顆洋蔥 1 顆

細的胡蘿蔔 4 根

月桂葉 1 片

大蒜 3 瓣

芫荽 3 枝

平葉巴西里 3 枝

芫荽粉 2 撮

甜椒粉 2 撮

小顆紅（紫）洋蔥 4 顆

西洋芹 4 根

小顆球莖茴香 2 顆

北非綜合香料（ras el hanout）3 撮

• 橄欖油、鹽、現磨黑胡椒

做法

前一天

1. 將鷹嘴豆放入容器裡後加水，浸泡一個晚上。

當天

2. 洋蔥剝除外皮，1 根胡蘿蔔削除外皮，全部切小塊。
3. 鷹嘴豆瀝乾水分，連同做法 2.、月桂葉一起放入鍋中，倒入水淹過材料，煮 1 小時 30 分鐘，煮好後加入鹽。

準備羊肉丸和蔬菜

4. 將羔羊肉、羔羊胸腺肉剁碎，放入容器中。
5. 1 瓣大蒜去膜，切末。芫荽、平葉巴西里洗淨，擦乾後摘下葉子，留幾片平葉巴西里葉當裝飾用，其他都切末。將上述材料加入做法 4. 拌勻，以芫荽粉、甜椒粉調味。用手拌勻成肉餡料，搓揉成 4 個羊肉丸。
6. 紅洋蔥剝除外皮後切瓣。西洋芹、3 根胡蘿蔔削除外皮，球莖茴香剝掉最外面一層後洗淨，全都切成 7 ～ 8 公分（3 吋）長。2 瓣大蒜以刀背壓扁。

烹調、完成

7. 深煎鍋燒熱，倒入 3 大匙橄欖油，等油熱了放入做法 6.，撒入鹽、北非綜合香料翻炒，蓋上蓋子，以小火煮 10 分鐘。
8. 鷹嘴豆瀝乾水分，將四分之三量的煮鷹嘴豆水倒入做法 7. 中拌勻，煮 5 分鐘。接著加入羊肉丸、鷹嘴豆，蓋上蓋子，用小火持續控制在水微微沸騰的狀態下煮約 10 分鐘。
9. 將鷹嘴豆、蔬菜和羊肉丸盛入盤子裡。把細孔篩網放在盤子上，湯汁過濾淋入，撒上預留的平葉巴西里葉後即可享用。

Memo...

「boulette」是將絞肉做成丸子的形狀。

Grenadins de veau, épinards en branches et tomates au four

菠菜烤蕃茄香煎小牛排

AD／小牛肉不能煮過頭，否則會很乾澀，最好微微帶血。建議選購品質優良、在外飼養的粉紅小牛（rosé veal）。

PN／菠菜富含鐵質，很適合搭配小牛肉，因為小牛肉的鐵質含量不多，除此之外還有蕃茄的抗氧化劑和新鮮羊奶乳酪的些許鈣質，加起來也稱得上營養豐富呢！

材料（4 人份）

圓片小牛排 *（豬大里脊肉或豬大腿肉亦可）4 片，每片 100 公克｜ 4 盎司

蕃茄 4 顆

砂糖 1 小匙

大蒜 6 瓣

嫩菠菜 600 公克｜ 1¼ 磅

油漬蕃茄（參照 p.16）8 片

新鮮羊奶乳酪（無糖原味優格亦可）8 大匙

硬質羊奶乳酪（佩克里諾乳酪亦可）40 公克｜ 1½ 盎司

百里香 1 枝

雞清高湯（參照 p.10）200 毫升｜ 1 杯

• 橄欖油、鹽、現磨黑胡椒

* 是將小牛排切成直徑 6 ～ 7 公分（約 2½ ～ 3 吋），2 公分（約 1 吋）厚的圓形。

做法

烤蕃茄、炒菠菜

1. 烤箱預熱至 130℃（250 ℉）。
2. 去除蕃茄的外皮（可參照本頁的 memo），對半橫切，用手指把汁液和蕃茄籽捏擠出來。5 瓣大蒜不去膜，以刀背壓扁。將蕃茄整齊排在烤盤上，淋上 1 小匙橄欖油、砂糖，撒入些許鹽，加入 3 瓣拍扁的大蒜，蓋上錫箔紙，放入烤箱烘烤 1 小時 30 分鐘。
3. 嫩菠菜摘下葉子，洗淨後瀝乾水分。
4. 取出烤盤，將溫度調高至 170℃（350 ℉）。在每一片蕃茄上依序塗抹 1 大匙新鮮羊奶乳酪，排上 1 片油漬蕃茄，再將硬質羊奶乳酪刨成薄片放在上面，再放入烤箱烘烤幾分鐘。
5. 剩下的 1 瓣大蒜去膜。深煎鍋燒熱，倒入 1 小匙橄欖油，等油熱了放入 1 把嫩菠菜，用插著去膜大蒜的叉子翻拌，炒至嫩菠菜變軟，加入鹽、現磨黑胡椒調味，盛入盤子裡。重複以上步驟將所有嫩菠菜煎好。

烹調小牛排

6. 另一個深煎鍋燒熱，倒入 1 小匙橄欖油，等油熱了放入小牛排，將每一面都煎至上色。加入 2 瓣拍扁的大蒜、百里香，以中火將每面各煎 3 ～ 4 分鐘（依厚度調整時間），然後放在盤子裡，蓋上錫箔紙保溫。
7. 將做法 6. 的深煎鍋再燒熱，倒入雞清高湯，刮一下黏在鍋面焦化的湯汁，使能充分溶於汁液中，將高湯煮至有點濃稠，以鹽、現磨黑胡椒調味。
8. 將嫩菠菜盛入大盤子中間或分成小盤，依序排上烤蕃茄、小牛排，醬汁用細孔篩網過濾後淋入，立刻享用。

Memo...

將蕃茄放入滾水中以小火汆燙，當蕃茄的表面出現大塊的裂痕後撈出，或者先在蕃茄的底部用刀子劃開一個十字，然後放入冷水裡浸泡或沖冷水，等蕃茄大約降溫而不燙手，即可撕除蕃茄的外皮。

Vitello tonnato gremolata

橙橘香草風味小牛肉佐鮪魚醬

材料（4 人份）

小牛後腿肉（牛里脊肉亦可）500 公克｜1 磅

雞清高湯（參照 p.10）250 毫升｜1 杯

百里香 2 枝

月桂葉 1 片

無蠟且無農藥柳橙 1 顆

青椒 ¼ 個

紅甜椒 ¼ 個

帕瑪森乳酪 20 公克｜¾ 盎司

去籽黑橄欖 12 ～ 16 顆

• 橄欖油、鹽、現磨黑胡椒

鮪魚醬

罐裝油漬鮪魚 1 小罐，約 175 公克｜6 盎司

橄欖油漬鯷魚 3 條

蛋黃 2 顆

雪利酒醋 100 毫升｜½ 杯

第戎芥末醬（moutarde de Dijon）1 小匙

橄欖油 1 大匙

AD／這是一道冷盤，可以在前一天先做好（至少先燉小牛肉和刨好柳橙皮茸）。先把鮪魚和鯷魚切碎的話，放入食物調理機會更容易攪打。

PN／享用這道鮪魚小牛肉時，可以搭配美味的香草沙拉（參照 p.153）和幾片稍微烤過的全麥或全穀麵包。

做法

燉小牛肉

1. 小牛肉切掉肥邊、筋等部分，抹上鹽。耐熱深鍋燒熱，倒入 1 小匙橄欖油，等油熱放入小牛肉，每一面稍微煎一下封住肉汁。倒入雞清高湯，放入 1 枝百里香和月桂葉，不要蓋上蓋子，以微火煮約 40 分鐘。煮好後取出小牛肉，放涼，等完全冷卻後放入冰箱冷藏。鍋中的湯汁不要倒掉，備用。

製作橙橘香草

2. 煮小牛肉時，烤箱預熱至 80℃（175 ℉）。
3. 1 枝百里香摘下葉子。用刨絲器刨好柳橙皮茸（表皮有顏色的地方），撒在鋪了矽膠烤盤墊或烘焙紙的烤盤上。撒上百里香葉，放入烤箱烘烤 1 小時。
4. 青椒、紅甜椒洗淨，削除外皮，挖掉籽和囊，切成 0.2 公分的小丁，然後放在網杓中，移入燉小牛肉的鍋子邊緣內，只煮 1 分鐘即可，瀝乾放入碗裡。淋上 2 大匙橄欖油，放入冰箱冷藏，醃至入味。

製作鮪魚醬

5. 將鮪魚醬的所有材料、2 大匙燉小牛肉時預留的湯汁放入食物調理機中，攪打至滑順均勻的泥狀。倒入容器中，放入冰箱冷藏。

完成

6. 將小牛肉切成 0.2 公分厚的薄片，在大盤子或小盤子裡排成一個圓，輕撒些許鹽、現磨黑胡椒。
7. 淋上鮪魚醬，撒上做法 3. 的橙橘香草。取出青椒、紅甜椒瀝乾油分，擺在小牛肉周圍。將帕瑪森乳酪刨片，撒在青椒、紅甜椒上，再加入去籽黑橄欖，趁冰涼時享用。

Memo...

產於法國勃艮地（Bourgogne）第戎市（Dijon）的第戎芥末醬，是使用去了莢的褐色、黑色芥菜籽做成，辣味比較強，具有特殊香氣，搭配肉類、魚料理十分契合。也可以利用它來調配其他醬汁，用途很廣。另也有販售含整顆芥籽的第戎芥末籽醬。

Piccata de veau de lait à la sauge, carottes étuvées

鼠尾草風味米蘭小牛排 佐燜蒜香胡蘿蔔

AD／盡可能買喝牛奶的小牛肉，吃起來更美味！屠宰前和母牛一起在戶外生長的小牛雖不多，但有愈來愈多的趨勢。英國現在有非密集飼養的粉紅小牛。

PN／小牛的肉質相當精瘦，胡蘿蔔在烹調過程中也沒加油，所以這是一道低脂佳餚，熱量不高，又能提供豐富的類胡蘿蔔素，能促進肌膚和所有細胞的健康。

材料（4 人份）

小牛排

小牛菲力（參照本頁 memo。豬大里脊肉亦可）12 片，每片約 35 公克 | 1 盎司

小片的鼠尾草葉 12 片

雞清高湯（參照 p.10）4 大匙

燜煮胡蘿蔔

細的橘、黃、紫色胡蘿蔔各 3 根，或普通胡蘿蔔 3 根

大蒜 1 瓣

柳橙汁 2 顆份量

青蔥 2 根

法式芥末醬（moutarde）2 大匙

酸豆 1 大匙

• 橄欖油、鹽、現磨黑胡椒

做法

1. 請肉販代為將小牛菲力切成每片 35 公克（1 盎司）。

燜煮胡蘿蔔

2. 胡蘿蔔洗淨後削除外皮，保留頭尾，其他切斜圓片。大蒜去膜，以刀背拍扁。
3. 在胡蘿蔔上撒些許鹽。耐熱深鍋燒熱，倒入 1 大匙橄欖油，等油熱了放入胡蘿蔔、大蒜，以小火炒 3 分鐘，不要炒到變色。倒入柳橙汁，蓋上蓋子煮 8 分鐘。

製作醬料

4. 煮胡蘿蔔時，將剛才留的胡蘿蔔頭尾切碎。青蔥去除不要的部分，洗淨後切末，全部倒入碗中，加入法式芥末醬、酸豆拌一下，完成口感爽脆的醬料。

烹調小牛排

5. 在每片小牛菲力上放 1 片鼠尾草葉，輕輕往下壓，讓鼠尾草葉黏在肉上。
6. 平底鍋燒熱，倒入 1 小匙橄欖油，等油熱了放入小牛菲力，黏著鼠尾草的那一面朝下，煎約 30 秒，翻面再煎 30 秒，盛入盤中。
7. 將雞清高湯倒入做法 6. 的平底鍋中，刮一下黏在鍋面焦化的湯汁，使能充分溶於汁液中，煮滾，將湯汁濃縮，加入做法 4. 的醬料拌勻，淋在小牛菲力上。
8. 將胡蘿蔔盛在旁邊，撒上現磨黑胡椒，趁熱食用。

Memo...

「étuvér」是指利用食材本身的水分，燜煮而成的料理。小牛菲力是小牛腰部的里脊肉，其尖端有一塊非常柔嫩的肉。肉質軟嫩、多汁且不油膩。此外，法式芥末醬（moutarde）口味不同於美式、日式芥末醬，它具有淡香和微辛辣味。

Épaule de sanglier confite aux châtaignes

栗子燉野豬肉

AD ／野豬的壽命可以長達 30 歲，不過就算年紀不大，肉質仍很緊實，所以需要醃很久。

PN ／野豬肉的肉質非常精瘦！這道佳餚不僅低脂，連醃料也不含任何卡路里，適合當作特別場合的大菜，美味極了！

材料（4 人份）

無骨野豬肩胛肉（普通豬肩胛肉亦可）500 公克｜ 1 磅

洋蔥 2 顆

細的西洋芹 6 根或普通西洋芹 3 根

胡蘿蔔 2 根

大蒜 5 瓣

百里香 1 枝

月桂葉 1 片

黑胡椒圓粒 10 粒

杜松子 6 顆

優質紅酒 750 毫升｜ 3 杯

低筋麵粉 2 大匙

干邑白蘭地 50 毫升｜⅕ 杯

雞清高湯（參照 p.10）或水 200 ～ 300 毫升｜⅘ ～ 1 ⅕ 杯

白蘑菇 250 公克｜ 7 盎司

栗子（真空包裝或冷凍都可以）300 公克｜ 10 盎司

• 橄欖油、鹽、現磨黑胡椒

做法

前一天

1. 將豬肩胛肉切成每塊 40 公克（1 盎司），放在大容器中。
2. 洋蔥、西洋芹、胡蘿蔔洗淨後去皮，切成 1 公分（½ 吋）厚的圓片。3 瓣大蒜去膜。將上述材料放入做法 1. 中，加入百里香、月桂葉、黑胡椒圓粒和杜松子，倒入紅酒，放入冰箱冷藏，醃漬一晚。

當天

3. 烤箱預熱至 170℃（325 ℉）。
4. 豬肩胛肉瀝乾，撒些許鹽。取一個蓋上鍋蓋後可放入烤箱中的耐熱鍋，燒熱，倒入 1 大匙橄欖油，等油熱了放入豬肩胛肉，將每一面都煎上色，取出。將做法 2. 中除了黑胡椒圓粒之外的醃漬食材撈出，放入耐熱鍋後炒香，蓋上蓋子，以小火煮 5 分鐘。放回豬肩胛肉，撒入低筋麵粉，一邊攪拌一邊炒 2 分鐘。
5. 倒入干邑白蘭地，刮一下黏在鍋面焦化的湯汁，使能充分溶於汁液中。接著倒入紅酒醃汁，剛剛好淹過材料，倒入 100 ～ 200 毫升（⅖～⅘杯）雞清高湯，加入做法 4. 中的黑胡椒圓粒，煮至即將沸騰，需不時撈除湯汁表面的浮末。蓋上蓋子，放入烤箱烘烤 2 小時。
6. 在肉烤好前 30 分鐘時，將白蘑菇削皮，切成 4 等份。剩下的 2 瓣大蒜去膜，以刀背拍扁。
7. 取另一個耐熱深鍋燒熱，倒入 2 大匙橄欖油，等油熱了放入栗子、蘑菇和 2 瓣拍扁的大蒜，煎約 4 分鐘。倒入 100 毫升（⅖杯）雞清高湯，蓋上蓋子，以小火持續控制在快要沸騰的狀態下煮 10 分鐘。
8. 從烤箱中取出耐熱鍋，豬肩胛肉夾入做法 7.，而湯汁則以鹽、現磨黑胡椒調味，再把湯汁以篩網過濾，淋在做法 7. 上，直接整鍋端上桌。

Noisettes de chevreuil et champignons des bois sautés

香煎鹿肉炒野菇

材料（4 人份）

野生鹿肉（普通鹿肉亦可）12 片，每片約 30 公克｜1 盎司

水果乾醬 *（參照 p.47）製作一半量使用

薑 2 ～ 3 公分長｜1 吋長

萊姆 1 顆

黑喇叭菌（tropettes-de-la-mort）**60 公克｜2 盎司

雞油菌 **250 克｜8 盎司

牛肝菌 **250 克｜8 盎司

平葉巴西里 6 ～ 8 枝

大蒜 2 瓣

無鹽奶油 25 公克｜1¾ 大匙

杜松子 4 顆

干邑白蘭地少許

雞清高湯（參照 p.10）50 毫升｜⅕ 杯

粗粒黑胡椒適量

• 橄欖油、鹽、現磨黑胡椒

* 製作水果乾醬，用薑泥取代番紅花，萊姆取代柳橙。

** 這三種菇菌可隨意使用易買到的，像白蘑菇等取代。

AD ／這道食譜也可以用雌獐鹿的鹿肉。冷凍鹿肉在市面上很常見，購買之前要確認鹿肉沒有冷凍過。

PN ／鹿肉的肉質精瘦，富含鐵質，還能提供平常不容易攝取到的微量元素。這道佳餚十分受歡迎，尤其菇類也含少量鐵質。

做法

1. 參照 p.47 做好一半量的水果乾醬，但在食材部分，用薑泥取代番紅花，萊姆皮絲取代柳橙皮絲製作。

烹調菇類

2. 黑喇叭菌、雞油菌洗淨後小心拍乾，菇蒂切除，把大朵的雞油菌切對半。將附著在牛肝蕈上面的沙土都洗淨，切薄片。平葉巴西里洗淨後擦乾，摘下葉子切細碎。大蒜去膜切末。
3. 平底鍋燒熱，倒入 1 大匙橄欖油，等油熱了分別放入每一種菇類，各炒 2 分鐘，撒入些許鹽，再用篩網瀝乾油分。
4. 同一個平底鍋燒熱，放入 15 公克（1 大匙）無鹽奶油，等無鹽奶油融化後放入所有菇類，以大火炒 5 分鐘，撒入現磨黑胡椒，加入平葉巴西里、大蒜再炒 1 分鐘。

烹調鹿肉

5. 杜松子拍碎，與 2 撮粗粒黑胡椒、鹽混合，然後抹在鹿肉的兩面。
6. 平底鍋燒熱，倒入 1 小匙橄欖油，等油熱了放入鹿肉，每面各煎 1 分鐘 30 秒。
7. 將盤子加熱，放上鹿肉。將干邑白蘭地倒入平底鍋，刮一下黏在鍋面焦化的湯汁，使能充分溶於汁液中，再倒入雞清高湯，讓醬汁煮（濃縮）至剩四分之三的量，立刻加入 10 公克（¾ 大匙）無鹽奶油拌勻，讓醬汁更濃稠。
8. 把醬汁淋在鹿肉上，周圍鋪上菇類，水果乾醬用另一個容器裝，立刻享用。

Memo...

野生的鹿肉（chevreuil）是深紅色的，脂肪比較少，但時序入冬後因體內積存脂肪，肉質較鮮美。杜松子和粗粒黑胡椒必須磨（壓）細一點，盡量均勻抹上整塊鹿肉。

甜點 Desserts

327 杏桃塔 Tarte aux abricots

328 紅酒櫻桃 Cerises dans leurs jus

331 栗子可麗餅佐香煎覆盆子與山羊乳酪 Crêpes à la châtaigne, poêlée de framboises et brocciu

332 香煎夏冬繽紛水果 Poêlée de fruits d'été ou d'hiver

336 糖漬西洋梨與西洋梨雪酪淋巧克力醬 Poires pochées, sorbet poire et sauce chocolat

337 綜合水果雪酪 Sorbets aux fruits

338 義式草莓冰砂 Fraises en granité

341 冰鎮甜桃馬鞭草湯 Soupe glacée de pêches à la verveine

342 蘋果派 Tourte aux pommes

343 冰鎮甜瓜湯佐薄荷冰磚 Soupe de melon, glaçon à la menthe

345 大黃塔 Tarte à la rhubarbe

346 家庭風味檸檬烤布蕾 Oeufs au lait

349 燉蘋果西洋梨 Pommes et poires confites en Römertopf

350 紅酒燉洋梨 Poires au vin

阿朗・杜卡斯（AD）＿

我對甜膩的甜點向來敬謝不敏，糖分過多不但造成味蕾的負擔，也會破壞風味。不過，我接下來要介紹的甜點，都是主廚推薦的佳餚，精緻美味且做法簡單，最重要的是食材天然。

讓卡路里變高的原兇是奶油放太多了，而不是糖。製作這些甜點時，我們會加一點糖，但做塔類糕點時會用少量奶油，再放很多水果！

Desserts

甜點

Tarte aux abricots

杏桃塔

材料（直徑 25 公分｜ 10 吋，或者 9×30 公分｜ 2½×11 吋長方形塔模 1 個）

大黃（rhubarb）650 公克｜ 1½ 磅

砂糖 10 大匙

市售快速千層派皮麵團（pâte feuilletée）250 公克｜ 8 盎司

杏桃 20 顆

無鹽奶油 10 公克｜⅔大匙

玫瑰餅乾（biscuit rose de reims）或手指餅乾 4 根

AD／杏桃要挑選漂亮熟透的，我個人偏好胡西雍杏桃（roussillon apricots），我覺得這兒產的最好吃。

PN／杏桃富含類胡蘿蔔素，是公認能養顏美容的水果，而且和大黃一樣能提供豐富的纖維素。

1. 大黃削除外皮，切小段，放入碗裡，撒入 5 大匙砂糖，蓋上保鮮膜，放入冰箱冷藏 12 小時。
2. 取出大黃瀝乾水分，放入耐熱深鍋中，蓋上蓋子，慢慢煮至熟軟。
3. 模型內側塗抹無鹽奶油，撒入 2 大匙砂糖，放入冰箱冷藏。
4. 工作檯面撒一點手粉（材料量以外），放上快速千層派皮麵團，擀成 0.2 公分厚，比模型稍微大一點。以擀麵棍輔助將派皮移至模型上方，覆蓋在模型中間，用手將派皮邊緣和底部壓緊，使派皮和模型之間貼合，再用擀麵棍從派皮上方擀 1 次，切掉多餘的派皮。接著用叉子在派皮上均勻戳些小洞，放入冰箱冷藏鬆弛約 20 分鐘。
5. 杏桃洗淨後瀝乾，切對半後去除果核，再把每一對半杏桃切成 3 等份。
6. 烤箱預熱至 210℃（415 ℉）。
7. 裁好 1 張比模型大 3 公分（1 吋），直徑 28 公分（11 吋）的圓形或 12×33 公分（3 ½×12 吋）的長方形烘焙紙，鋪在鬆弛好的派皮上，放入重石或紅豆粒等，放入烤箱盲烤 20 分鐘。
8. 取出派皮，拉起烘焙紙，移走重石或紅豆粒等，讓派皮冷卻一下。
9. 在派皮上均勻鋪上大黃。將 3 根玫瑰餅乾或手指餅乾剝碎，撒在大黃上，然後擺上杏桃，平均撒入 3 大匙砂糖，放入烤箱烘烤 20 ～ 25 分鐘。
10. 取出杏桃塔，把最後一塊餅乾剝碎後撒入，趁溫熱時享用。

Memo...

高筋麵粉因為比較滑且不黏手，所以一般手粉多使用高筋麵粉。此外在做法 4. 中，派皮一定要和模型的邊緣和底部貼合，成品邊緣形狀才會漂亮且工整。此外，杜卡斯說的胡西雍東庇里牛斯省（Pyrénées-Orientales）產杏桃，是一外皮為亮橙色且帶斑點，果肉為橘色，滋味香甜，在甜點師傅間很受歡迎的水果。

AD／吃紅酒櫻桃時很適合來一球開心果冰淇淋，味道很搭。融化奶油時一定要用微火，千萬不能讓顏色變黑。

PN／櫻桃含大量纖維素，所含的碳水化合物中有一部分是山梨糖醇，是一種能保持腸道消化健康的物質。櫻桃也提供大量的礦物鹽。

Cerises dans leur jus

紅酒櫻桃

材料（4 人份）

櫻桃 600 公克｜1¼ 磅

香草豆莢 1 根

無鹽奶油 20 公克｜1½ 大匙

砂糖 40 公克｜3 大匙

紅酒 150 毫升｜¾ 杯

做法

處理食材

1. 櫻桃洗淨後去梗，縱切對半取出籽。香草豆莢縱向剖開，用刀尖刮出裡面的香草籽，豆莢切對半。
2. 將無鹽奶油、砂糖放入平底鍋中，以小火加熱，等奶油融化後加入櫻桃，一邊翻拌讓整顆櫻桃完全沾裹到奶油糖漿，一邊以大火煮 2 分鐘，然後加入香草豆莢、香草籽混合。
3. 倒入紅酒，持續輕輕攪拌，再煮 1 分鐘。

冷藏後食用

4. 將櫻桃連同紅酒醬汁一起倒入容器中，放入冰箱冷藏，食用前再取出。

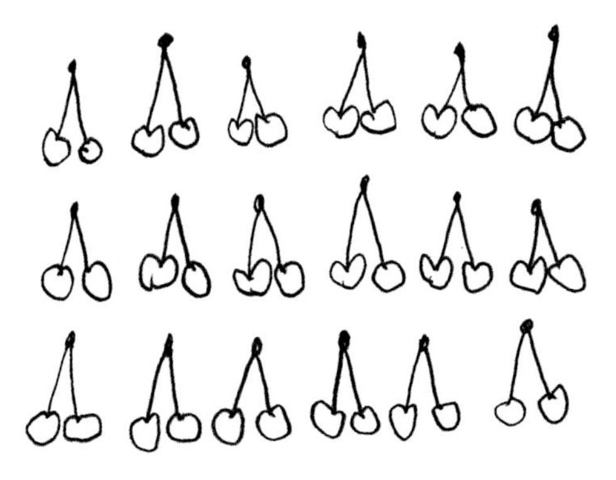

Memo...

如果買不到新鮮櫻桃，也可以使用冷凍櫻桃製作。

Crêpes à la châtaigne, poêlée de framboises et brocciu

栗子可麗餅
佐香煎覆盆子與山羊乳酪

材料（4～6 人份）

栗子可麗餅

栗子粉 200 公克｜2 杯

低筋麵粉 100 公克｜1 杯

鹽 4 撮

全蛋 2 顆

水 150 毫升｜¾ 杯

牛奶 150 毫升｜¾ 杯

無鹽奶油 10 公克｜2/3 大匙

香煎覆盆子

覆盆子約 375 公克｜12 盎司

無鹽奶油 10 公克｜⅔大匙

砂糖 20 公克｜1½ 大匙

覆盆子香甜酒（櫻桃白蘭地亦可）1 大匙

新鮮山羊乳酪（新鮮白乳酪 fromage blanc 亦可）500 公克｜1 磅

AD／這裡用的科西嘉島產新鮮山羊乳酪，並非牛奶製成，而是用山羊奶或母綿羊奶的乳清所製，質地和風味都相當獨特。買不到的話，可以改用新鮮白乳酪（fromage blanc）或綿羊乳酪。

PN／可麗餅可提供低升糖指數的碳水化合物，覆盆子提供膠質和抗氧化劑，新鮮山羊乳酪則含鈣質。這道可麗餅幾乎不含油脂或糖分，可說是相當清爽的甜點呀！下午茶的首選。

做法

製作可麗餅

1. 將已過篩的栗子麵粉、低筋麵粉和鹽倒入鋼盆中拌匀，在中間挖一個洞。在粉類中間的缺口打入全蛋，輕輕拌蛋液，拌匀，然後一邊不停攪拌，一邊加入水和牛奶，拌匀成麵糊。當麵糊變得太濃稠時，可倒入牛奶調整。
2. 在拌均匀的麵糊上覆蓋乾淨的布，在 20～25℃（68～77 ℉）的室溫下靜置約 1 小時。
3. 無鹽奶油以微波加熱融化。平底鍋預熱，將奶油刷在鍋面。
4. 當鍋子達到適當的溫度，舀 1 杓麵糊，在麵糊凝固前轉動鍋柄，讓麵糊佈滿鍋面，加熱至餅皮邊緣產生些微焦色即可翻面，煎約 1 分鐘。將煎好的可麗餅盛入盤中，蓋上乾淨的布，再以同樣的方法煎完所有麵糊。

香煎覆盆子

5. 將無鹽奶油、砂糖放入平底鍋中，加熱，等奶油融化後加入 250 公克（8 盎司）覆盆子，一邊搖動鍋子，一邊煎約 1 分鐘，倒入覆盆子香甜酒輕輕翻拌，然後關火。

盛盤

6. 將冰涼的 1 小球新鮮山羊乳酪、1 大匙香煎覆盆子放在可麗餅中間，可麗餅皮對折後盛盤，再撒上剩下的覆盆子；或者如左圖的成品，將可麗餅堆疊起來，放上新鮮山羊乳酪、香煎覆盆子。

Memo...

做法 2. 中將拌勻的麵糊靜置 1 小時，可使麵粉充分浸透。此外，做法 4. 中的適當溫度，可試著用筷子沾一點麵糊入鍋，麵糊若發出唰的聲音，且微白的麵糊在鍋面立刻凝固，就達到溫度了。

Poêlée de fruits d'été ou d'hiver

香煎夏冬繽紛水果

AD／無論在哪一季，你都可以依自己的喜好挑選水果種類，但務必選用酸酸甜甜的新鮮水果。

PN／因為火候不大，烹調時間也很短，所以不會讓水果中的維生素 C 氧化，所以是道健康、美味兼具的佳餚！

Memo...

可以用小顆茂谷柑取代小柑橘。百里香是用新鮮的，可至花市或百貨公司的大型超市購買。

材料（4 人份，水果可依季節更換）

夏令水果

杏桃 2 顆

油桃 2 顆

櫻桃 2 把

黃桃或白桃 2 顆

草莓 500 公克｜1 磅

覆盆子 125 公克｜4 盎司

橄欖油 1 大匙

蜂蜜 1 大匙

香草豆莢 1 根

百里香 1 枝

冬令水果

愈酸愈好的蘋果或青蘋果 1 顆

大的西洋梨 1 個

小的鳳梨 1 個

迷你香蕉 2 根或普通香蕉 1 根

柳橙汁 1 顆份量

小柑橘 2 顆

橄欖油 1 大匙

蜂蜜 1 大匙

香草豆莢 1 根

百里香 1 枝

做法

香煎夏令水果

1. 杏桃、油桃和櫻桃洗淨。黃桃或白桃削除外皮。草莓洗淨，去掉蒂頭。
2. 將杏桃、油桃、黃桃或白桃縱切對半，去掉果核，再把每一對半的桃子切瓣。櫻桃去梗，果肉切對半，去掉硬核。
3. 平底鍋中放入橄欖油、蜂蜜、香草豆莢和百里香，以小火煮至蜂蜜變成微微的焦糖色，然後加入杏桃、油桃、黃桃或白桃和草莓，輕輕翻拌，讓水果裹上焦糖後再煮 2～3 分鐘，關火。
4. 取出香草豆莢、百里香，將水果盛入大盤子裡或分成小盤，撒入覆盆子，趁溫熱食用。

香煎冬令水果

1. 蘋果、西洋梨削除外皮，縱切對半，去掉果核之後再切瓣。
2. 用大刀子削切掉鳳梨的硬皮，切成圓片，去掉中間纖維很多的鳳梨心，再把每片圓片切成 4 等份。香蕉剝掉外皮，縱切對半。
3. 平底鍋中放入橄欖油、蜂蜜、香草豆莢和百里香，以小火煮至蜂蜜變成微微的焦糖色，然後加入蘋果、西洋梨、鳳梨和香蕉，輕輕翻拌，讓水果裹上焦糖後再煮 3～4 分鐘，倒入柳橙汁拌一下，關火。
4. 小柑橘剝掉外皮，剝成一瓣瓣，再剝掉膜。
5. 取出香草豆莢、百里香，將水果盛入大盤子裡或分成小盤，撒入小柑橘，趁溫熱食用。

上圖為阿朗・杜卡斯的私人收藏：繪於18世紀的植物水彩畫；右圖則是裝在木箱中，酸溜溜的史密斯老奶奶（granny smith）青蘋果。

GROU
G.E F.R.A.8
GROU
PECHES
SANGUINES
HAUTES ALPES
ALPES
au sommet du goût

  備料時間｜15 分鐘（不含西洋梨雪酪的製作時間） 烹調時間｜15 分鐘

Poires pochées, sorbet poire et sauce chocolat

糖漬西洋梨與西洋梨雪酪淋巧克力醬

AD／西洋梨一定要完全浸入糖漿裡，否則煮不軟，所以得根據西洋梨大小挑選醬汁鍋。而且烹煮時，要時常幫西洋梨刷糖漿。

PN／巧克力的美味和營養價值眾所皆知！大口享受這道甜點吧！吃得開心也是讓飲食健康均衡的要素之一。

材料（4 人份）

西洋梨雪酪（參照 p.337）全部的量

熟透的西洋梨（威廉西洋梨為佳）4 個

水 750 毫升｜3 杯

砂糖 90 公克｜½ 杯

檸檬汁 1/2 顆份量

香草豆莢 1 根

苦甜巧克力（可可含量 70%）125 公克｜4½ 盎司

鮮奶油 2 大匙

做法

製作雪酪、糖漬西洋梨

1. 參照 p.337 製作西洋梨雪酪。
2. 西洋梨洗淨，只削除外皮，蒂頭和果核不要切掉，果皮也留著。香草豆莢縱向剖開，用刀尖刮出裡面的香草籽。
3. 將水、砂糖、檸檬汁、香草豆莢和香草籽、西洋梨的皮倒入鍋中，煮成沸騰的糖漿。接著將西洋梨直立浸泡在糖漿裡，煮 15 分鐘，關火，讓西洋梨仍浸泡在鍋中冷卻。

製作巧克力醬

4. 苦甜巧克力切小塊，放入容器中，以微波爐或隔水加熱至融化，加入鮮奶油、2 ～ 3 大匙做法 3. 的糖漿拌勻。

盛盤

5. 用冰淇淋杓挖 1 球西洋梨雪酪到小盤子上，擺上西洋梨，淋上巧克力醬，立刻享用。

Memo...

苦甜巧克力可在烘焙材料行購得。此外，威廉西洋梨這種比較大顆的西洋梨產於 8 ～ 10 月，富含水分、果肉軟、甜度高，並帶有梨香。因為容易加工，常用來當作點心類、酒類的材料。

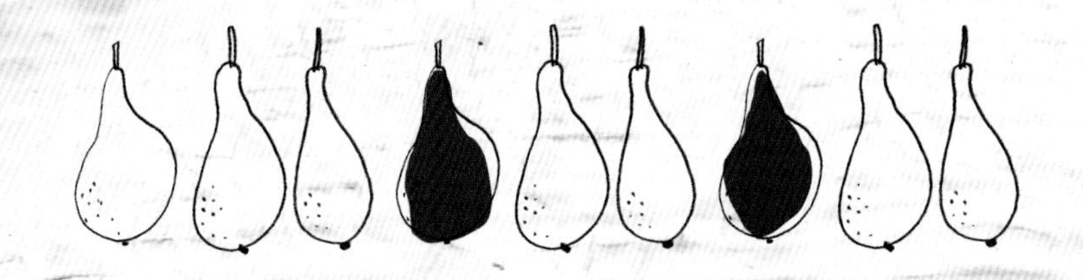

Sorbets aux fruits

綜合水果雪酪

材料（4 人份）

草莓或覆盆子雪酪

草莓或覆盆子 500 公克｜1 磅

檸檬汁 1/2 顆份量

砂糖 100 公克｜½ 杯

白桃或西洋梨雪酪

熟透的白桃或西洋梨 4 顆

砂糖 50 公克｜¼ 杯

柳橙或葡萄柚雪酪

柳橙汁 8 顆份量或葡萄柚汁 4 顆份量

砂糖 100 公克｜½ 杯

檸檬汁 1/2 顆份量

君度橙酒（Cointreau）或柑曼怡香橙干邑甜酒（Grand Marnier）2 大匙

蜜棗乾雪酪

蜜棗乾 400 公克｜14 盎司

水 600 毫升｜2 ½ 杯

砂糖 50 公克｜¼ 杯

肉桂棒 1 根

薑 5 公分長｜2 吋長

檸檬汁 1 顆份量

AD／雪酪完成後，立刻裝入保鮮盒，放入冷凍庫。覆盆子雪酪的食譜也適合用於其他紅色果肉的水果，像是黑醋栗和黑莓。多用當令水果，一次多做一點份量。

PN／把水果冷凍，就能保留維生素，這些雪酪和新鮮水果一樣營養。受便祕所苦的人不妨試試蜜棗乾雪酪，保證一吃見效！

做法

製作草莓或覆盆子雪酪

1. 草莓洗淨，去掉蒂頭，縱切對半，但若是使用覆盆子的話則不用清洗。
2. 將草莓或覆盆子放入食物調理機中，倒入檸檬汁，慢慢加入砂糖，攪打成泥，然後整個倒入製冰機中，操作約 20 分鐘即可。

製作白桃或西洋梨雪酪

白桃或西洋梨削除外皮，去除果核，將果肉切小塊，放入食物調理機中，慢慢加入砂糖，攪打成泥，然後整個倒入製冰機中，操作約 20 分鐘即可。

製作柳橙或葡萄柚雪酪

1. 柳橙汁或葡萄柚汁先過濾，加入砂糖混合。
2. 做法 1. 使用柳橙汁製作的話，需要再加入檸檬汁，若葡萄柚汁的話則不需加入。
3. 依個人喜好在柳橙汁或葡萄柚汁中加入酒，倒入製冰機中，操作約 20 分鐘即可。

製作蜜棗乾雪酪

1. 將蜜棗乾、水和砂糖加入醬汁鍋中。肉桂棒折小段，薑削除外皮後磨泥，一起加入醬汁鍋中，煮大約 20 分鐘。
2. 取出肉桂棒，放入食物調理機中，攪打成泥，然後用細孔篩網過濾，撈掉碎果皮，加入檸檬汁。等冷卻後，整個倒入製冰機中，操作約 20 分鐘即可。

Memo...

製冰機操作的時間依廠牌而不同，建議先詳細閱讀自家機器的說明書再操作。

AD ／再也沒有比這道冰砂更簡單的甜點了！放在冰箱冷凍庫裡不怕變質，還可以加任何水果來增加風味。冬天可以用冷凍草莓來做。

PN ／草莓跟柑橘類水果一樣富含維生素 C，還能提供有益消化系統的膠質，而且營養不會因冷凍而流失。

Fraises en granité

義式草莓冰砂

材料（4 人份）

熟透芳香的草莓 500 公克｜ 1 磅

砂糖 50 公克｜ ½ 杯

薄荷葉（依個人喜好）適量

做法

處理草莓

1. 草莓洗淨，去掉蒂頭，先挑出 100 公克（3 盎司）較小的草莓，備用。

冰箱冷凍

2. 剩下的草莓切小塊，放入食物調理機中，加入砂糖，攪打成草莓泥汁，然後倒入大平盤中，放入冰箱冷凍最少 4 小時。冷凍的過程中，要不時取出用叉子攪拌，直到變成冰砂狀。
3. 將 4 個水果盤放入冰箱冷凍。
4. 食用時，將預留的草莓平分至冰冷的水果盤裡，舀入刮好的冰砂，再擺幾片新鮮薄荷葉裝飾，立刻享用。

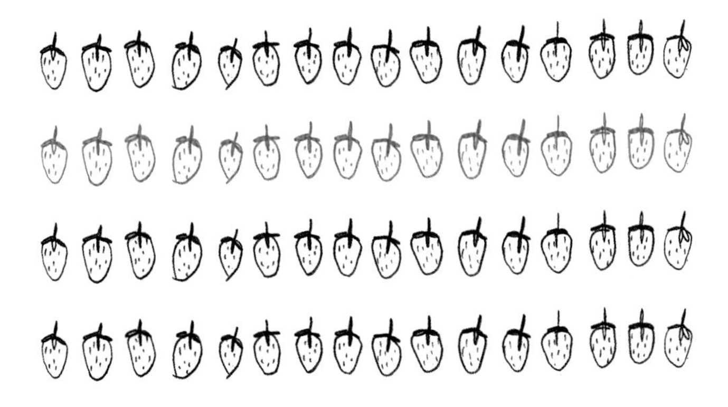

Memo...

不需要購買製冰機即可製作，只要有耐心，在家也能享用 DIY 健康冰砂。

Soupe glacée de pêches à la verveine

冰鎮甜桃馬鞭草湯

材料（4 人份）

大的黃桃或白桃 6 個
馬鞭草 5 枝
吉利丁片 3 片
砂糖 75 克｜ 6 大匙
檸檬汁 2 顆份量
水 250 毫升｜ 1 杯

做法

製作馬鞭草冷湯

1. 將水、25 公克（1½ 大匙）砂糖倒入醬汁鍋中加熱，煮滾後關火，加入 3 枝馬鞭草，浸泡 10 分鐘。
2. 吉利丁片放入冷水（材料量以外）中泡。
3. 等馬鞭草入味後，加入 1 顆份量的檸檬汁，攪拌後用細孔篩網過濾，然後加入擠乾水分的吉利丁片，煮至溶化。取出 1 枝馬鞭草，摘下葉子後切細末，放回鍋中，整鍋放入冰箱冷藏最少 2 小時。

製作甜桃泥

4. 黃桃削除外皮，切對半後去除果核，每一對半再切 6 瓣。取其中 12 瓣放入盤子裡，放入冰箱冷藏。將剩下的黃桃、50 公克（3½ 大匙）砂糖和剩下的檸檬汁放入食物調理機中，攪打成泥，如果太濃稠的話，可以加一點水（材料量以外）稀釋。食用前都要放在冰箱冷藏。

完成

5. 將 4 個盤子放入冰箱冷凍。
6. 從冰箱取出盤子，倒入甜桃泥，擺上預留的黃桃瓣，再舀入幾匙馬鞭草冷湯。將剩下的 1 枝馬鞭草摘下葉子，放入湯中裝飾，立即享用。

AD ／要用熟透的黃桃喔！除了比較香甜，而且容易剝皮。你也可以先把黃桃汆燙 30 秒，這樣比較容易剝皮。

PN ／黃桃富含胡蘿蔔素，但維生素 C 含量很低，所以加檸檬汁來彌補這一點。黃桃也含能強化血管的黃酮。馬鞭草能促進消化，所以吃完這一餐，也不用喝能促進消化的花草茶了。

  備料時間｜30 分鐘＋1 小時（醃蘋果的時間）＋2 小時 15 分鐘（派皮鬆弛的時間） 烹調時間｜50 分鐘

Tourte aux pommes
蘋果派

AD／可以用電動攪拌器做派皮：把小塊奶油放入攪拌盆裡，切慢速打至軟化。再依序加鹽、蛋黃、全蛋、砂糖，以及混合過篩的低筋麵粉、杏仁粉和小蘇打粉。

PN／這道派皮的奶油用量很少，所以不會很油。蘋果富含纖維素、鎂和維生素C，對健康有益無害。

材料（4 人份，直徑 24 公分｜9 吋塔模 1 個）

法式塔皮麵團（sablée）

低筋麵粉 190 公克｜1½ 杯

無鹽奶油 125 公克｜½ 杯

小蘇打粉 5 公克｜1¼ 小匙

杏仁粉 90 公克｜約 ⅔ 杯

砂糖 100 公克｜約 ½ 杯

鹽 2½ 公克｜½ 小匙

蛋黃 1 顆

全蛋 1 顆

填餡

愈酸愈好的蘋果或青蘋果 4 顆

無蠟且無農藥檸檬 2 顆

蘋果白蘭地（calvados）1 小匙

糖粉適量

做法

製作法式塔皮麵團

1. 冰硬的奶油切小塊。將低筋麵粉、小蘇打粉和杏仁粉混合後篩入大鋼盆中，加入砂糖、鹽，以兩手指尖迅速搓揉成像沙粒般的鬆散狀態。接著在中間挖一個洞，一點一點倒入拌勻的蛋黃、全蛋，每倒入一點蛋液，都要以刮刀稍微翻拌，使蛋液被吸收，再繼續加入，直到蛋液完全和粉類融合，用刮刀將邊緣的麵團刮勻，整成圓形再壓扁，用保鮮膜包好，放入冰箱冷藏鬆弛 2 小時 15 分鐘。

準備填餡

2. 麵團鬆弛時，蘋果削除外皮，切對半，去除果核，切成 0.2～0.3 公分的薄片，排在大盤子中。
3. 檸檬榨汁倒入杯中，皮不要丟掉，再加入蘋果白蘭地，淋在蘋果片上，輕輕翻拌使其入味（否則會變色），醃約 1 小時。

組合後烘烤

4. 烤箱預熱至 210℃（410℉）。模型內側塗抹無鹽奶油（材料量以外），撒些許低筋麵粉（材料量以外）。做法 1. 的麵團切下三分之二的量，放在 2 張烘焙紙之間夾著，擀成直徑 26 公分（10 吋）的圓派皮，放入冰箱冷藏一下。取出麵團鋪在派盤底部，切掉多餘的麵團。
5. 將做法 3. 的蘋果片，順著圓形方向鋪在麵團上，由外圍鋪至中間。撒上刨好的檸檬皮茸，表層再撒滿砂糖（材料量以外）。
6. 將剩下的麵團擀成直徑 24 公分（9 吋）的圓派皮，冷藏一下，再取出放在做法 5. 上面，沿著邊緣將兩片派皮捏緊密合。
7. 拿叉子輕輕在派皮上戳幾個洞，放入烤箱中烘烤 45 分鐘。
8. 取出蘋果派，撒上糖粉，再放入烤箱，以上火稍微烤至糖粉焦糖化即可。取出靜置約 15 分鐘，溫熱食用。

Memo...

「tourte」是指在派皮麵團中填入餡料，再以烤箱烘烤的食物。檸檬皮茸的刨法可參照 p.197 的 memo。

備料時間｜20 分鐘＋2 小時（冷凍的時間） 烹調時間｜4 分鐘

Soupe de melon, glaçons à la menthe

冰鎮甜瓜湯佐薄荷冰磚

材料（4 人份）

薄荷 32 枝
甜瓜 3 顆，直徑 15 公分 ｜ 6 吋
水 500 毫升｜ 2 杯

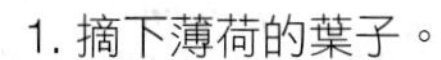

1. 摘下薄荷的葉子。
2. 準備一盆冰塊水，再把另一個容器疊放上去。
3. 取一醬汁鍋，倒入 500 毫升的水，等水煮滾後，放入薄荷葉煮 4 分鐘，撈出瀝乾水分。接著將薄荷葉、1 杓煮葉子的水放入食物調理機中，攪打至滑順均勻的泥狀，立刻倒入容器中冰鎮，然後把薄荷泥分裝至製冰器裡，放入冰箱冷凍約 2 小時，做成冰磚。

4. 把要裝成品的碗或湯盤放入冰箱冷凍冰鎮。
5. 甜瓜切對半，挖掉籽和囊。
6. 挖出 2 顆甜瓜的果肉，放入食物調理機中，攪打至滑順均勻。如果太濃稠的話，可以加一點水（材料量以外）稀釋，放入冰箱冷藏。
7. 剩下 1 顆甜瓜用冰淇淋杓挖出果肉，放入冰箱冷藏。
8. 將做法 6. 的甜瓜湯舀入冰鎮的碗裡或湯盤裡，放入幾粒甜瓜球，加幾塊薄荷冰磚，立刻享用。

AD／這道甜瓜湯也可以當前菜。冰磚可以前一天製作，份量也可以加倍，然後用於果汁雞尾酒或另一盤冰鎮水果湯！

PN／這道甜點非常健康！甜瓜的抗氧化類胡蘿蔔素含量居各種食材之冠，它是一種能促進體內細胞健康（也能抑制黑色素！）的營養素。薄荷也富含營養素。甜瓜和薄荷同時富含維生素 C，能強化抗氧化類胡蘿蔔素的作用。而且沒有加糖，讓你可以毫無顧忌地大口享用！

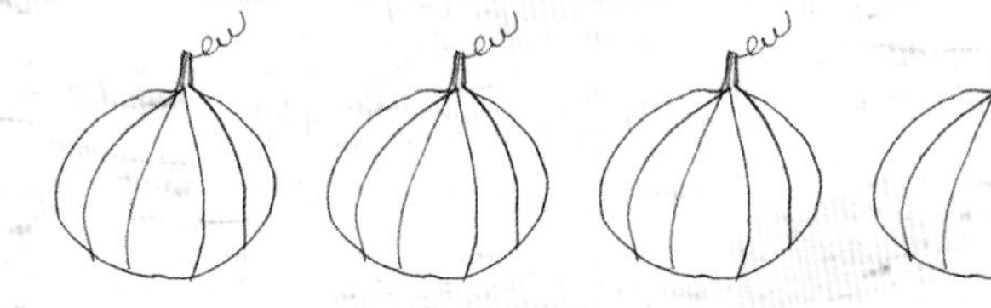

Memo...

在瓜類盛產的夏季，正餐前食用這道清爽的甜點，絕對能促進食慾。此外，建議使用紅肉的甜瓜製作。

Tarte à la rhubarbe

大黃塔

材料（4～6 人份）

市售快速千層派皮麵團（pâte feuilletée）250 公克｜ 8 盎司

大黃（rhubarb）500 公克｜ 1 磅

砂糖 95 公克｜ ½ 杯

無糖原味優格 90 公克｜ ¼ 杯

杏仁粉 45 公克｜ ½ 杯

全蛋 1 顆

香草糖（sucre vanillé）7 ½ 公克｜ 2 小匙

薑 3 公分長｜ 1 吋長

AD ／大黃和所有水果一樣富含水分，所以必須瀝掉多餘的水分，否則派皮會太濕，無法烤成功。

PN ／一定要買用奶油製作的優質千層派皮。我承認這種派皮很油，但十分美味，而且用於這種水果塔的話份量也不多。別忘記享受美食，也是實踐健康均衡飲食的一部分。

做法

處理大黃

1. 大黃削除外皮，切 1 公分（½ 吋）寬，放入碗裡，撒入 50 克（3½ 大匙）砂糖，靜置醃 1 小時，讓大黃出水。

準備塔皮

2. 用擀麵棍將快速千層派皮麵團擀成正方形，放在烤盤紙上，然後將麵團的四邊往內捲，再把每一角捏緊。接著用叉子在派皮上均勻戳些小洞，放入冰箱冷藏鬆弛約 30 分鐘。
3. 烤箱預熱至 200℃（400 ℉）。
4. 取烘焙紙鋪在鬆弛好的派皮上，放入重石或紅豆粒等，放入烤箱盲烤 20 分鐘。

組合後烘烤

5. 優格瀝乾水分（可參照 p.63 的 memo），倒入容器中，依序放入已過篩的杏仁粉、全蛋、香草糖和 15 公克（1 大匙）砂糖，薑削除外皮後磨泥，加入拌勻。
6. 取出派皮，拉起烘焙紙，移走重石或紅豆粒等，等派皮冷卻，用湯匙舀入做法 5.，用湯匙背面抹平。
7. 大黃瀝乾水分，均勻排入做法 6. 中。
8. 撒入 30 公克（2 大匙）砂糖，烤箱設定至 180℃（350 ℉），將烤盤放回烤箱烤 20 分鐘。可以溫熱時吃，也可以冷食。

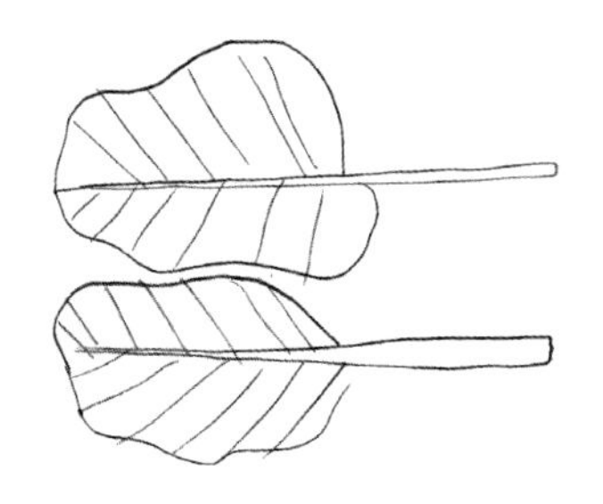

Memo...

香草糖是將乾的香草豆莢混合蔗糖而成，可增添點心的風味。如果想自製香草糖的話，可將 6 根香草豆莢都切小段，和 450 公克（1 磅）砂糖一起倒入食物調理機中，打成質地均勻即可，放在密封容器中保存。此外，派皮烘烤的時間必須依購買到的現成派皮而調整。

AD／烤布蕾放隔夜後更美味！根據以往的經驗，放久一點，會更香更濃。

PN／因為有蛋和牛奶提供的蛋白質，所以這道甜點非常營養，適合搭配簡單的一餐（沒有肉或魚）。牛奶已經提供足夠的鈣質，所以也不必再準備乳酪或其他乳製品。

Œufs au lait

家庭風味檸檬烤布蕾

材料（6～8 人份）

低脂牛奶 1 公升｜ 1 夸特

香草豆莢 1 根

蛋黃 8 顆

全蛋 4 顆

砂糖 250 公克｜ 17 大匙

檸檬汁 2 顆份量

做法

製作香草蛋液

1. 香草豆莢縱向剖開，用刀尖刮出裡面的香草籽，豆莢切對半。將低脂牛奶、香草豆莢、香草籽放入醬汁鍋中加熱。
2. 加入蛋黃、全蛋和 100 公克（7 大匙）砂糖，以打蛋器攪拌至滑順，然後一點一點地加入做法 1. 中，以細孔篩網過濾。

製作焦糖液

3. 將 150 公克（10 大匙）砂糖放入醬汁鍋，以小火慢慢融化至變焦糖色（棕色），迅速倒入檸檬汁，充分攪拌。接著將滾燙的焦糖液倒入小玻璃盤、烤杯或烤皿中，再倒入香草蛋液。

完成

4. 烤箱預熱至 170℃（350 ℉）。把玻璃盤、烤杯或烤皿放入深烤盤裡，倒入水至烤盤的一半高度，放入烤箱中烘烤 20～25 分鐘。
5. 取出烤盤，待烤布蕾冷卻後再放入冰箱冷藏，冰冰享用風味最佳。

Memo...

烘烤的時間會依模具大小而調整。此外，因焦糖液很柔軟，所以混到些許香草蛋液也無妨。

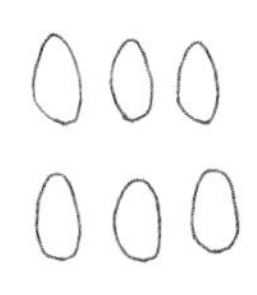

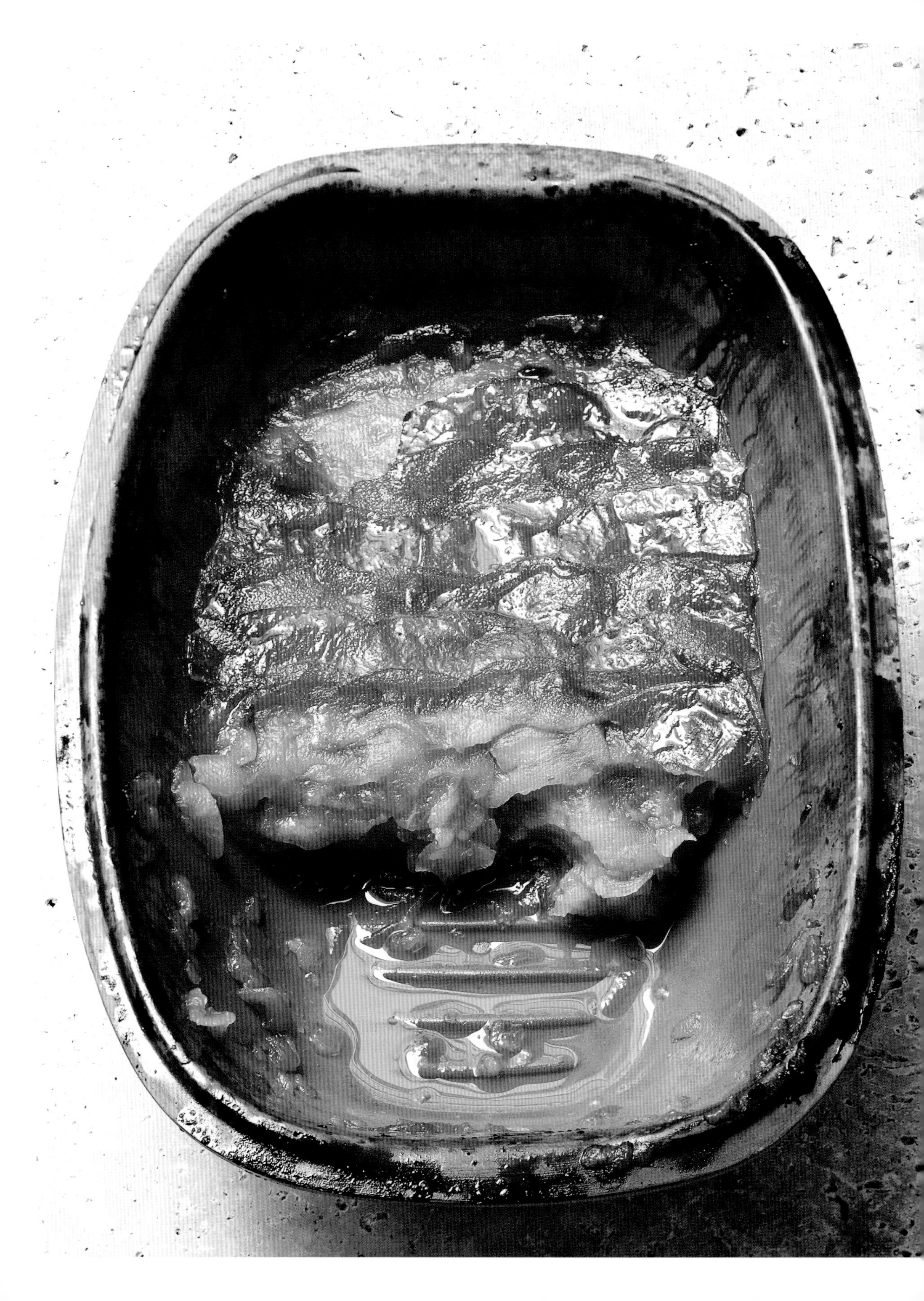

Pommes et poires confites en Römertopf

燉蘋果西洋梨

材料（8 人份）

大顆蘋果 8 顆

大的西洋梨 8 個

紅糖 150 公克｜ ¾ 杯

做法

前一天

1. 將德製陶鍋（Römertopf）連鍋蓋一起泡水。

當天

2. 烤箱預熱至 200℃（400 ℉）。
3. 蘋果、西洋梨削除外皮，切成 4 等份後去除果核，每一瓣再切薄片。
4. 將蘋果和西洋梨交疊、輪流排在陶鍋裡，一層一層排，每層都撒一點紅糖，一直排到離鍋緣 2 公分（¾ 吋）之處。

完成

5. 確定蓋緊蓋子，將陶鍋放入烤箱中烘烤 2 小時 30 分鐘～ 3 小時，烤至水果呈漂亮的金黃色。
6. 取出陶鍋，可以溫熱食用，也可以冷食。

AD ／ Römertopf 陶鍋是德國 Römertopf 公司生產的產品，使用前務必先泡水。陶土吸水後，就會在烹煮時釋放蒸汽。這種烹調方式十分溫和，可以完整保留水果的香氣。

PN ／水果烤過後會縮水，所以可食用份量會比新鮮時多，有益均衡飲食和身體健康。可以搭配一點法式鮮奶油，尤其是在陶鍋溫熱時享用。也可以加 1 球綜合水果雪酪（參照 p.337）。這道甜點的糖量很低，不用擔心有害健康。

Memo...

Römertopf 德製陶鍋也有人叫它羅馬鍋，也可以使用容量 4 公升（4 夸特）的鑄鐵琺瑯鍋或以耐熱燉鍋代用。

Poires au vin
紅酒燉洋梨

AD／這道經典甜點放隔夜風味更佳。在冰箱冰一晚後，西洋梨的酒香和香草味會更濃郁。何不搭配黑醋栗雪酪一起享用呢？

PN／西洋梨的營養價值並不是特別出色，除了含大量纖維，維生素和礦物鹽的含量都不多。紅酒會提供足夠的保護性分子來促進心血管系統的健康。薑則讓人活力充沛！

材料（4 人份）

優質紅酒 750 毫升｜3 杯
熟透的西洋梨（威廉西洋梨為佳）4 個
檸檬汁 1 顆份量
無蠟且無農藥柳橙 1 顆
薑 4 公分長｜1½ 吋
砂糖 125 公克｜½ 杯
香草豆莢 1 根
現磨白胡椒粉適量

做法

前一天

1. 將紅酒倒入醬汁鍋中煮沸，轉小火煮 3～5 分鐘讓酒精揮發。
2. 西洋梨洗淨，削皮但保留蒂頭，切對半，去除果核，立刻灑上檸檬汁。把西洋梨果皮放入做法 1. 中。
3. 削下柳橙皮，剝掉果肉外膜取出柳橙瓣，切小塊。香草豆莢縱向剖開，用刀尖刮出裡面的香草籽，豆莢切對半。
4. 將砂糖加入做法 1. 中，加入香草豆莢、香草籽、柳橙皮、果肉和薑，撒入現磨白胡椒粉，再放入西洋梨，再次煮沸後轉小火，將西洋梨浸在香氣四溢的紅酒裡，持續控制在快要沸騰的狀態下煮 25 分鐘。
5. 關火，將西洋梨浸泡在紅酒裡。
6. 將西洋梨盛入容器中，用圓錐形細孔濾網（chinois）過濾紅酒醬汁，淋在西洋梨上，放入冰箱冷藏，食用時再取出。

Memo...
將完成的紅酒燉洋梨放在冰箱冷藏一晚的話，連蒂頭都能滲入紅酒醬汁，更美味。

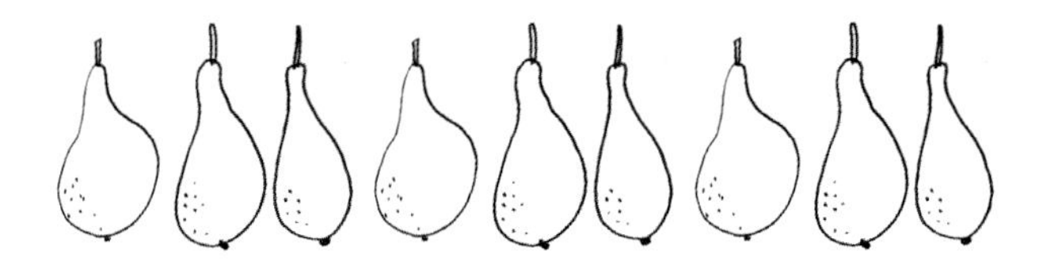

Index
索引

以下將本書中的主要食材，以種類、法文字母首字排序製作索引，括號（）中前者為法文，後者為英文，希望讀者能從索引輕鬆找到喜愛的料理！

肉

羔羊肩肉（agneau、lamb shoulder）
210 家庭風味卡蘇萊 Cassoulet maison
307 烤鼠尾草風味羊肉佐小薏仁 Agneau confit à la sauge, orge perlé
316 庫斯庫斯風味蔬菜小羊肉丸 Angeau de lait en boulettes, légumes d'un couscous
牛肉（boeuf、beef）
305 法式燉牛肉蔬菜鍋 Pot-au -feu
309 清蒸芝麻牛肉丸佐椰子醬 Bouchées de boeuf vapeur au sésame, condiment coco
312 紅酒燉牛肉 Daube de boeuf
鴨肉（canard、duck）
116 煙燻鴨胸牛肝蕈佐小米 Semoule de millet, cèpes et canard fumé
210 家庭風味卡蘇萊 Cassoulet maison
294 烤雛鴨佐黑橄欖醬 Canard aux olives
301 香煎椒鹽鴨胸佐法式橙醬 Magrets de canard aux poivres, sauce bigarade
320 鼠尾草風味米蘭小牛排佐燜蒜香胡蘿蔔 Piccata de veau de lait à la sauge, carottes étuvées
野生鹿肉（chevreuil）
323 香煎鹿肉炒野菇 Noisettes de chevreuil et champignons des bois sautés
鴨肝（foie gras）
282 蕪菁煮鴨肝 Foie gras poché aux navets
小牛肝（foie de veau、calf's liver）
308 煎小牛肝佐巴西里醬與菊芋片 Foie de veau de lait persillé, copeaux de topinambours
豬頭肉凍（fromage de tête、head cheese）
88 紅酒醋洋蔥肉凍麻花捲義大利麵 Casarecce au fromage de tête et aux oignons au vinaigre
兔肉（lapin、rabbit）
285 香煎兔肉佐烤蘋果 Sauté de lapin aux pommes
297 嫩兔肉凍佐黑橄欖醬 Lapereau en gelée à la pulpe d'olives noires
300 兔肉醬 Rillettes de lapereau
培根（lard、bacon）
75 牛肝蕈披薩 Pizza aux cèpes
92 豌豆仁小耳朵麵 Orecchiette aux petit pois
96 南瓜燉飯 Riso au potiron
110 辣味蠔肉佐藜麥 Ouinoa et huître à la diable
147 芹蘿蔔濃湯佐培根鮮奶油 Soupe de panais, crème au lard
158 燉煮春夏時蔬與香菇 Cocotte de légumes et champignpns printemps-été
161 燉煮秋冬時蔬與鮮果 Cocotte de légumes et fruits automne-hiver
176 焗烤南瓜 Gratin de courge
183 普羅旺斯煮朝鮮薊與茴香 Artichauts et fenouil en barigoule
208 燉黑豆佐培根與洋蔥 Haricots noirs aux lardons et aux oignons
鴿子（pigeon）
290 冬令蔬菜燉乳鴿湯 Pigeonneau et légumes d'hiver au bouillon anisé
珠雞（pintade、guinea fowl）
286 甘藍烤珠雞 Pintade au chou
豬肉（porc、pork）
304 蔬菜烤法式豬腿肉 Rouelle de porc et l'egumes rôtis au four
310 紅小扁豆燉蹄膀 Jarret de cochon aux lentilles corail
雞肉（poulet、chicken）
287 香烤優格雞胸肉炒蔬菜 Blanc de poulet au yaourt, légumes sautés au wok
293 香草烤全雞 Poulet rôti aux herbes
298 橙香燉煮雞肉佐杜蘭小麥 Volaille jaune des Landes et semoule de blé dur aux agrumes
野豬（sanglier、wild boar）
322 栗子燉野豬肉 Épaule de sanglier confite aux châtaignes
小牛肉（veau、veal）
315 法式白醬燉小牛肉與春令時蔬 Blanquette de veau aux légumes primeurs
318 菠菜烤蕃茄香煎小牛排 Grenadins de veau, épinards en branches et tomates au four
319 橙橘香草風味小牛肉佐鮪魚醬 Vitello tonnato gremolata
320 鼠尾草風味米蘭小牛排佐燜蒜香胡蘿蔔 Piccata de veau de lait à la sauge, carottes étuvées

肉類加工品

煙燻香腸（andouille）
76 煙燻香腸韭蔥蕎麥薄餅 Crêpes à la farine de sarrasin, andouille et poireaux
火腿（jambon、ham）
59 生火腿蕃茄單片三明治佐酸豆和橄欖油 Tartines de Jabugo et tomates aux câpres et olives
62 火腿瑞可塔乳酪單片三明治 Tartines au jambon et à la ricotta
90 黑松露火腿乳酪通心粉 Coquillettes jambon-gruyère, truffe noire
140 青醬湯 Soupe au pistou
141 蘆筍湯佐莫札瑞拉乳酪和火腿 Soupe d'asperge, mozzarella et copeaux de jambon
192 菊苣火腿捲 Endives au jambon
278 巴斯克風味烤雞蛋 Oeufs au plat à la basquaise

海鮮

鱸魚（bar/loup、bass）
268 燉鱸魚佐香草鮮奶油醬 Bar poché, crème aux fines herbes
鰹魚（bonite、bonito）
260 韃靼鰹魚佐香草沙拉 Tartare de bonite aux herbes
海螺（bulot、whelk）
26 貝類海藻醬 Condiment de coquillages aux algues
鱈魚（cabillaud、cod）
243 牛奶煮圓鱈佐皮奎洛紅甜椒醬 Cabillaud poché, coulis de piquillos
246 鱈魚佐橄橙汁菊苣 Cabillaud et marmelade d'endives à l'orange
252 杏仁裹鹽醃鱈魚佐蒜香白豆 Morue en croûte d'amandes et haircots à l'ail confit
魷魚（calamar、squid）
99 檸檬鮮魷西班牙米飯 Riso cuit au plat, calamars et citron
海扇（coquillage、scallop）
214 白豆燉海扇 Ragoût de cocos aux coques
229 白酒煮綜合貝類與馬鈴薯 Coquillages et pommes de terre à la marinière
扇貝（coquille saint-jacques、scallop）
230 扇貝佐水芹菜醬汁 Coquilles Saint-Jacques au bouillon de cresson
234 扇貝燉綠甘藍 Coquilles Saint-Jacques au chou vert fumé
蟹（crabe、crab）
128 蟹肉蕃茄冷湯佐羅勒冰砂 Soupe de tomate glaceé au crabe, granité basilic
231 蟹肉沙拉佐小黃瓜、芒果與木瓜 Salade de crabe, concombre, mangue et papaye
蝦（crevette、prawn）
144 鮮蝦甜椒湯佐薑絲與香茅 Bouillon de crevettes, piment, gingembre et citronnelle
鯛魚（daurade、bream）
245 鹽烤海藻鯛魚佐蒔蘿醬 Daurade royale en cro te de sel et d'algues, sauce à l'aneth
龍蝦（homard、lobster）
238 水煮龍蝦佐馬其頓風味蔬菜 Homard poché, macédoine de légumes
鮮蠔（huître、oyster）
26 貝類海藻醬 Condiment de coquillages aux algues
110 辣味蠔肉佐藜麥 Ouinoa et huître à la diable
小螯蝦（langoustine）
232 檸檬風味烤小螯蝦 Langoustines rôties au citron
圓鱈（lieu、pollock）
249 烤紙包圓鱈與煮白菜紫萵苣 Lieu jaune en papillote de chou chinois et trévise
鮟鱇（lotte、monkfish）
242 鮟鱇魚佐青醬風味白豆 Lotte, haircots cocos au pistou
鯖魚（maquereau、mackerel）
267 橙汁醃鯖魚 Maquereaux marinésà l'orange
牙鱈（merlan、whiting）
250 海藻蒸牙鱈與炒蔬菜 Merlan à la vapeur d'algues, légumes verts sautés à cur
鹽鱈魚（morue、salt cod）
252 杏仁裹鹽醃鱈魚佐蒜香白豆 Morue en croûte d'amandes et haircots à l'ail confit
貽貝（moule、mussel）
138 貽貝濃湯佐番紅花 Soupe de moules au safran
229 白酒煮綜合貝類與馬鈴薯 Coquillages et pommes de terre a la mariniere
烏魚（mulet、mullet/grey）
264 醃烏魚薄片佐涼拌咖哩鮮蔬 Mulet noir en fines tranches marinées, tartare de légumes au curry
羊魚（rouget、red mullet）
255 酸豆櫛瓜烤羊魚 Filets de rouget, courgettes à la tapenade
海魴（Saint－pierre、john dory）
253 海魴佐煮茴香與沙拉 Saint -pierre et fenouil cuit et cru
沙丁魚（Sardine）
256 香烤沙丁魚佐薄荷香草醬汁 Sardines grillées, condiment chermoula
鮭魚（saumon、salmon）
270 香煎鮭魚佐白芝麻玉米糕 Saumon grillé, fingers de polenta au sésame
259 醃漬鮭魚佐小馬鈴薯和芝麻葉沙拉 Gravlax de saumon, pommes de terre nouvelles et riquette
舌比目魚（sole）
262 白蘑菇蕃茄烤舌比目魚 Filets de sole, tomates et champignons
鮪魚（thon、tuna）
67 尼斯三明治 Pan-bagnat
79 尼斯風味蔬菜索卡薄餅 Soccas et légumes d'une niçoise
261 香煎椒鹽鮪魚佐茄汁醬 Pavé de thon blanc au poivre, condiment tomaté
319 橙橘香草風味小牛肉佐鮪魚醬 Vitello tonnato gremolata
粉紅鱒魚（truite rose、pink trout）
272 韃靼粉紅鱒魚佐涼拌蕃茄丁 Tartare de truite rose et ses condiments

海鮮加工品

鯷魚（anchois、anchovy）
39 鯷魚醬 Anchoïade
67 尼斯三明治 Pan-bagnat
68 罌粟籽鹹塔佐蕃茄鮪魚 Tartes de tomates et thon aux graines de pavot

163 蔬菜煲佐葡萄乾與松子 Caponatina aux raisins secs et aux pignons
191 烤紫萵苣佐鯷魚酸豆橄欖醬 Trévises sur la braise, tapenade aux anchois
319 橙橘香草風味小牛肉佐鮪魚醬 Vitello tonnato gremolata

黑線鱈（haddock）
162 普羅旺斯蔬菜海鮮濃湯 Bourride de légumes
234 扇貝燉綠甘藍 Coquilles Saint-Jacques au chou vert fumé

蔬菜＆根莖

朝鮮薊（artichaut、artichoke）
58 紫朝鮮薊綠蘆筍單片三明治佐酸豆橄欖醬 Tartine de tapenade aux artichauts violets et asperges vertes
100 春令時蔬炊飯 Riz et légumes de printemps à l'étouffée
162 普羅旺斯蔬菜海鮮濃湯 Bourride de légumes
183 普羅旺斯煮朝鮮薊與茴香 Artichauts et fenouil en barigoule

蘆筍（asperge、asparagus）
29 蘆筍辣醬 Condiment asperges-Tabasco
55 春日三明治 Tartines printanières
95 冷滷糖心蛋飯 Riz à la vapeur, oeufs mollets marinés
104 香草青醬鮮蔬烤藜麥飯 Cocotte de quinori, légumes croquants et pistou d'herbes
111 蘆筍羊肚菌燉非洲全小米 Fonio étuvé aux asperges et morilles
141 蘆筍湯佐莫札瑞拉乳酪和火腿 Soupe d'asperge, mozzarella et copeaux de jambon
158 燉煮春夏時蔬與香菇 Cocotte de légumes et champignpns printemps-été
167 蘆筍沙拉佐銀合歡醬 Salade d'asperges cuites et crues, garniture mimosa
168 香煎蘆筍佐黑橄欖 Asperges vertes rôties aux olives noires
174 清爽雙味夏令時蔬佐咖哩醬汁 Légumes d'été cuits et crus à peine épicés
182 焗烤白蘆筍 Gratin d'asperges blanches
195 香草綜合蔬菜 Légumes en barigoule vanillée
250 海藻蒸牙鱈與炒蔬菜 Merlan à la vapeur d'algues, légumes verts sautés à cur

茄子（aubergine）
38 茄子醬 Babaganouche
64 蔬菜三明治 Sandwichs végétariens
108 迷你蔬菜鑲小米 Petits légumes farcis au millet
154 羅勒風味普羅旺斯燉菜 Fine ratatouille au basilic
163 蔬菜煲佐葡萄乾與松子 Caponatina aux raisins secs et aux pignons
164 香烤夏令蔬菜佐羅勒 Gratin de légumes d'été au basilic
175 茄子克拉芙蒂 Aubergines en clafoutis
190 普羅旺斯風冰香茄 Riste d'aubergine à la provençale

酪梨（avocat、avocada）
120 小黃瓜優格冷湯佐新鮮薄荷與爽口配菜 Gaspacho yaourt-concombre à la menthe, garniture croquante
162 普羅旺斯蔬菜海鮮濃湯 Bourride de légumes

君達菜（blette）
70 蔬菜餡餅 Tourte aux légumes

綠花椰菜（brocoli）
84 紅酒燜牛肉花椰菜全麥麵盅 Pâtes complètes en cocottes, brocolis et daube
133 冰鎮綠花椰菜湯 Soupe glacée de brocolis
195 香草綜合蔬菜 Légumes en barigoule vanillée
198 雙色花椰菜佐碎小麥 Chou-fleur et brocoli en boulgour

胡蘿蔔（carotte、carrot）
104 香草青醬鮮蔬烤藜麥飯 Cocotte de quinori, légumes croquants et pistou d'herbes
140 青醬湯 Soupe au pistou
158 燉煮春夏時蔬與香菇 Cocotte de légumes et champignpns printemps-été
161 燉煮秋冬時蔬與鮮果 Cocotte de légumes et fruits automne-hiver
162 普羅旺斯蔬菜海鮮濃湯 Bourride de légumes
195 香草綜合蔬菜 Légumes en barigoule vanillée
201 中式炒綜合蔬菜 Sauté de légumes et de salades
208 燉黑豆佐培根與洋蔥 Haricots noirs aux lardons et aux oignons
238 水煮龍蝦佐馬其頓風味蔬菜 Homard poché, macédoine de légumes
264 醃烏魚薄片佐涼拌咖哩鮮蔬 Mulet noir en fines tranches marinées, tartare de légumes au curry
285 香煎兔肉佐烤蘋果 Sauté de lapin aux pommes
287 香烤優格雞胸肉炒蔬菜 Blanc de poulet au yaourt, légumes sautés au wok
290 冬令蔬菜燉乳鴿湯 Pigeonneau et légumes d'hiver au bouillon anisé
294 烤雛鴨佐黑橄欖醬 Canard aux olives
304 蔬菜烤法式豬腿肉 Rouelle de porc et l'egumes rôtis au four
305 法式燉牛肉蔬菜鍋 Pot-au -feu
307 烤鼠尾草風味羊肉佐小薏仁 Agneau confit à la sauge, orge perlé
310 紅小扁豆燉蹄膀 Jarret de cochon aux lentilles corail
312 紅酒燉牛肉 Daube de boeuf
315 法式白醬燉小牛肉與春令時蔬 Blanquette de veau aux légumes primeurs
320 鼠尾草風味米蘭小牛排佐燜蒜香胡蘿蔔 Piccata de veau de lait à la sauge, carottes étuvées

青蔥（cébette、scallion）
63 蠶豆單片三明治 Tartines de févettes
67 尼斯三明治 Pan-bagnat
79 尼斯風味蔬菜索卡薄餅 Soccas et légumes d'une niçoise
90 黑松露火腿乳酪通心粉 Coquillettes jambon-gruyère, truffe noire
104 香草青醬鮮蔬烤藜麥飯 Cocotte de quinori, légumes croquants et pistou d'herbes
144 鮮蝦甜椒湯佐薑絲與香茅 Bouillon de crevettes, piment, gingembre et citronnelle
162 普羅旺斯蔬菜海鮮濃湯 Bourride de légumes
231 蟹肉沙拉佐小黃瓜、芒果與木瓜 Salade de crabe, concombre, mangue et papaye
238 水煮龍蝦佐馬其頓風味蔬菜 Homard poché, macédoine de légumes
253 海魴佐煮茴香與沙拉 Saint -pierre et fenouil cuit et cru
272 韃靼粉紅鱒魚佐涼拌蕃茄丁 Tartare de truite rose et ses condiments
320 鼠尾草風味米蘭小牛排佐燜蒜香胡蘿蔔 Piccata de veau de lait à la sauge, carottes étuvées

西洋芹（celeri-branche、celery）
67 尼斯三明治 Pan-bagnat
140 青醬湯 Soupe au pistou
148 栗子湯佐培根和牛肝蕈片 Soupe de châtaignes au lard, copeaux de cèpes
161 燉煮秋冬時蔬與鮮果 Cocotte de légumes et fruits automne-hiver
204 西洋芹蘋果沙拉 Salade de céleri aux pommes
286 甘藍烤珠雞 Pintade au chou
290 冬令蔬菜燉乳鴿湯 Pigeonneau et légumes d'hiver au bouillon anisé
305 法式燉牛肉蔬菜鍋 Pot-au -feu
307 烤鼠尾草風味羊肉佐小薏仁 Agneau confit à la sauge, orge perlé
312 紅酒燉牛肉 Daube de boeuf
316 庫斯庫斯風味蔬菜小羊肉丸 Angeau de lait en boulettes, légumes d'un couscous
322 栗子燉野豬肉 Épaule de sanglier confite aux châtaignes

甘藍（chou）
186 白甘藍沙拉佐溏心蛋 Salade de chou blanc a l'oeuf mollet
201 中式炒綜合蔬菜 Sauté de légumes et de salades
234 扇貝燉綠甘藍 Coquilles Saint-Jacques au chou vert fumé
286 甘藍烤珠雞 Pintade au chou
290 冬令蔬菜燉乳鴿湯 Pigeonneau et légumes d'hiver au bouillon anisé

白菜（chou chinois、chinese cabbage）
249 烤紙包圓鱈與煮白菜紫萵苣 Lieu jaune en papillote de chou chinois et trévise

白花椰菜（chou-fleur、cauliflower）
87 香烤優格雞胸肉炒蔬菜 Blanc de poulet au yaourt, légumes sautés au wok agrumes
198 雙色花椰菜佐碎小麥 Chou-fleur et brocoli en boulgour

小黃瓜（concombre、cucumber）
49 小黃瓜蘋果醬 Condiment concombre-pomme
79 尼斯風味蔬菜索卡薄餅 Soccas et légumes d'une niçoise
113 彩椒小黃瓜碎小麥佐新鮮阿里薩醬 Boulgour, hiarssa fraîche, poivrons et concombre
120 小黃瓜優格冷湯佐新鮮薄荷與爽口配菜 Gaspacho yaourt-concombre à la menthe, garniture croquante
122 沙拉生菜與水芹菜冷濃湯佐爽口蔬菜 Crème glacée de laitue et de cresson, légumes croquants
130 西瓜甜瓜湯 Soupe de pastèque et de melon
132 蕃茄青椒冷湯 Gaspacho tomate-poivron
181 野苣蘋果沙拉 Salade de mâche aux pommes fruits
201 中式炒綜合蔬菜 Sauté de légumes et de salades
231 蟹肉沙拉佐小黃瓜、芒果與木瓜 Salade de crabe, concombre, mangue et papaye
260 韃靼鰹魚佐香草沙拉 Tartare de bonite aux herbes
264 醃烏魚薄片佐涼拌咖哩鮮蔬 Mulet noir en fines tranches marinées, tartare de légumes au curry

水芹菜（cresson、watercress）
122 沙拉生菜與水芹菜冷濃湯佐爽口蔬菜 Crème glacée de laitue et de cresson, légumes croquants
123 水芹菜酸模濃湯 Velouté de cresson à l'oseille
230 扇貝佐水芹菜醬汁 Coquilles Saint-Jacques au bouillon de cresson

紅蔥（échalote、shallot）
203 四季豆沙拉 Salade de haricots verts
229 白酒煮綜合貝類與馬鈴薯 Coquillages et pommes de terre à la marinière
243 牛奶煮圓鱈佐皮奎洛紅甜椒醬 Cabillaud poché, coulis de piquillos
261 香煎椒鹽鮪魚佐茄汁醬 Pavé de thon blanc au poivre, condiment tomaté

菊苣（endive）
192 菊苣火腿捲 Endives au jambon
243 牛奶煮圓鱈佐皮奎洛紅甜椒醬 Cabillaud poché, coulis de piquillos
287 香烤優格雞胸肉炒蔬菜 Blanc de poulet au yaourt, légumes sautés au wok
304 蔬菜烤法式豬腿肉 Rouelle de porc et l'egumes rôtis au four

菠菜（épinard、spinach）
87 香草醬白酒蛤蜊全麥義大利麵 Spaghetti complets aux palourdes, marinière herbacée
153 香草沙拉 Salade d'herbes
172 香煎雞油菌佐杏仁與檸檬 Poêlée de girolles aux amandes et citron
196 炒蒜香菠菜佐半熟蛋 Épinards et oeufs mollets
230 扇貝佐水芹菜醬汁 Coquilles Saint-Jacques au bouillon de cresson
250 海藻蒸牙鱈與炒蔬菜 Merlan à la vapeur d'algues, légumes verts sautés à cur

262 白蘑菇蕃茄烤舌比目魚 Filets de sole, tomates et champignons
309 清蒸芝麻牛肉丸佐椰子醬 Bouchées de boeuf vapeur au sésame, condiment coco
318 菠菜烤蕃茄香煎小牛排 Grenadins de veau, épinards en branches et tomates au four
球莖茴香（fenouil、fennel）
39 鯷魚醬 Anchoïade
55 春日三明治 Tartines printanières
67 尼斯三明治 Pan-bagnat
70 蔬菜餡餅 Tourte aux légumes
71 杜卡斯特製尼斯洋蔥塔 Pissaladières à ma façon
79 尼斯風味蔬菜索卡薄餅 Soccas et légumes d'une niçoise
104 香草青醬鮮蔬烤藜麥飯 Cocotte de quinori, légumes croquants et pistou d'herbes
122 沙拉生菜與水芹菜冷濃湯佐爽口蔬菜 Crème glacée de laitue et de cresson, légumes croquants
158 燉煮春夏時蔬與香菇 Cocotte de légumes et champignpns printemps-été
162 普羅旺斯蔬菜海鮮濃湯 Bourride de legumes
183 普羅旺斯煮朝鮮薊與茴香 Artichauts et fenouil en barigoule
195 香草綜合蔬菜 Légumes en barigoule vanillée
197 希臘春令蔬菜與沙拉 Légumes de printemps et salade à la grecque
229 白酒煮綜合貝類與馬鈴薯 Coquillages et pommes de terre à la marinière
253 海魴佐煮茴香與沙拉 Saint -pierre et fenouil cuit et cru
264 醃烏魚薄片佐涼拌咖哩鮮蔬 Mulet noir en fines tranches marinées, tartare de légumes au curry
267 橙汁醃鯖魚 Maquereaux marinésà l'orange
290 冬令蔬菜燉乳鴿湯 Pigeonneau et légumes d'hiver au bouillon anisé
294 烤雛鴨佐黑橄欖醬 Canard aux olives
298 橙香燉煮雞肉佐杜蘭小麥 Volaille jaune des Landes et semoule de blé dur aux agrumes
316 庫斯庫斯風味蔬菜小羊肉丸 Angeau de lait en boulettes, légumes d'un couscous
豆芽菜（germe de soja、bean sprout）
201 中式炒綜合蔬菜 Sauté de légumes et de salades
211 鷹嘴豆與小扁豆沙拉佐鷹嘴豆醬 Salade de pois, chiches et de lentilles sauce houmous
287 香烤優格雞胸肉炒蔬菜 Blanc de poulet au yaourt, légumes sautés au wok
玉米（maïs、sweetcorn）
143 玉米濃湯卡布奇諾佐羊肚菌 Soupe de maïs en cappuccino et morilles
蕪菁（navet、turnip）
158 燉煮春夏時蔬與香菇 Cocotte de légumes et champignpns printemps-été
161 燉煮秋冬時蔬與鮮果 Cocotte de légumes et fruits automne-hiver
238 水煮龍蝦佐馬其頓風味蔬菜 Homard poché, macédoine de légumes
282 蕪菁煮鴨肝 Foie gras poché aux navets
304 蔬菜烤法式豬腿肉 Rouelle de porc et l'egumes rôtis au four
305 法式燉牛肉蔬菜鍋 Pot-au -feu
洋蔥（oignon、onion）
28 酪梨莎莎醬 Guacamole
70 蔬菜餡餅 Tourte aux légumes
71 杜卡斯特製尼斯洋蔥塔 Pissaladières à ma façon
75 牛肝蕈披薩 Pizza aux cèpes
88 紅酒醋洋蔥肉凍麻花捲義大利麵 Casarecce au fromage de tête et aux oignons au vinaigre
99 檸檬鮮魷西班牙米飯 Riso cuit au plat, calamars et citron
100 春令時蔬炊飯 Riz et légumes de printemps à l'étouffée
108 迷你蔬菜鑲小米 Petits légumes farcis au millet
111 蘆筍羊肚菌燉非洲全小米 Fonio étuvé aux asperges et morilles
114 婆羅門參葡萄乾燉小薏仁 Orge perlé, salsifis et raisins de Corinthe cuisinés ensemble
126 蕃茄青椒冷湯 Soupe de pain à la tomate
154 羅勒風味普羅旺斯燉菜 Fine ratatouille au basilic
158 燉煮春夏時蔬與香菇 Cocotte de légumes et champignpns printemps-été
163 蔬菜煲佐葡萄乾與松子 Caponatina aux raisins secs et aux pignons
175 茄子克拉芙蒂 Aubergines en clafoutis
178 甜洋蔥佐葡萄乾與粗粒玉米粉 Oignons doux aux raisins et semoule de maïs
195 香草綜合蔬菜 Légumes en barigoule vanillée
197 希臘春令蔬菜與沙拉 Légumes de printemps et salade à la grecque
208 燉黑豆佐培根與洋蔥 Haricots noirs aux lardons et aux oignons
210 家庭風味卡蘇萊 Cassoulet maison
211 鷹嘴豆與小扁豆沙拉佐鷹嘴豆醬 Salade de pois, chiches et de lentilles sauce houmous
213 白豆與鷹嘴豆沙拉佐香草醬 Salade de haricots cocos et pois chiches, pistou d'herbes
217 煮黃豆拌蘑菇 Soja jaune étuvé et champignons de Paris
260 韃靼鰹魚佐香草沙拉 Tartare de bonite aux herbes
262 白蘑菇蕃茄烤舌比目魚 Filets de sole, tomates et champignons
267 橙汁醃鯖魚 Maquereaux marinésà l'orange
278 巴斯克風味烤雞蛋 Oeufs au plat à la basquaise
285 香煎兔肉佐烤蘋果 Sauté de lapin aux pommes
297 嫩兔肉凍佐黑橄欖醬 Lapereau en gelée à la pulpe d'olives noires
298 橙香燉煮雞肉佐杜蘭小麥 Volaille jaune des Landes et semoule de blé dur aux agrumes
300 兔肉醬 Rillettes de lapereau
305 法式燉牛肉蔬菜鍋 Pot-au -feu
307 烤鼠尾草風味羊肉佐小薏仁 Agneau confit à la sauge, orge perlé
309 清蒸芝麻牛肉丸佐椰子醬 Bouchées de boeuf vapeur au sésame, condiment coco
310 紅小扁豆燉蹄膀 Jarret de cochon aux lentilles corail
312 紅酒燉牛肉 Daube de boeuf
315 法式白醬燉小牛肉與春令時蔬 Blanquette de veau aux légumes primeurs
316 庫斯庫斯風味蔬菜小羊肉丸 Angeau de lait en boulettes, légumes d'un couscous
322 栗子燉野豬肉 Épaule de sanglier confite aux châtaignes
芹蘿蔔（panais、parsnip）
147 芹蘿蔔濃湯佐培根鮮奶油 Soupe de panais, crème au lard
皮奎洛紅甜椒（pimento del piquillos）
242 鮟鱇魚佐青醬風味白豆 Lotte, haircots cocos au pistou
243 牛奶煮圓鱈佐皮奎洛紅甜椒醬 Cabillaud poché, coulis de piquillos
韭蔥（poireau、leek）
76 煙燻香腸韭蔥蕎麥薄餅 Crêpes à la farine de sarrasin, andouille et poireaux
100 春令時蔬炊飯 Riz et légumes de printemps à l'étouffée
138 貽貝濃湯佐番紅花 Soupe de moules au safran
140 青醬湯 Soupe au pistou
158 燉煮春夏時蔬與香菇 Cocotte de légumes et champignpns printemps-été
162 普羅旺斯蔬菜海鮮濃湯 Bourride de légumes
184 水煮嫩韭蔥佐法式酸菜雞蛋醬 Jeunes poireaux pochés, condiment gribiche
234 扇貝燉綠甘藍 Coquilles Saint-Jacques au chou vert fumé
290 冬令蔬菜燉乳鴿湯 Pigeonneau et légumes d'hiver au bouillon anisé
305 法式燉牛肉蔬菜鍋 Pot-au -feu
315 法式白醬燉小牛肉與春令時蔬 Blanquette de veau aux légumes primeurs
甜椒（poivron、pepper）
67 尼斯三明治 Pan-bagnat
107 彩椒燉小麥 Petit épautre et poivrons cuisinés en cocotte
113 彩椒小黃瓜碎小麥佐新鮮阿里薩醬 Boulgour, hiarssa fraîche, poivrons et concombre
132 蕃茄青椒冷湯 Gaspacho tomate-poivron
154 羅勒風味普羅旺斯燉菜 Fine ratatouille au basilic
163 蔬菜煲佐葡萄乾與松子 Caponatina aux raisins secs et aux pignons
164 香烤夏令蔬菜佐羅勒 Gratin de légumes d'été au basilic
189 蕃茄沙拉佐羅美司哥醬 Salade de tomates, sauce Romesco
231 蟹肉沙拉佐小黃瓜、芒果與木瓜 Salade de crabe, concombre, mangue et papaye
278 巴斯克風味烤雞蛋 Oeufs au plat à la basquaise
309 清蒸芝麻牛肉丸佐椰子醬 Bouchées de boeuf vapeur au sésame, condiment coco
319 橙橘香草風味小牛肉佐鮪魚醬 Vitello tonnato gremolata
馬鈴薯（pommes de terre、potato）
26 貝類海藻醬 Condiment de coquillages aux algues
138 貽貝濃湯佐番紅花 Soupe de moules au safran
147 芹蘿蔔濃湯佐培根鮮奶油 Soupe de panais, crème au lard
197 希臘春令蔬菜與沙拉 Légumes de printemps et salade à la grecque
220 馬鈴薯泥 Pommes de terre écrasées a là fourchette
221 錫箔紙烤馬鈴薯 Pommes de terre en papillotes
222 烤馬鈴薯角 Pommes de terre au four
224 馬鈴薯絲餅 Pommes darphin
225 香烤蕃茄馬鈴薯 Pommes de terre et tomates au four
229 白酒煮綜合貝類與馬鈴薯 Coquillages et pommes de terre à la marinière
259 醃漬鮭魚佐小馬鈴薯和芝麻葉沙拉 Gravlax de saumon, pommes de terre nouvelles et riquette
286 甘藍烤珠雞 Pintade au chou
305 法式燉牛肉蔬菜鍋 Pot-au -feu
櫻桃蘿蔔（radis、radish）
55 春日三明治 Tartines printanières
63 蠶豆單片三明治 Tartines de févettes
67 尼斯三明治 Pan-bagnat
79 尼斯風味蔬菜索卡薄餅 Soccas et légumes d'une niçoise
104 香草青醬鮮蔬烤藜麥飯 Cocotte de quinori, légumes croquants et pistou d'herbes
122 沙拉生菜與水芹菜冷濃湯佐爽口蔬菜 Crème glacée de laitue et de cresson, légumes croquants
158 燉煮春夏時蔬與香菇 Cocotte de légumes et champignpns printemps-été
174 清爽雙味夏令時蔬佐咖哩醬汁 Légumes d'été cuits et crus à peine épicés
264 醃烏魚薄片佐涼拌咖哩鮮蔬 Mulet noir en fines tranches marinées, tartare de légumes au curry
黑蘿蔔（radis noir、black rdish）
304 蔬菜烤法式豬腿肉 Rouelle de porc et l'egumes rôtis au four
大黃（rhubarbe、rhubarb）
327 杏桃塔 Tarte aux abricots
345 大黃塔 Tarte à la rhubarbe
芝麻葉（riquette/roquette、wild rocket）
55 春日三明治 Tartines printanières
56 香草單片三明治 Tartines d'herbes
62 火腿瑞可塔乳酪單片三明治 Tartines au jambon et à la ricotta

64 蔬菜三明治 Sandwichs végétariens
68 罌粟籽鹹塔佐蕃茄鮪魚 Tartes de tomates et thon aux graines de pavot
100 春令時蔬炊飯 Riz et légumes de printemps à l'étouffée
153 香草沙拉 Salade d'herbes
189 蕃茄沙拉佐羅美司哥醬 Salade de tomates, sauce Romesco
197 希臘春令蔬菜與沙拉 Légumes de printemps et salade à la grecque
259 醃漬鮭魚佐小馬鈴薯和芝麻葉沙拉 Gravlax de saumon, pommes de terre nouvelles et riquette

生菜、萵苣（salade vert、lettuce）
79 尼斯風味蔬菜索卡薄餅 Soccas et légumes d'une niçoise
122 沙拉生菜與水芹菜冷濃湯佐爽口蔬菜 Crème glacée de laitue et de cresson, légumes croquants
153 香草沙拉 Salade d'herbes
191 烤紫萵苣佐鯷魚酸豆橄欖醬 Trévises sur la braise, tapenade aux anchois
201 中式炒綜合蔬菜 Sauté de légumes et de salades
203 四季豆沙拉 Salade de haricots verts
204 西洋芹蘋果沙拉 Salade de céleri aux pommes
243 牛奶煮圓鱈佐皮奎洛紅甜椒醬 Cabillaud poché, coulis de piquillos
249 烤紙包圓鱈與煮白菜紫萵苣 Lieu jaune en papillote de chou chinois et trévise
250 海藻蒸牙鱈與炒蔬菜 Merlan à la vapeur d'algues, légumes verts sautés à cur

婆羅門參（salsifis、salsify）
114 婆羅門參葡萄乾燉小薏仁 Orge perle, salsifis et raisins de Corinthe cuisinés ensemble
161 燉煮秋冬時蔬與鮮果 Cocotte de légumes et fruits automne-hiver

蕃茄（tomate、tomato）
16 油漬蕃茄 Tomates confites
21 烤蕃茄片 Concassée de tomates
22 杜卡斯特製蕃茄醬 Mon ketchup
55 春日三明治 Tartines printanières
59 生火腿蕃茄單片三明治佐酸豆和橄欖油 Tartines de Jabugo et tomates aux câpres et olives
67 尼斯三明治 Pan-bagnat
68 罌粟籽鹹塔佐蕃茄鮪魚 Tartes de tomates et thon aux graines de pavot
108 迷你蔬菜鑲小米 Petits légumes farcis au millet
110 辣味蠔肉佐藜麥 Ouinoa et huître à la diable
126 蕃茄青椒冷湯 Soupe de pain à la tomate
128 蟹肉蕃茄冷湯佐羅勒冰砂 Soupe de tomate glaceé au crabe, granité basilic
132 蕃茄青椒冷湯 Gaspacho tomate-poivron
140 青醬湯 Soupe au pistou
154 羅勒風味普羅旺斯燉菜 Fine ratatouille au basilic
156 煎蕃茄 Tomates à la poêle
163 蔬菜煲佐葡萄乾與松子 Caponatina aux raisins secs et aux pignons
164 香烤夏令蔬菜佐羅勒 Gratin de légumes d'été au basilic
189 蕃茄沙拉佐羅美司哥醬 Salade de tomates, sauce Romesco
211 鷹嘴豆與小扁豆沙拉佐鷹嘴豆醬 Salade de pois, chiches et de lentilles sauce houmous
225 香烤蕃茄馬鈴薯 Pommes de terre et tomates au four
231 蟹肉沙拉佐小黃瓜、芒果與木瓜 Salade de crabe, concombre, mangue et papaye
272 韃靼粉紅鱒魚佐涼拌蕃茄丁 Tartare de truite rose et ses condiments
278 巴斯克風味烤雞蛋 Oeufs au plat à la basquaise
318 菠菜烤蕃茄香煎小牛排 Grenadins de veau, épinards en branches et tomates au four

菊芋（topinambour、jerusalem artichoke）
308 煎小牛肝佐巴西里醬與菊芋片 Foie de veau de lait persillé, copeaux de topinambours

豆

蠶豆（fève、horse bean）
63 蠶豆單片三明治 Tartines de févettes
70 蔬菜餡餅 Tourte aux légumes
100 春令時蔬炊飯 Riz et légumes de printemps à l'étouffée
127 蠶豆湯 Soupe de fèves
158 燉煮春夏時蔬與香菇 Cocotte de légumes et champignpns printemps-été
197 希臘春令蔬菜與沙拉 Légumes de printemps et salade à la grecque
250 海藻蒸牙鱈與炒蔬菜 Merlan à la vapeur d'algues, légumes verts sautés à cur

新鮮或乾的白豆、黑豆（haricot coco frais et sec、haricot bean, fresh and dry）
140 青醬湯 Soupe au pistou
208 燉黑豆佐培根與洋蔥 Haricots noirs aux lardons et aux oignons
210 家庭風味卡蘇萊 Cassoulet maison
213 白豆與鷹嘴豆沙拉佐香草醬 Salade de haricots cocos et pois chiches,pistou d'herbes
214 白豆燉海扇 Ragoût de cocos aux coques
242 鮟鱇魚佐青醬風味白豆 Lotte, haircots cocos au pistou
252 杏仁裹鹽醃鱈魚佐蒜香白豆 Morue en croûte d'amandes et haircots à l'ail confit

四季豆（haricot vert、french bean）
100 春令時蔬炊飯 Riz et légumes de printemps à l'étouffée
140 青醬湯 Soupe au pistou
174 清爽雙味夏令時蔬佐咖哩醬汁 Légumes d'été cuits et crus à peine épicés
203 四季豆沙拉 Salade de haricots verts
238 水煮龍蝦佐馬其頓風味蔬菜 Homard poché, macédoine de légumes
250 海藻蒸牙鱈與炒蔬菜 Merlan à la vapeur d'algues, légumes verts sautés à cur

扁豆（lentille、lentil）
211 鷹嘴豆與小扁豆沙拉佐鷹嘴豆醬 Salade de pois, chiches et de lentilles sauce houmous
215 扁豆沙拉佐醋漬什菇 Salade de lentilles aux champignons vinaigrés
310 紅小扁豆燉蹄膀 Jarret de cochon aux lentilles corail

豌豆（petits pois、peas）
55 春日三明治 Tartines printanières
92 豌豆仁小耳朵麵 Orecchiette aux petit pois
99 檸檬鮮魷西班牙米飯 Riso cuit au plat, calamars et citron
100 春令時蔬炊飯 Riz et légumes de printemps à l'étouffée
135 冰鎮豌豆濃湯 Crème de petits pois glacée
158 燉煮春夏時蔬與香菇 Cocotte de légumes et champignpns printemps-été
238 水煮龍蝦佐馬其頓風味蔬菜 Homard poché, macédoine de légumes
250 海藻蒸牙鱈與炒蔬菜 Merlan à la vapeur d'algues, légumes verts sautés à cur

荷蘭豆（pois gourmands、sugar snap peas）
144 鮮蝦甜椒湯佐薑絲與香茅 Bouillon de crevettes, piment, gingembre et citronnelle
174 清爽雙味夏令時蔬佐咖哩醬汁 Légumes d'été cuits et crus à peine épicés

豌豆仁（pois cassés、split peas）
146 豌豆濃湯 Velouté de pois cassés

鷹嘴豆（pois chiche、chickpea）
35 鷹嘴豆泥沾醬 Houmous
79 尼斯風味蔬菜索卡薄餅 Soccas et légumes d'une niçoise
80 酥脆法式薯條佐新鮮羊奶乳酪南瓜籽醬 Panisses croustillantes, condiment de fromage frais aux pépins de courge
211 鷹嘴豆與小扁豆沙拉佐鷹嘴豆醬 Salade de pois, chiches et de lentilles sauce houmous
213 白豆與鷹嘴豆沙拉佐香草醬 Salade de haricots cocos et pois chiches,pistou d'herbes
316 庫斯庫斯風味蔬菜小羊肉丸 Angeau de lait en boulettes, légumes d'un couscous

黃豆（soja、soy）
217 煮黃豆拌蘑菇 Soja jaune étuvé et champignons de Paris

豆腐（tofu）
70 蔬菜餡餅 Tourte aux légumes

瓜

櫛瓜（courgette、summer squash）
64 蔬菜三明治 Sandwichs végétariens
67 尼斯三明治 Pan-bagnat
70 蔬菜餡餅 Tourte aux légumes
72 櫛瓜聖莫爾乳酪披薩 Pizza aux courgettes et au saint-maure
108 迷你蔬菜鑲小米 Petits légumes farcis au millet
140 青醬湯 Soupe au pistou
154 羅勒風味普羅旺斯燉菜 Fine ratatouille au basilic
162 普羅旺斯蔬菜海鮮濃湯 Bourride de légumes
163 蔬菜煲佐葡萄乾與松子 Caponatina aux raisins secs et aux pignons
164 香烤夏令蔬菜佐羅勒 Gratin de légumes d'été au basilic
250 海藻蒸牙鱈與炒蔬菜 Merlan à la vapeur d'algues, légumes verts sautés à cur
255 酸豆櫛瓜烤羊魚 Filets de rouget, courgettes à la tapenade

南瓜（potiron、pumpkin）
44 南瓜籽醬 Condiment pépins de courge
96 南瓜燉飯 Riso au potiron

蕈菇

蘑菇（champignon、mushroom）
95 冷滷糖心蛋飯 Riz à la vapeur, oeufs mollets marinés
108 迷你蔬菜鑲小米 Petits légumes farcis au millet
148 栗子湯佐培根和牛肝蕈片 Soupe de châtaignes au lard, copeaux de cèpes
158 燉煮春夏時蔬與香菇 Cocotte de légumes et champignpns printemps-été
172 香煎雞油菌佐杏仁與檸檬 Poêlée de girolles aux amandes et citron
182 焗烤白蘆筍 Gratin d'asperges blanches
203 四季豆沙拉 Salade de haricots verts
215 扁豆沙拉佐醋漬什菇 Salade de lentilles aux champignons vinaigrés
217 煮黃豆拌蘑菇 Soja jaune étuvé et champignons de Paris
262 白蘑菇蕃茄烤舌比目魚 Filets de sole, tomates et champignons
287 香烤優格雞胸肉炒蔬菜 Blanc de poulet au yaourt, légumes sautés au wok
315 法式白醬燉小牛肉與春令時蔬 Blanquette de veau aux légumes primeurs
323 香煎鹿肉炒野菇 Noisettes de chevreuil et champignons des bois sautés

羊肚菌（morille、morel）
111 蘆筍羊肚菌燉非洲全小米 Fonio étuvé aux asperges et morilles
143 玉米濃湯卡布奇諾佐羊肚菌 Soupe de maïs en cappuccino et morilles
276 羊肚菌風味烤半熟蛋 Oeufs cocotte aux morilles

松露（truffe、truffle）
90 黑松露火腿乳酪通心粉 Coquillettes jambon-gruyère, truffe noire

香草

羅勒（basilic、basil）
36 青醬 Light pistou
67 尼斯三明治 Pan-bagnat
72 櫛瓜聖莫爾乳酪披薩 Pizza aux courgettes et au saint-maure
85 青醬寬麵 Pappardelle au pistou
108 迷你蔬菜鑲小米 Petits légumes farcis au millet
126 蕃茄青椒冷湯 Soupe de pain à la tomate
128 蟹肉蕃茄冷湯佐羅勒冰砂 Soupe de tomate glacée au crabe, granité basilic
132 蕃茄青椒冷湯 Gaspacho tomate-poivron
140 青醬湯 Soupe au pistou
154 羅勒風味普羅旺斯燉菜 Fine ratatouille au basilic
260 韃靼鰹魚佐香草沙拉 Tartare de bonite aux herbes
298 橙香燉煮雞肉佐杜蘭小麥 Volaille jaune des Landes et semoule de blé dur aux agrumes

山蘿蔔（cerfeuil、chervil/cerefolium）
70 蔬菜餡餅 Tourte aux légumes
87 香草醬白酒蛤蜊全麥義大利麵 Spaghetti complets aux palourdes, marinière herbacée
133 冰鎮綠花椰菜湯 Soupe glacée de brocolis
211 鷹嘴豆與小扁豆沙拉佐鷹嘴豆醬 Salade de pois, chiches et de lentilles sauce houmous
293 香草烤全雞 Poulet rôti aux herbes

薄荷（menthe、mint）
30 葡萄柚薄荷醬 Condiment pamplemousse-menthe
50 黃瓜優格醬 Tzatziki
120 小黃瓜優格冷湯佐新鮮薄荷與爽口配菜 Gaspacho yaourt-concombre à la menthe, garniture croquante
260 韃靼鰹魚佐香草沙拉 Tartare de bonite aux herbes
309 清蒸芝麻牛肉丸佐椰子醬 Bouchées de boeuf vapeur au sésame, condiment coco
343 冰鎮甜瓜湯佐薄荷冰磚 Soupe de melon, glaçon à la menthe

馬鞭草（verveine、verbena）
341 冰鎮甜桃馬鞭草湯 Soupe glacée de pêches à la verveine

蛋

雞蛋（oeuf、egg）
11 法式酥脆塔皮 Pâte brisée
48 法式酸菜雞蛋醬 Condiment gribiche
70 蔬菜餡餅 Tourte aux légumes
76 煙燻香腸韭蔥蕎麥薄餅 Crêpes à la farine de sarrasin, andouille et poireaux
79 尼斯風味蔬菜索卡薄餅 Soccas et légumes d'une niçoise
95 冷滷糖心蛋飯 Riz à la vapeur, oeufs mollets marinés
123 水芹菜酸模濃湯 Velouté de cresson à l'oseille
162 普羅旺斯蔬菜海鮮濃湯 Bourride de légumes
167 蘆筍沙拉佐銀合歡醬 Salade d'asperges cuites et crues, garniture mimosa
175 茄子克拉芙蒂 Aubergines en clafoutis
186 白甘藍沙拉佐溏心蛋 Salade de chou blanc a l'oeuf mollet
196 炒蒜香菠菜佐半熟蛋 Épinards et oeufs mollets
276 羊肚菌風味烤半熟蛋 Oeufs cocotte aux morilles
278 巴斯克風味烤雞蛋 Oeufs au plat à la basquaise
280 煎千層歐姆蛋餅 Crespeou d'omelettes froides
309 清蒸芝麻牛肉丸佐椰子醬 Bouchées de boeuf vapeur au sésame, condiment coco
319 檸橘香草風味小牛肉佐鮪魚醬 Vitello tonnato gremolata
346 家庭風味檸檬烤布蕾 Oeufs au lait

乳酪＆優格

乳酪（fromage、cheese）
56 香草單片三明治 Tartines d'herbes
72 櫛瓜聖莫爾乳酪披薩 Pizza aux courgettes et au saint-maure
90 黑松露火腿乳酪通心粉 Coquillettes jambon-gruyère, truffe noire
127 蠶豆湯 Soupe de fèves
141 蘆筍湯佐莫札瑞拉乳酪和火腿 Soupe d'asperge, mozzarella et copeaux de jambon
175 茄子克拉芙蒂 Aubergines en clafoutis

新鮮乳酪（fromage frais、cheese, fresh）
34 大蒜乳酪醬 Condiment crémeux à l'ail
55 春日三明治 Tartines printanières
60 羊凝乳無花果蜂蜜單片三明治 Tartine de caillé de brebis, figue et miel
62 火腿瑞可塔乳酪單片三明治 Tartines au jambon et à la ricotta
80 酥脆法式薯條佐新鮮羊奶乳酪南瓜籽醬 Panisses croustillantes, condiment de fromage frais aux pépins de courge
122 沙拉生菜與水芹菜冷濃湯佐爽口蔬菜 Crème glacée de laitue et de cresson, légumes croquants
133 冰鎮綠花椰菜湯 Soupe glacée de brocolis
136 小麥羊凝乳湯 Soupe passée de blé au caillé de brebis
245 鹽烤海藻鯛魚佐蒔蘿醬 Daurade royale en cro te de sel et d'algues, sauce à l'aneth
293 香草烤全雞 Poulet rôti aux herbes
318 菠菜烤蕃茄香煎小牛排 Grenadins de veau, épinards en branches et tomates au four
331 栗子可麗餅佐香煎覆盆子與山羊乳酪 Crêpes à la châtaigne, poêlée de framboises et brocciu

優格（yaourt、yogurt）
50 黃瓜優格醬 Tzatziki
120 小黃瓜優格冷湯佐新鮮薄荷與爽口配菜 Gaspacho yaourt-concombre à la menthe, garniture croquante
167 蘆筍沙拉佐銀合歡醬 Salade d'asperges cuites et crues, garniture mimosa
181 野苣蘋果沙拉 Salade de mâche aux pommes fruits
182 焗烤白蘆筍 Gratin d'asperges blanches
204 西洋芹蘋果沙拉 Salade de céleri aux pommes
238 水煮龍蝦佐馬其頓風味蔬菜 Homard poché, macédoine de légumes
264 醃烏魚薄片佐涼拌咖哩鮮蔬 Mulet noir en fines tranches marinées, tartare de légumes au curry
287 香烤優格雞胸肉炒蔬菜 Blanc de poulet au yaourt, légumes sautés au wok
315 法式白醬燉小牛肉與春令時蔬 Blanquette de veau aux légumes primeurs
345 大黃塔 Tarte à la rhubarbe

水果

杏桃（abricot、apricot）
327 杏桃塔 Tarte aux abricots
332 香煎夏冬繽紛水果 Poêlée de fruits d'été ou d'hiver

鳳梨（ananas、pineapple）
332 香煎夏冬繽紛水果 Poêlée de fruits d'été ou d'hiver

櫻桃（cerise、cherry）
328 紅酒櫻桃 Cerises dans leurs jus
332 香煎夏冬繽紛水果 Poêlée de fruits d'été ou d'hiver

檸檬（citron、lemon）
15 鹽漬檸檬 Citrons confits au sel
99 檸檬鮮魷西班牙米飯 Riso cuit au plat, calamars et citron
231 蟹肉沙拉佐小黃瓜、芒果與木瓜 Salade de crabe, concombre, mangue et papaye
232 檸檬風味烤小螯蝦 Langoustines rôties au citron
298 橙香燉煮雞肉佐杜蘭小麥 Volaille jaune des Landes et semoule de blé dur aux

榲桲（coing、quince）
161 燉煮秋冬時蔬與鮮果 Cocotte de légumes et fruits automne-hiver

無花果（figue fraîche、）
60 羊凝乳無花果蜂蜜單片三明治 Tartine de caillé de brebis, figue et miel

草莓（fraise、strawberry）
332 香煎夏冬繽紛水果 Poêlée de fruits d'été ou d'hiver
337 綜合水果雪酪 Sorbets aux fruits
338 義式草莓冰砂 Fraises en granité

覆盆子（framboise、raspberry）
331 栗子可麗餅佐香煎覆盆子與山羊乳酪 Crêpes à la châtaigne, poêlée de framboises et brocciu
332 香煎夏冬繽紛水果 Poêlée de fruits d'été ou d'hiver
337 綜合水果雪酪 Sorbets aux fruits

芒果（mangue、mango）
231 蟹肉沙拉佐小黃瓜、芒果與木瓜 Salade de crabe, concombre, mangue et papaye

甜瓜（melon）
130 西瓜甜瓜湯 Soupe de pastèque et de melon
343 冰鎮甜瓜湯佐薄荷冰磚 Soupe de melon, glaçon à la menthe

柳橙（orange）
243 牛奶煮圓鱈佐皮奎洛紅甜椒醬 Cabillaud poché, coulis de piquillos
267 橙汁醃鯖魚 Maquereaux marinésà l'orange
298 橙香燉煮雞肉佐杜蘭小麥 Volaille jaune des Landes et semoule de blé dur aux agrumes
301 香煎椒鹽鴨胸佐法式橙醬 Magrets de canard aux poivres, sauce bigarade
312 紅酒燉牛肉 Daube de boeuf
320 鼠尾草風味米蘭小牛排佐燜蒜香胡蘿蔔 Piccata de veau de lait à la sauge, carottes étuvées
332 香煎夏冬繽紛水果 Poêlée de fruits d'été ou d'hiver
337 綜合水果雪酪 Sorbets aux fruits

葡萄柚（pamplemousse / pomelo、grapefruit）
30 葡萄柚薄荷醬 Condiment pamplemousse-menthe
298 橙香燉煮雞肉佐杜蘭小麥 Volaille jaune des Landes et semoule de blé dur aux agrumes
337 綜合水果雪酪 Sorbets aux fruits

木瓜（papaye、papaya）
231 蟹肉沙拉佐小黃瓜、芒果與木瓜 Salade de crabe, concombre, mangue et papaye

西瓜（pastèque、watermelon）
130 西瓜甜瓜湯 Soupe de pastèque et de melon

桃子（pêches、peach）
332 香煎夏冬繽紛水果 Poêlée de fruits d'été ou d'hiver
341 冰鎮甜桃馬鞭草湯 Soupe glacée de pêches à la verveine

西洋梨（poire、pear）
161 燉煮秋冬時蔬與鮮果 Cocotte de légumes et fruits automne-hiver
332 香煎夏冬繽紛水果 Poêlée de fruits d'été ou d'hiver
337 綜合水果雪酪 Sorbets aux fruits
349 燉蘋果西洋梨 Pommes et poires confites en Römertopf
350 紅酒燉洋梨 Poires au vin

蘋果（pomme、apple）
49 小黃瓜蘋果醬 Condiment concombre-pomme
120 小黃瓜優格冷湯佐新鮮薄荷與爽口配菜 Gaspacho yaourt-concombre à la menthe, garniture croquante
161 燉煮秋冬時蔬與鮮果 Cocotte de légumes et fruits automne-hiver
181 野苣蘋果沙拉 Salade de mâche aux pommes fruits
204 西洋芹蘋果沙拉 Salade de céleri aux pommes
285 香煎兔肉佐烤蘋果 Sauté de lapin aux pommes
304 蔬菜烤法式豬腿肉 Rouelle de porc et l'egumes

rôtis au four
337 綜合水果雪酪 Sorbets aux fruits
342 蘋果派 Tourte aux pommes
349 燉蘋果西洋梨 Pommes et poires confites en Römertopf

水果乾

杏桃果乾（abricot、apricot）
47 水果乾醬 Condiment fruits secs
棗乾（datte、date）
47 水果乾醬 Condiment fruits secs
無花果乾（figue sèche、dried fig）
47 水果乾醬 Condiment fruits secs
蜜棗乾（pruneau、prune）
337 綜合水果雪酪 Sorbets aux fruits
葡萄乾（raisin sec、raisin）
114 婆羅門參葡萄乾燉小薏仁 Orge perlé, salsifis et raisins de Corinthe cuisinés ensemble
178 甜洋蔥佐葡萄乾與粗粒玉米粉 Oignons doux aux raisins et semoule de maïs

種籽＆果實＆花

杏仁（amande、almond）
133 冰鎮綠花椰菜湯 Soupe glacée de brocolis
158 燉煮春夏時蔬與香菇 Cocotte de légumes et champignpns printemps-été
172 香煎雞油菌佐杏仁與檸檬 Poêlée de girolles aux amandes et citron
酸豆（câpre、caper）
58 紫朝鮮薊綠蘆筍單片三明治佐酸豆橄欖醬 Tartine de tapenade aux artichauts violets et asperges vertes
59 生火腿蕃茄單片三明治佐酸豆和橄欖油 Tartines de Jabugo et tomates aux câpres et olives
88 紅酒醋洋蔥肉凍麻花捲義大利麵 Casarecce au fromage de tête et aux oignons au vinaigre
189 蕃茄沙拉佐羅美司哥醬 Salade de tomates, sauce Romesco
214 白豆燉海扇 Ragoût de cocos aux coques
栗子（châtaigne、chestnut）
148 栗子湯佐培根和牛肝蕈片 Soupe de châtaignes au lard, copeaux de cèpes
161 燉煮秋冬時蔬與鮮果 Cocotte de légumes et fruits automne-hiver
322 栗子燉野豬肉 Épaule de sanglier confite aux châtaignes
榛果（noisette、hazelnut）
189 蕃茄沙拉佐羅美司哥醬 Salade de tomates, sauce Romesco
胡桃（noix、walnut）
75 牛肝蕈披薩 Pizza aux cèpes
204 西洋芹蘋果沙拉 Salade de céleri aux pommes
309 清蒸芝麻牛肉丸佐椰子醬 Bouchées de boeuf vapeur au sésame, condiment coco
橄欖（olive）
39 鯷魚醬 Anchoïade
40 酸豆橄欖醬 Tapenade
59 生火腿蕃茄單片三明治佐酸豆和橄欖油 Tartines de Jabugo et tomates aux câpres et olives
67 尼斯三明治 Pan-bagnat
70 蔬菜餡餅 Tourte aux légumes
71 杜卡斯特製尼斯洋蔥塔 Pissaladières à ma façon
72 櫛瓜聖莫爾乳酪披薩 Pizza aux courgettes et au saint-maure
107 彩椒燉小麥 Petit épautre et poivrons cuisinés en cocotte
163 蔬菜煲佐葡萄乾與松子 Caponatina aux raisins secs et aux pignons
168 香煎蘆筍佐黑橄欖 Asperges vertes rôties aux olives noires
253 海魴佐煮茴香與沙拉 Saint -pierre et fenouil cuit et cru
261 香煎椒鹽鮪魚佐番茄汁醬 Pavé de thon blanc au poivre, condiment tomaté
294 烤雛鴨佐黑橄欖醬 Canard aux olives
297 嫩兔肉凍佐黑橄欖醬 Lapereau en gelée à la pulpe d'olives noires
319 橙橘香草風味小牛肉佐鮪魚醬 Vitello tonnato gremolata
南瓜籽（pépins de courge、pumpkin seed）
44 南瓜籽醬 Condiment pépins de courge
80 酥脆法式薯條佐新鮮羊奶乳酪南瓜籽醬 Panisses croustillantes, condiment de fromage frais aux pépins de courge
96 南瓜燉飯 Riso au potiron
176 焗烤南瓜 Gratin de courge
松子（pignons de pin、pine nut）
36 青醬 Light pistou
85 青醬寬麵 Pappardelle au pistou
104 香草青醬鮮蔬烤藜麥飯 Cocotte de quinori, légumes croquants et pistou d'herbes
163 蔬菜煲佐葡萄乾與松子 Caponatina aux raisins secs et aux pignons
189 蕃茄沙拉佐羅美司哥醬 Salade de tomates, sauce Romesco
芝麻（sésame、sesame）
70 蔬菜餡餅 Tourte aux légumes
110 辣味蠔肉佐藜麥 Ouinoa et huître à la diable
249 烤紙包圓鱈與煮白菜紫萵苣 Lieu jaune en papillote de chou chinois et trévise
270 香煎鮭魚佐白芝麻玉米糕 Saumon grillé, fingers de polenta au sésame
309 清蒸芝麻牛肉丸佐椰子醬 Bouchées de boeuf vapeur au sésame, condiment coco

穀類

碎麥（boulgour、bulgur）
113 彩椒小黃瓜碎小麥佐新鮮阿里薩醬 Boulgour, hiarssa fraîche, poivrons et concombre
198 雙色花椰菜佐碎小麥 Chou-fleur et brocoli en boulgour
斯佩爾特小麥（spelt）
107 彩椒燉小麥 Petit épautre et poivrons cuisinés en cocotte
136 小麥羊凝乳湯 Soupe passée de blé au caillé de brebis
燕麥片（flocons d'avoine、Oatmeal）
68 罌粟籽鹹塔佐蕃茄鮪魚 Tartes de tomates et thon aux graines de pivot
非洲全小米（fonio）
111 蘆筍羊肚菌燉非洲全小米 Fonio étuvé aux asperges et morilles
小米（millet）
108 迷你蔬菜鑲小米 Petits légumes farcis au millet
116 煙燻鴨胸牛肝蕈佐小米 Semoule de millet, cèpes et canard fumé
小薏仁（orge perlé、pearl barley）
114 婆羅門參葡萄乾燉小薏仁 Orge perlé, salsifis et raisins de Corinthe cuisinés ensemble
307 烤鼠尾草風味羊肉佐小薏仁 Agneau confit à la sauge, orge perlé
義大利麵（pâtes、pasta）
84 紅酒燜牛肉花椰菜全麥麵蟲 Pâtes complètes en cocottes, brocolis et daube
85 青醬寬麵 Pappardelle au pistou
87 香草醬白酒蛤蜊全麥義大利麵 Spaghetti complets aux palourdes, marinière herbacée
88 紅酒醋洋蔥肉凍麻花捲義大利麵 Casarecce au fromage de tête et aux oignons au vinaigre
90 黑松露火腿乳酪通心粉 Coquillettes jambon-gruyère, truffe noire
92 豌豆仁小耳朵麵 Orecchiette aux petit pois
140 青醬湯 Soupe au pistou
玉米糕（polenta）
270 香煎鮭魚佐白芝麻玉米糕 Saumon grillé, fingers de polenta au sésame
藜麥（quinoa）
110 辣味蠔肉佐藜麥 Ouinoa et huître à la diable
藜麥飯（quinori）
104 香草青醬鮮蔬烤藜麥飯 Cocotte de quinori, légumes croquants et pistou d'herbes
米（riz、rice）
95 冷滷糖心蛋飯 Riz à la vapeur, oeufs mollets marinés
96 南瓜燉飯 Riso au potiron
97 原味燉飯 Risotto nature
99 檸檬鮮魷西班牙米飯 Riso cuit au plat, calamars et citron
100 春令時蔬炊飯 Riz et légumes de printemps à l'étouffée
粗粒玉米粉（semoule、semolina）
178 甜洋蔥佐葡萄乾與粗粒玉米粉 Oignons doux aux raisins et semoule de maïs
298 橙香燉煮雞肉佐杜蘭小麥 Volaille jaune des Landes et semoule de blé dur aux agrumes

粉

栗子粉（farine de châtaigne、chestnut flour）
331 栗子可麗餅佐香煎覆盆子與山羊乳酪 Crêpes à la châtaigne, poêlée de framboises et brocciu
蕎麥粉（farine de sarrasin、buckwheat flour）
76 煙燻香腸韭蔥蕎麥薄餅 Crêpes à la farine de sarrasin, andouille et poireaux

麵團＆麵糊

快速千層派皮麵團（pâte feuilletée、puff pastry）
327 杏桃塔 Tarte aux abricots
345 大黃塔 Tarte à la rhubarbe
法式酥脆塔皮麵團（pâte brisée、shortcrust pastry）
70 蔬菜餡餅 Tourte aux légumes
麵包麵團（pâte à pain、bread dough）
71 杜卡斯特製尼斯洋蔥塔 Pissaladières à ma façon
披薩麵團（pâte à pizza、pizza dough）
71 杜卡斯特製尼斯洋蔥塔 Pissaladières à ma façon
72 櫛瓜聖莫爾乳酪披薩 Pizza aux courgettes et au saint-maure
75 牛肝蕈披薩 Pizza aux cèpes
塔皮麵團（pâte à tarte aux graines de pavot、poppyseed pastry）
68 罌粟籽鹹塔佐蕃茄鮪魚 Tartes de tomates et thon aux graines de pavot

其他

海藻乾（algue、seaweed）
26 貝類海藻醬 Condiment de coquillages aux algues
95 冷滷糖心蛋飯 Riz à la vapeur, oeufs mollets marinés
250 海藻蒸牙鱈與炒蔬菜 Merlan à la vapeur d'algues, légumes verts sautés à cur
蜂蜜（miel、honey）
60 羊凝乳無花果蜂蜜單片三明治 Tartine de caillé de brebis, figue et miel
282 蕪菁煮鴨肝 Foie gras poché aux navets
332 香煎夏冬繽紛水果 Poêlée de fruits d'été ou d'hiver

國家圖書館出版品預行編目

法國廚神的自然風家庭料理：190 道經典湯、沙拉、海鮮、肉類、主食和點心／阿朗・杜卡斯（Alain Ducasse）著；許妍飛譯 .
-- 初版 . -- 臺北市：朱雀文化 , 2015.02
面； 公分 譯自 : Nature
ISBN 978-986-6029-79-0

1. 食譜 2. 烹飪 3. 法國
427.12 104000022

法文版製作

作者	阿朗・杜卡斯（Alain Ducasse）
食譜製作	寶莉・內拉（Paule Neyrat）
料理示範	克里斯多弗・聖阿涅（Christophe Saintagne）
攝影	費朗克斯・尼可（Françoise Nicol）
插畫	克莉絲汀・盧西（Christine Roussey）
擺盤設計	維珍妮・米其林（Virginie Michelin）

協力廠商

ASTIER DE VILLATTE www.astierdevillatte.com
BERNADETTE ANDRIEU CRÉATIONS www.atelier-ceramique.fr
GARGANTUA www.gargantua.ch
CAROLINE GOMEZ, DESIGNER COLORISTE www.carolinegomez.com
ISABELLE POUPINEL, CRÉATRICE EN ART UTILE www.isabellepoupinel-atable.com
JARS CÉRAMISTES www.jarsceramistes.com
LE CREUSET www.lecreuset.fr
PILLIVUYT www.pillivuyt.com
SENTOU GALERIE www.sentou.fr
WASARA par Shinichiro Ogata www.virages.fr
AC MATIÈRE www.acmatiere.fr
LES GRÈS DE COLOGNE www.lesgresdecologne.com
MATIÈRES MARIUS AURENTI www.mariusaurenti.com

Cook50143

Alain Ducasse NATURE

法國廚神的自然風家庭料理

190 道經典湯、沙拉、海鮮、肉類、主食和點心

作者	阿朗・杜卡斯（Alain Ducasse）
食譜製作	寶莉・內拉（Paule Neyrat）
料理示範	克里斯多弗・聖阿涅（Christophe Saintagne）
翻譯	許妍飛
美術完稿	黃祺芸
編輯	彭文怡
校對	連玉瑩
企畫統籌	李橘
總編輯	莫少閒
出版者	朱雀文化事業有限公司
地址	台北市基隆路二段 13-1 號 3 樓
電話	02-2345-3868
傳真	02-2345-3828
劃撥帳號	19234566 朱雀文化事業有限公司
e-mail	redbook@ms26.hinet.net
網址	http://redbook.com.tw
總經銷	大和書報圖書股份有限公司 （02）8990-2588
ISBN	978-986-6029-79-0
初版一刷	2015.02

定價	1000 元
出版登記	北市業字第 1403 號

阿朗・杜卡斯

作者　阿朗・杜卡斯（Alain Ducasse）

1956年生於法國西南部蘭德省（Les Landes）的農莊。1981年擔任「頂樓平台」（La Terrasse）餐廳的主廚，並在1984年獲得米其林二星。1987年在摩納哥的「路易十五」（Louis XV）餐廳擔任行政主廚，僅花了33個月的時間，在33歲時便替這家餐廳獲得米其林三星的榮耀。1996年他在巴黎以自己名字開設的「阿朗・杜卡斯」（Alain Ducasse）餐廳，也在1998年時獲得米其林三星，成為了擁有兩家米其林三星的主廚。在那之後，阿朗・杜卡斯不僅僅是一位專業的名廚，也是餐廳的創意總監、飯店的經營者、著作編輯，同時也擔任一心成為專業廚師的學生們的指導與顧問。

阿朗・杜卡斯在餐飲界的成就

- 28歲時，在「頂樓平台」（La Terrasse）餐廳擔任主廚，獲得米其林二星。
- 33歲時，替輔開幕不到三年、位於摩納哥的「路易十五」（Louis XV）餐廳，摘下米其林三星的殊榮。
- 1998年，同時以「路易十五」（Louis XV）、「阿朗・杜卡斯」（Alain Ducasse）這兩家餐廳，獲得米其林三星（共六顆星）。
- 分別於2005年、2010年，同時以三家餐廳獲得米其林三星（共九顆星），有九星名廚美譽。
- 2013年獲得英國權威飲食雜誌《Restaurant》頒發的終生成就獎
- 全球最具影響力、最受業界主廚尊敬的大廚
- 擁有全球共29家餐廳

寶莉・內拉

寶莉・內拉（Paule Neyrat）

在身為專業廚師與營養師的祖父母教養下長大。創辦了法國料理「埃斯科菲耶研習學校」（Stages Escoffier），向專業廚師傳授近代法國廚藝之父——奧古斯特・埃斯科菲耶（Auguste Escoffier）的料理精神；同時，也是提倡營養與美食並存的第一人。20年來，除了與世界名廚們合作，更以專業記者的身份活躍於食品營養界，著書無數。2003年起參與阿朗・杜卡斯的出版事業，在《Spoon Cook Book》、《Grand Livre de la cuisine méditerranéenne》和《Grand Livre Tour du monde》等書中，皆有參與執筆。

克里斯多弗・聖阿涅

克里斯多弗・聖阿涅（Christophe Saintagne）

生於法國諾曼第地區（Normandie）。在法國康堤地區時，曾向胡埃（Guillaume Roue，現任法國豬肉及豬肉製品公會理事長）學習基礎廚藝。1999年兵役服畢，服務於法國總統的官邸——愛麗舍宮；其後，相繼在阿朗・杜卡斯的餐廳「59 Poincaré」、「雅典廣場」（Plaza Athénée）工作。2002年起，在巴黎的「致里昂內」（Aux Lyonnais）擔任主廚。2005～2008年，在「克里雍大飯店」（Hôtel de Crillon）擔任米其林二星主廚——尚馮索・皮耶（Jean-François Piège）的助手。2009年，再度受到阿朗・杜卡斯的邀請，任職集團主廚。2010年起，於阿朗・杜卡斯的「Alain Ducasse au Plaza Athénée」餐廳擔任主廚。

遇見米其林大廚——阿朗・杜卡斯

這30多年來，法國廚神阿朗・杜卡斯將美食拓展到世界各國。在亞洲，你可以在以下幾個地方，品嘗到正宗的阿朗・杜卡斯式米其林美食！

- **BEIGE ALAINB DUCASSE**
  日本東京都中央區銀座 3-5-3 銀座香奈爾大樓 10F
  03-5159-0000
  www.beige-tokyo.com

- **BENOIT**
  日本東京都涉谷區神宮前 5-51-8 La Porte Aoyama 10F
  03-6419-4181
  www.benoit-tokyo.com

- **Le Comptoir de Benoit**
  日本大阪市北區梅田 2-4-9 BREEZE BREEZE 33F
  06-6345-4388
  www.comptoirbenoit-osaka.com

- **SPOON by Alain Ducasse**
  香港尖沙咀梳士巴利道 18 號香港洲際酒店大堂
  2313-2323
  http://hongkong-ic.intercontinental.com/dining/spoon.php